热储工程学

Geothermal Reservoir Engineering

Second Edition

[新]马尔科姆 A. 格兰特　保罗 F. 比克斯勒　编著
Malcolm A. Grant　Paul F. Bixley

王贵玲　蔺文静　译

测绘出版社
·北京·

著作权合同登记号：01-2013-7469

图书在版编目(CIP)数据

热储工程学/(新西兰) 格兰特 (Grant,M. A.)，(新西兰) 比克斯勒 (Bixley,P. F.) 编著；王贵玲，蔺文静译. —北京 ：测绘出版社，2013.12

ISBN 978-7-5030-3262-2

Ⅰ. ①热… Ⅱ. ①格… ②比… ③王… ④蔺… Ⅲ. ①热储 Ⅳ. ①P314

中国版本图书馆 CIP 数据核字(2013)第 314717 号

责任编辑 吴 芸 **封面设计** 李 伟 **责任校对** 董玉珍 **责任印制** 喻 迅

出版发行	测绘出版社	**电　话**	010－83543956(发行部)
地　址	北京市西城区三里河路 50 号		010－68531609(门市部)
邮政编码	100045		010－68531363(编辑部)
电子信箱	smp@sinomaps. com	**网　址**	www. chinasmp. com
印　刷	三河市世纪兴源印刷有限公司	**经　销**	新华书店
成品规格	169mm×239mm		
印　张	19.5	**字　数**	380 千字
版　次	2013 年 12 月第 1 版	**印　次**	2013 年 12 月第 1 次印刷
印　数	0001－2000	**定　价**	98.00 元

书　号 ISBN 978-7-5030-3262-2/P・688

本书如有印装质量问题，请与我社门市部联系调换。

序

热储工程学是在20世纪70年代兴起的一门独立的学科，是从工程学的角度对地热热储的性质、行为及开发利用进行探测、分析和模拟的科学，是研究最经济、最有效地开发地热资源的一套现代工艺技术。其研究内容主要包括热储的基本物理性质，地热流体的物理、化学性质，地热流体在不同温、压条件下的相态特征，多相地热流体在热储中的渗滤和运移规律，以及根据地质、地球物理、地球化学、录井、试井等资料建立热储模型，预测热储开采动态及开发时期可能获得的产量、热田地质环境变化，最终建立地热田开发利用的优化管理模型等。经过40多年的发展，热储工程学已经相当完善，成为地热学中的一个重要分支。

该译文沿袭原著的章节结构，从热储的概念模型、定量模型和概化方法，测井原理及资料解释、压力-温度-涡轮测流的井下测量装置及其局限性，地热井的激发、热储模型、工程型地热系统以及相关案例研究等几个方面对热储工程学理论、方法和应用进行了系统阐述。全书图文并茂，案例丰富，使读者不但清楚地了解相应的技术原理，也同时知道如何利用所获数据评价整个热田的行为。本书对从事地热地质、热储工程、地热测井等的研究者及地热资源开发利用管理者等都具有重要的参考价值。

我国热储工程学理论研究和实际应用还很薄弱。近年来，随着人们对环境保护重要性的认识深入，地热资源作为清洁可再生能源，对其的勘探、开发和理论研究又提上了重要的议事日程。以王贵玲研究员为学科带头人的研究小组正是抓住了这一契机，通过一年多的努力，将这一巨著介绍给我国的地热工作者。希望本书的出版能为我国的地热工作者提供系统的热储工程基础知识，同时也希望本书的出版能为我国地热事业的发展做出更大贡献。

中国工程院院士 [signature]

2013.12.28

译者序

当厚厚的一摞译稿摆上案头的时候，就像心中一块沉重的石头落了地，笔者终于可以如释重负了。

第一次接触马尔科姆·格兰特(Malcolm Grant)等教授编写的热储工程学巨著，是1991年笔者在联合国大学冰岛地热培训中心学习时。当时，我国的地热科技工作经历了初创阶段(20世纪60年代)、初步发展阶段(20世纪60年代末至70年代)、重要进展阶段(20世纪80年代)等三个阶段的发展，有力地指导了我国地热资源的开发利用。自20世纪90年代以来，由于地热资源的自身优势和我国社会发展与经济技术的进步，地热资源的开发掀起了新的热潮，地热井的深度越来越大，范围也远远超出了“地热异常”的概念。由于地热资源勘查与开采的市场化，出现了一些不科学的无序开采现象与地热勘察失败案例。同时，由于对热储性质研究不够，缺乏系统监测与科学管理，产生无序开采现象，造成这一宝贵资源的浪费，因此迫切需要相关理论进行规范引导。然而，当时国内尚无一本系统的热储工程学著作，笔者便想把这篇宏伟巨著介绍给国内的同行。1992年，笔者又赴新西兰奥克兰大学地热学院专门学习热储工程，本书对于热储工程基础理论深入浅出的介绍与系统的案例分析，更加加深了笔者翻译本书的想法。

遗憾的是，由于工作原因，直到进入21世纪后才开始付诸实施。翻译不同于阅读原著，一字、一词、一句、一段都要仔细斟酌。经过半年的努力，2000年年底译稿初稿完成，然而，由于版权原因，未能公开出版，仅供科研小组内部学习参考。“十一五”以来，随着日趋紧张的能源供给形势以及面对的节能减排压力，地热资源的开发利用又一次引起了公众的关注。作为地热资源的重要利用形式，高温地热发电的呼声日高，开展高温热储工程基础理论推广及研究已迫在眉睫。恰逢此时，在第一版出版30年后，本书的第二版也出版了。相比于第一版，第二版已是“面目全非”，重新进行翻译校正又是一项浩大的系统工程。感谢中国地质调查局地质调查项目的资助，使原书第二版的翻译工作能顺利进行，同时，感谢测绘出版社在版权引进等方面所做的努力，才使得这本译稿能正式与读者见面。

感谢所有为本书出版做出贡献的前辈、同仁们！特别感谢汪集旸院士、多吉院士以及张振国、文冬光、吴爱民研究员等对本书翻译工作的关心与大力支持，他们多次过问此书的翻译进展，在此向他们表示由衷的感谢！蔺文静负责原书第一版全部内容的翻译，在该初译稿的基础上，屈泽伟负责第二版第1、2章的翻译，马峰、孙红丽负责第3、4、6章，王婉丽负责第5章，李曼负责第7章，刘昭负责第8、14

章，孟瑞芳、邢林啸负责第 9、10 章，张薇负责第 11 章，袁野负责第 12 章，梁继运负责第 13 章，刘春雷、何雨江等负责附录，王文中、吴庆华、郎旭娟、李元杰、韩玉英、靳晓英、刘昀、张萌等同学以及刘彦广、李龙、甘浩男、刘峰、朱喜等科研小组同事负责图件清绘，刘志明研究员、阮传侠博士对本书进行了仔细的校对。特别感谢北京大学廖志杰教授，他对译稿全文进行了认真审核并提出了宝贵的修改意见，本书的出版凝结了老先生的一片心血。全书由蔺文静和王贵玲进行统稿、定稿。

由于本书专业性强、知识面广，加之译者水平有限，译稿中错误在所难免，在此敬请读者批评指正。

译者

2013 年 12 月于石家庄

英文(第二版)序

20世纪80年代《热储工程学》第一版出版,这对于热储工程学科是首次。那时,热储工程领域在一定程度上是新鲜的事物,因为“热储工程师”这个术语刚在地热工业里开始使用,尽管其在石油工业领域已十分普遍,并且已用了几十年。将油储工程学的相关原理引入地热系统可能源于20世纪60年代后期的Henry J. Ramey教授以及20世纪70年代美国以UNOCAL为首的石油公司与地热工业联合后进行的蒸气收集(可以这么说)工作。然而,最初用于热储发展的相关储层工程原理并没有赋予其一个标题。在20世纪70年代,随着两次石油危机的出现,地热得到了迅速发展,不同等级的地学科学家与地热领域的工程师被召集到一起从事热储工程工作。实际上,这对地学及工程的影响也是热储工程学区别于油储工程学的主要特征之一。本书的作者来自截然不同的背景并不意外:马尔科姆·格兰特(Malcolm Grant)最初从事应用数学工作,保罗·比克斯勒(Paul Bixley)则为地质学家。尽管他们拥有完全不同的学科背景(或者也正因如此),他们俩被认为是世界上经验最丰富的热储工程学专家。对于地热系统本身而言,不同的系统之间有一定的差异,因此,在发展过程中相关程序性问题和实践性的问题会不时出现。应用基础原理的同时识别不同热储的特性是地热热储工程领域的一个重要方面。这就是本书为何如此重要的原因:首先,作者对世界上很多地热储拥有第一手经验;其次,书本身包含了具体的案例,为理论增加了现实基础。

近30年来,我们将本书作为斯坦福大学热储工程学研究生的参考教材,我校的学生和其他大学及培训班的学生均从中获益良多。然而,第一版已绝版很多年,除图书馆外很难找到。那些找不到第一版的婉惜者将会乐见于第二版的出版。在过去的30年,热储工程学领域又增加了很多重要的理论与新的课程。本书以第二版的形式再版将受到极大的欢迎,尤其是它顺应了新能源的崛起对热储发展的复兴要求。地热界期盼在未来的30年本书都会开卷有益!

Roland N. Horne

加利福尼亚斯坦福大学地球科学系 Thomas Davies Barrow 教授

2010年7月

英文(第二版)前言

第二版重点介绍了过去30年地热科学获得的进展。第一版有意识地迎合发展阶段的需要,通过相关地热田的文献介绍仅提供了一门热井普遍适用的新学科。如今,热储工程学行业已得到了较好的定义,世界范围内许多大学开设了专业课程,因此,第二版将更多致力于记录目前的实践。

地热的发展提供了定义热储工程过程的基本信息,作为研究岩石中流体运动的学科,其理论仅能通过对流体热动力学变化的实际观察进行验证或驳斥。通过提供大量的证据,并对不同尺度的变化进行测量,将理论的模型转变为实际的方法以用于实践。

作为第一版的继承,第二版计划为学生和专业工作人员提供教材及操作手册。作为教科书,第二版的目的是为有地学、工程或数学背景的学生提供热储工程学完整的内容介绍。书中包含了所有的基础材料,对于每一个要点,都提供了详细的实例分析解释或容易获取的已出版的参考文献。

第二版介绍了目前的研究现状,对目前已经理解的重要概念与问题进行了解释。所有的章节都重点侧重于实践工作,对于用于热田实践且被证实能够产生有价值结果的相关技术进行了介绍。还没有被验证的理论分析结果仅做了简单的讨论。

书中引用的数据和实例主要来源于火山地带的高温地热田,许多方法也同样适用于低温地热田,书中也包含了一些例子。

全书布局大致按一个热田开发的时间先后顺序排列,最开始是一些初始的概念,然后介绍测井,最后是热储模拟及发展。对于热储工程师或学生,对所有的章节都可能感兴趣。对于工程师与其他学科的科学家来说,第2章与第10章涵盖了热储工程的概念以及它们与热田模型的关系。对于希望将其所观察到的现象与井下数据所推断的热储条件相联系起来的地学科学家来说,第4章是其兴趣所在。

Malcolm A. Grant
Paul F. Bixley
新西兰,奥克兰

目 录

①该节遵照原文。

①该节遵照原文。

①该节遵照原文。

Contents

第1章 热 储

§1.1 概 述

本书介绍地下流体的流动、热储层的形成及其特点，以及在开发利用过程中热储层是如何变化等内容。在本质上，热储是由地下水长时期的流动而形成的，由于地热水的开采使该流体产生了变化，构成了热储工程学的基础。

在过去的两千多年里，热储层已经被应用于人文目的和矿物萃取。第一个用于勘测较深层地下热能的现代"深"钻孔（深度大于 100 m）于 1856 年出现在 Larderello 热田，第一次利用地热进行发电则在约 50 年之后的 1904 年（Cataldi et al，1999）。相对于石油和地下水资源，地热资源的发展相当缓慢。1913 年 Larderello 热田第一次真正意义上进行发电，其装机容量为 250 kW，到了 20 世纪 40 年代，该热田的装机容量达到了 100 MW，而这些都得益于以蒸气为主的地热资源。直到 1958 年，Wairakei 热田才首次利用大量的高温液相地热资源进行电力生产。自那时起，利用蒸气为主或液态为主的地热资源进行发电的方法开始在全世界许多国家广泛应用，到 2010 年世界地热发电总装机容量已经超过 10 000 MW。

在地下水资源和石油资源方面，科学研究都是随着开采的扩大而发展起来的。起初，这些研究主要是基于勘探以寻找和开采流体。由于流体抽取对地下资源的影响变得越来越明显，人们的研究方向开始转变为研究钻井和地下储层的特性，以了解地下的资源及其变化。1937 年，第一本介绍多孔介质流体的教科书出版（Muskat，1937）。到 20 世纪 40 年代，地下水水文学和油储工程学经过不断的发展而成为独立的学科。自那时起，随着这些资源开发的持续快速发展，野外实践经验不断增加，科学研究不断深入，并进一步促成专门分析及预测地下储层和开采井行为的大型储层工程工业的发展。

相比较，热储工程是一个较小的行业，拥有相对较小的专业队伍，但如今它已经积累了经验，成为一门专门的学科。

§1.2 发展历史

地热系统及其开发与地下水和石油储层的研究模式类似。不同的是，早期地下水和石油勘探并没有应用高精度仪器与计算机，而由于起步晚，这些高科技在地热资源的研究中起到了重大的作用。在20世纪50年代和60年代,没有复杂的勘探方法定位地下的热储,几乎所有热井均位于地面有热水和蒸气显示的地带,初期地热开采规模相对小。因此,资源供应并不紧张,没有必要对热储的特性进行深入了解,也不需要预测未来的变化。

然而,这并不意味着没有开展科学工作。最早关于冰岛地热排放的有关想法是由Bunsen在19世纪40年代提出的,随后Von Knebel(1906)和Thorkelsson(1910)也提出了相同的观点。几乎同时,Ingersoll和Zobel(1913)讨论了孤立侵入岩中的热传导问题。但是,在这一领域的研究深度还是有限的,直接与地热现象有关的出版物是后来陆陆续续出现的。

世界各地利用温泉进行沐浴、烹调和水疗已有上千年的历史,而最迟自19世纪以来人们就开始提取热水中的矿物沉淀(Cataldi et al,1999)。1904年,意大利Larderello热田最早利用地热进行蒸气发电。20世纪上半叶,Larderello热田的持续开发,为利用地热蒸气进行发电提供了大量的实践经验,但是几乎没有涉及地下热储工程技术方面的问题。在冰岛,Einarsson(1942)提出了地热流体深循环导致地表排放的理论。Bödvarsson于1951年开始研究与地热开发有关的热传输问题。在20世纪50年代早期,随着新西兰Wairakei热田的首次钻探,第一次获得了具有真正意义上的以液态为主的热储数据。

热储评价方法有两种,第一种是收集尽可能多的数据编制热储图,利用这些图界定所研究的热储特征;第二种方法是研究那些可能发生在地下的过程,以观察它们在正在开发的热储中所起的作用。实际上,许多开采的热田开始就同时采用这两种方法。

在20世纪50年代,研究人员在Wairakei利用第一种方法绘制了热田温度剖面(Banwell,1957),从这些图上推断了热储中流体的形态。通过第二种方法则认为,由于深部的高温和在多孔介质中大规模对流系统的理论研究证实存在着热对流(Wooding,1957,1963),并做了首次数学模拟(Donaldson,1962)。在类似的领域,美国内华达州Steamboat热泉(White,1957)和冰岛(Bödvarsson,1964)热田研究加深了对下列问题的了解,即较冷的大气降水可以循环到一定深度,然后向上流动不断补给热田。

目前热储工程学研究的一些热点现象的详细分析在早期进展缓慢。早期在大多数地热勘探区,压力瞬态分析偶尔应用(de Anda et al,1961)。在20世纪60年代,系统分析方法被应用于冰岛和俄罗斯堪察加半岛的一些热田中(Thorsteinsson et al,1970;Sugrobov,1970),并在十年后首次应用于油储工程(Whiting et al,1969;Ramey,1970)。

在20世纪60年代中期,地热勘探和开发在世界各地获得了快速发展。第一个地热电厂在美国加利福尼亚的Geysers建立,并且大量的研究计划在墨西哥、智利、土耳其、萨尔瓦多、日本、美国加利福尼亚的 Imperial Valley 等相关热田开始实施。在此过程中积累了大量的数据，其中部分已经发表，同时也对出现的很多问题进行了分析。

“热储工程学”这一术语作为一门独立的学科首次出现于20世纪70年代。在这十年中，随着地热开发实践中数据的不断获得以及各种实际问题的出现，科学研究开始由分析哪个过程可能出现的理论研究转向实际问题的分析。至此，包括大型热储系统以及描述试井试验局部细节的热储概念模型得到了发展。热田开发基本上是基于对该地区热储体积储量的估算，储量的估测可以根据热田的出露特征估算，也可根据可利用的流量数据单独进行估算。

在20世纪80年代初，出现了第一套数值模拟代码，这套代码的部分用来模拟一组测试问题证明其一致性（Sorey，1980）。到20世纪80至90年代，热储模拟技术变得成熟。到了20世纪末，计算能力的提高意味着有足够的模块来模拟热储，这些模块有可能代表已知的地质构造和热储内可变的岩石性质。因此，在20世纪末，较大规模的新的地热开发以数值模拟结果为基础。

同时，随着井下探测仪器功能和分辨率的稳步提高，从而有可能获得详细的地下温度、压力探测剖面。比模拟或先进工具更重要的是行业内集体经验的积累。虽然热储工程学的基本概念都是在20世纪70年代提出来的，但事实上近期许多科技文献都直接引用了当时提出的概念，经验的重要性就意味着这些概念现在应用得更严格，与观察结果更一致。在开展某些工作时，热储工程师已可采用常规的做法来确定程序和预测成果。

到了21世纪前十年，研究经验、数值模拟、仪器设备方面都继续得到提升。其中，变化最显著的也许是地热开发的环境影响重要性日益增加。对于一些工程型地热系统（engineered geothermal system，EGS）项目，地震的影响已成为一种限制性因素（Glanz，2010）。深部热储的开发对于地表温泉的影响一直是一个问题，这种关注已经阻止了一些地热的开发。热储工程学现在显然是一门独特的学科。热储具有以下鲜明的特点：

（1）渗透率决定于岩石裂隙发育程度。

（2）热储在垂向上延伸很远。

（3）对于液态为主的储层，盖层并不是最主要的，通常高温热储与周围较冷的地下水都有联系。

（4）热储垂向和侧向的延伸并不清楚。

观测是所有热储工程的基础，热田中发生的所有事件都是流体流动的结果。流体（水、蒸气、非凝气体或它们的混合物）通过岩石、裂隙或井壁的流动是热储分析的统一特征。

§1.3 定 义

因为在讨论地热系统(亚系统或多个系统的组合)时用了许多不同的术语,所以本书选择一个贯穿全书的术语系列。为了保持其意义明确和一致性,本书给出这些术语的确切定义。遗憾的是,由于术语不仅要具有普遍意义又要含有本书所表达的特定意义,本书在有限的范围里选用这些常用术语相当不易。

很多地热活动区给出了地理名称,只要它们与周边的活动区域有区别、能够区分开来,就把它们称为热田。这个术语纯粹是一个方便的地理描述,并不代表它是一个能够产生并维持地热显示的更大的地热系统。世界上的许多热田冠以双名(Mak-Ban、Karaha-Bodas、Bacon-Manito),是由于后来的勘探资料证实,这些彼此分开且具有不同热显示的热田其实是属于同一个更大的热田的一部分。

与热田有关的整个地下水文系统定义为地热系统。它包括径流通道中的所有部分,包括冷水源、向下径流的通道以及返回地表的通道。

最后也是最重要的一个定义就是热储。它是热田的一部分,由于具有足够的温度且渗透性较好,它能被经济地开发以生产流体和热能。热储仅仅是热田的一部分,而且是地下的热岩和流体的一部分。温度高而渗透率低的岩石不是热储。是否存在热储取决于目前的技术和能源价格。一般来说,热田的钻井深度越大,热储体积越大。最极端的例子是,一个 EGS 项目目的是创造一个热储,在热而渗透率低的岩石中创造渗透率高的热储(见第 14 章)。

§1.4 结 构

第 2 章介绍热储的概念模型。简单地介绍传导热流之后,主题是介绍对流型热储系统。与热流体上升驱动的热田基本概念模型一致,水需要循环到很大深度。本章强调了天然状态的动态性质,介绍了高温上升流区具有代表性的沸点深度模型(boiling point for depth,BPD),侧向流的热田和没有沸腾的热田可等同对待。以蒸气为主的热田与其蒸气的自然上升流相关。

热田的开发能引发热储内额外的冷、热流体的流动,自由表面的形成和沸腾的增加。概念模型是定量模拟的基础,但是有些定性推论可以直接建立。

第 3 章主要介绍一些定量模型和不同的概化方法。两种主要的方法是压力瞬态模型和集中参数模型。它们的连接点是流动(流体和热的传递)和储水(热储随着压力的变化储存流体的能力)的概念。本章在讨论完均质多孔介质之后,研究裂隙介质所引起的可能差异。

从第 4 章开始,本书会大体按时间顺序依次介绍热田开发过程中将会进行的热储工程。第4章主要讨论测井原理以及所测内容与热储物理状态之间的复杂关系。测井的最终目的是要对井进行模型概化，包括渗透带的详细情况、渗透率、热储压力，不同区的温度/热焓。

第5章介绍压力、温度、流速的井下测量装置及其局限性。第6章涵盖钻进过程中的所有测量，它能提供热储的压力信息，有时也能提供热储上方温度的信息。第7章是完井以后所做的测量，目的是明确井的模型，渗透带的深度和渗透率的量级，每个区的热储条件。温度恢复过程中的测量能确认或加深这些认识。

第8章介绍井的排放，提供井的生产能力和补给带渗透性的确切测量资料。本章讨论热井的初始排放和测量排放的方法。井口可能有不同的排出物：液态水、干蒸气或两相混合物，其中后者最常见。单相流的测量可以借助流量板或者溢流堰，两相流可以借助分离器、"气体端压和流体堰板"或者稀释的示踪剂测量。根据流体流量和热焓随着井口压力的变化而变化，可以推断热储流体、渗透性以及热井的状态。在流动条件下井口压力的计算常用来描述单相流，井孔模拟常用于两相流。

第9章介绍在Ohaaki的BR2热井的相关案例研究，从1966年首次钻探到1998年废弃，该井有32年的历史。在此期间，该井显示出各种各样的动态变化。第10至13章介绍从单井到整个热储的特征，其最终目的是建立热储的概念模型和数值模型，以及常用到的热储动态变化概化模型。第10章介绍怎样用井下数据进行定量和定性的推算，以及绘制压力、温度和化学组分分布图以提供有关热储结构的信息。第11章讨论热储模拟和模拟中热储工程师(从详细的热井资料到结果的审查)的作用。强调应该对尽可能多的数据进行模拟处理，这是由于其他类型的数据可能会对模型结构提供更多的限定性因素从而提高模型质量。

第12章回顾七大热田发展史：Wairakei、Geysers、Awibengkok(Salak)、Svartsengi、Balcova-Narlidere、Palinpinon以及Mak-Ban。它们都有很长的开采历史且已发生了重大的变化。Wairakei是一个正在开发的热田，该热田经历了从缺乏基本地热开发知识、长期运行以及拥有了复杂模拟系统的开发过程。Geysers热田的历史表明它的过度开发导致产量下降，最后只能靠注水来缓解。Awibengkok热田是一个开发新能源的成功案例。Svartsengi热田经历了热田的开发和勘探。Balcova-Narlidere是一个证据充分的低温热田。Palinpinon热田通过初期大量注水的方式来完成热田的长期运作。Mak-Ban热田是一个高质量的成功开采的热田，没有出现大的问题。未开发的Patuha热田具有蒸气为主和液态为主的独特混合物。第13章介绍热田管理中简单的集中参数模型或递减模型、沉淀作用、示踪试验以及注水管理等内容。

第14章包括热井的激发和工程型地热系统。其中热井的激发往往被忽略，即通过注入冷水来进行热激发，其实该方法最符合成本效益。酸激发提供了一个缓解沉淀问题的手段。深层沉淀含水层热井的激发现在已经用于很多地方。最后一个真正的工程型地热系统项目概述为在渗透性较差热岩中创造出高渗透性和产生一个热储,其结果迄今还在争论。四个附录包含了压力瞬态理论,试验结果的气体校正,多孔介质中的状态及流体方程,以及在本书中提到的一些热田名称列表。

§1.5 参考文献和计量单位

由于所用地热文献很多,尚未尝试全面的统计调查。所选择的案例和引用的区域资料都有详细的说明,但这些案例很简单,既适用又方便。同样,在书中明确指出的参考文献并不代表所有文献的综合。本书难以对当前所有文献进行统计调查。本书尽可能引用在网络上可随时查阅的一些文献,喜欢的话,它们是可用且免费的。

本书所有公式采用国际单位制。在某些没有采用国际单位的地方通常用其他单位,例如端压或孔板计算,已经给出 * 号标记。在课文和图中压强的单位用巴(bar),1 bar$=10^5$ Pa。井口压力用表压。除了表压特殊外,其余压力均是绝对压力。书中套管和常规井孔尺寸采用英寸,计算时仍使用米。渗透率的国际单位是平方米,一个更简便的单位是 10^{-12} m^2,它被定义为 1 达西(1 d)(达西的定义用于大气压,其结果是 1 d$=0.98\times10^{-12}$ m^2,但是为了更方便,把它重新定义为 10^{-12} m^2;无论如何,地热渗透率的测量没有一次精度达到 1%)。有时也应用分数单位 md,1 md$=10^{-3}$ d。应注意温度的单位是开尔文(K),因此,热导率的单位应该是 W/(m·K),而不是 W/(m·℃)。然而,测量温度的单位仍是摄氏度,0℃$=$273.15 K。“水”和“蒸气”这些术语指水体的液相和蒸气相。非凝气体含量大的地方,“液”和“蒸气”用来表示水与气体的混合物的液相和蒸气相,而“水”和“蒸气”指各自的相的部分,它们都是水。

第2章　地热系统

§2.1　概　述

本章介绍热储中流体的分布、温度与压力，这些概念是后面章节将提到的现场试验、热储概念模型以及定量模型等内容的基础。

对于尚未开采的热田，其热量和流体的自然传输过程决定了其热动力状态，将是下一步重点介绍的内容，这是因为热田开发的环境响应取决于其自然状态，故根据热田开发早期的大量试验对热田进行解译是一个最大的挑战。另外，开发热田时，可以从更多的热井中获得热储的相关信息以及系统对生产和注水的响应，热储的概念模型和数值模拟模型就能进一步细化。

任何一个见过正在喷发的间歇喷泉或热泥塘并且惊叹水和热来自何处的人，可能已经对地热系统的这一小部分有了大致的认识。其认识的深浅很大程度上取决于可利用的资料以及基于先人之见和以往经验对资料做出的解译。每个人的认识是不同的，这与个人背景及经验密切相关。

在科学领域，这种基于不同学科的海量数据以及相关研究经验的认识构成了概念模型的基础，即把所有可用的信息集成到一个简单的连贯模式中。当然不同的专家有不同的认识，这取决于专家个人的背景和他对具体数据的重视程度。然而，一个模型应与系统的所有表现相一致，且能获得基本相同的模拟结果。不同的研究人员会根据自身的需要提出不一样的模型。例如，对一个特定热井周围的流体建模时需尽可能地获取细节资料，而当模型范围扩大到整个热田时，细节则没那么重要了。

§2.2　传导系统

2.2.1　地球的热状态

在地球的整个表面几乎都存在穿过地壳和地幔向上传到地球表面的热流，这些热量是通过传导方式穿过地壳岩石到达地球表面的。地壳最浅部分的平均地温梯度一般在30℃/km左右。地球表面不同位置的热通量各不相同，且不同地层岩石的热导率也不同，因此有些地区地温梯度可高达60℃/km。所以，可以通过钻井或在地壳深部采矿获得更高的温度，超过100℃的温度常常在深油井和天然气井中获得。地热勘探就是针对无明显地表热显示的地区,通过对浅井或者深油气井、地下水开采井等开展井温测量,确定热流异常区。地热资源前景区可能与高热流有关。在不透水地层中,可以通过近表面的地温梯度来推断深部的温度,而对于透水地层,其温度分布受对流控制,因此不能利用这种方法进行连续推断(Benoit,1978;Salveson et al,1979)。

2.2.2 地下热水盆地

对于高于平均地表温度的热水,其热源之一是深部靠正常地热增温的含水层。在这样的系统中,热量的来源就是简单地通过地壳垂直热传导。含水层内流体的流动需非常缓慢,这样才能有足够的时间通过热传导加热。一般来说,渗透率随着深度的增加而降低,这意味着成功开采大于几千米的地热资源必须要求渗透率很高,并且渗透率不会随着深度的增加而很快降低。

在一些构造发育且渗透率较高的地下水盆地,热水会上升出露地表,否则热水则可能会被局限在某一特定的地层内。

2.2.3 深层沉积岩含水层

大陆地区存在很多较深的具备正常地热增温率的沉积岩含水层。这些含水层通常不是现阶段活动的循环系统。图 2.1 展示了一个系统,含水层中这样简单的双井系统在地下水或石油工程中是很常见的,唯一的差别是流体温度。图 2.1 所示地热系统虽然简单,但它与后面提到的一些例子形成了鲜明的对比,即可持续的地热开发系统。巴黎盆地的碳酸盐岩/砂岩含水层地热系统就是一个典型的例子,在这一地区已经开始利用生产井—注水井对井开采技术进行区域性供暖。在其他大多数具有地热异常的较大盆地内,都能找到类似的例子。

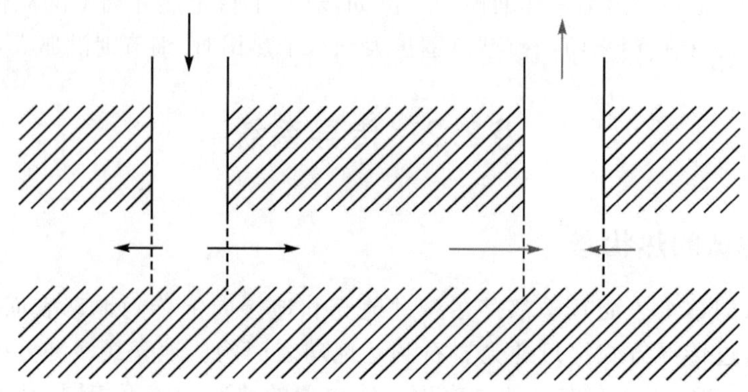

图 2.1 沉积岩含水层中的注水井(黑)和生产井(灰)

2.2.4　温泉、断裂和断层系统

地球上许多温泉沿着主要的断层和断裂带出现，这暗示着断层系统能为温泉提供热水补给通道。大气降水入渗到一定深度，通过正常的地热增率温度升高，然后再沿通道上升形成温泉。这是对流系统的一种形式，即沿着断层面进行对流，断层面热量则来源于断裂带的热传导。该循环的驱动力是温度较低的下行水和温度较高的上行水之间的密度差。这一机制不同于后面章节所介绍的完整对流系统，因为该系统的水体被限制在一个狭窄的断层面上，没有外延的热储，而且还处于一个正常的地热增温区。加拿大 Banff 地区的温泉区就是一个断层控制温泉系统的例子。

2.2.5　地压系统

地压热储十分类似于高压油气的储层。几百万年以来，随着地壳的运动被束缚在封闭的透水地层中的流体，其静岩压力会不断提高。这种储层一般都埋藏很深，至少 2 km，所以地温梯度能确保储层温度在 100℃以上。在石油勘探中发现了许多这样的储层。

石油勘探所发现的这种储层中，流体一般为甲烷，与流体中的热能相比，甲烷可能是更重要的能源。这样的系统，与其说是水热系统或地下水系统，不如说是一个石油储层。20 世纪 80 年代，人们在美国墨西哥湾沿岸利用石油勘探所废弃的钻孔做了一些试验，包括利用一个试验性的“混合动力系统”进行发电，但是由于流体中矿化度及二氧化碳含量较大，存在操作问题而失败，迄今也没有再做进一步的研究（Griggs，2005）。在 Cooper 盆地的工程型地热系统（EGS）勘探中发现，在约 4 km 厚的近代沉积物覆盖下的古老花岗岩中存在类似的高压力异常，其深层地热资源将在相同的高压下进行开发（见第 14 章）。

2.2.6　干热岩和工程型地热系统

在有些地方发现了具有开发利用所需温度的低渗透性岩石，热源可能来自火山作用或者异常的地热增温率，或者是在一个水热系统的翼部存在不透水的岩石。与其他系统相比，它们本身的确没有足够大的渗透率，但是它们确实具有热量。

开发利用这样的系统取决于通过可控制的压裂技术使岩石产生渗透性，这样使得流体可以在岩石中循环，同时热量也可以被提取出来，通过压裂创造一个以前并不存在的热储。第 14 章将进一步讨论这些内容。

§2.3 液态为主对流系统

2.3.1 概 述

水热对流系统是高温且通常都伴有地表活动的地热系统。迄今为止，所有主要的地热电站均利用这一系统。

与传导型地热系统不同，水热对流系统中热水的流动控制着温度和流体的分布，因此在对流系统中热储的自然状态是动态的，只有知道了自然状态下的流动过程才能理解该自然状态是如何形成的。某些地面显示，如间歇喷泉、泉、喷气孔、冷天然气喷口、沸泥塘等可能与这种类型热储有关，它们是某些自然热流的终端。

这种自然流体在确定流体在热储中的状态时起着重要作用，对它们的了解将会提供某些不能通过其他方式确定的热储参数信息，如垂直渗透率。因为开采所产生的新的流场通常会掩盖热储的自然流动状态，所以在开采一个新的热田时收集热田早期的信息和资料是非常重要的。

在低温系统中，储层中的流体总是液态水，而在温度较高的系统中，储层中还会存在蒸气。到目前为止，所有已经发现的热储可以分为两种类型：以液态为主和以蒸气为主。少量的热储两相共存但彼此分开。大部分热储以液态为主，并且其垂向压力分布接近于静水压力，而在以蒸气相为主的热储中其压力分布接近于蒸气静态压力。在每种情况下，不论是液体还是蒸气，主导的流动相控制着压力的分布，尽管其他的相也可能占有很大的比重。本节其余部分只考虑液态为主导的热储，以蒸气为主的热储后文中再介绍。

2.3.2 深循环和岩浆热源

传导型地热系统在深部不需要大量的额外热源且遍布地球的任何地方，高温对流系统则需要比正常传导梯度更多的额外热源。

19世纪40年代，Bunsen在详细的技术证据分析基础上，建立了最早的一种地热系统概念化模型，他认为冰岛的热泉来源于大气降水（Björnsson，2005）。根据他对冰岛西部热泉系统的描述，Einarsson（1942）将该系统设想成一个类似的深地下水盆地，为了产生高温泉水，该盆地的热流要比正常值高，含水层由岩石破裂带或者渗透率低的玄武岩中的裂隙构成。冰岛的部分热泉目前仍采用演变后的Einarsson模型来分析。对于冰岛中部的强烈活动区，Bödvarsson（1964）认为存在深循环，并提出开采岩浆岩热水以获取热能。

White（1967，1968）对Steamboat热泉系统的研究建立了类似于Bödvarsson的模型，在这个地区，同位素证据证明95%的热泉起源于大气降水。White的模型如图 2.2(White,1967)所示,地表起源的水可以经断裂、裂隙或低渗透岩石中的构造向下渗透到一定深度。

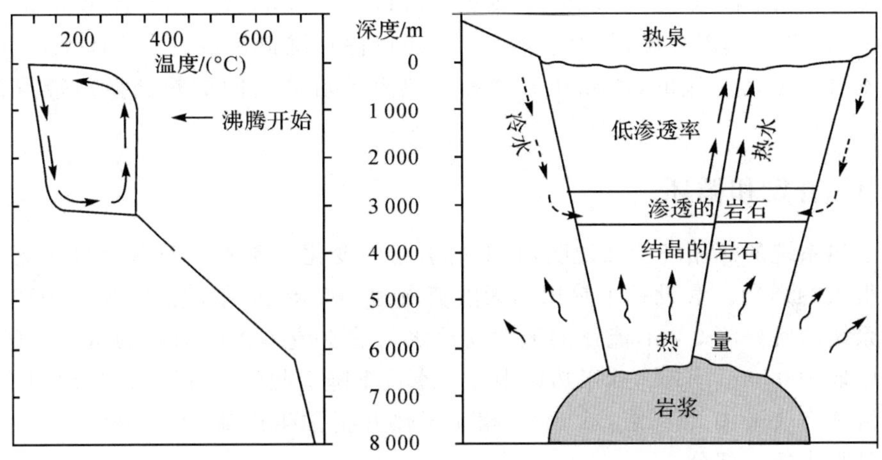

图 2.2　自然状态下地热系统流体的大范围循环模型

在图 2.2 中标出了 3 km 的循环深度。White 认为深度变化范围可能在 2～6 km。如今,大部分的热田钻探深度均超过了 3 km,都还没有发现系统底界,所以说,流体循环的深度应该是更大而不是更小。White 模型认为,在这种热储系统中,水在一定深度能被加热成高温热水,这可能和与岩浆岩有密切接触有关。由于热水与冷水的浮力不同,这样在浮力的作用下热液将会通过其他的可渗透通道返回地面。

这些系统与正常地壳热流相比要求的热量更多,故通常出露于相对近代的火山活动地区。这解释了为什么会有大量的热田与火山弧和地壳裂谷有联系,断裂或水循环通道看起来都与区域性的裂谷带或者破火山口构造有关。在对流型热田生命周期中,从其中获得的总热量是巨大的。事实上,如此巨大的热量不仅因为循环水与岩浆岩有密切的接触,而且对于岩浆自身而言,它必须对流或者通过地壳扩张机制得到热量补充。一些热田的生命周期很长。Browne(1979)认为 Kawerau 热田的寿命有几十万年。Coso 热田被认为有 30 万年的生命,至少是间歇性的(Adams et al,2000)。Silberman 等(1979)认为 Steamboat 热泉可能已经存在了 300 万年,Villa 和 Puxeddu(1994)认为 Larderello 热田可能有 400 万年。相反,有些热田可能具有相当短的生命周期,如 Salton Sea 热田估计只有 3 000 年至2 万年(Kasameyer et al,1984;Heizler et al,1991)。

生命周期长的地热系统不能只靠一次性的岩浆侵入来维持。模拟研究认为,岩浆侵入含水层的热干扰时间大约只能持续 1 万年(Cathles,1977;Norton et al,1977)。对于一个生命周期长的热田来说,即使岩浆规模巨大,其累积的热量排放也需要几个立方千米的岩浆来维持(White,1968;Lachenbruch et al,1976)。

Larderello 热田为了维持 400 万年的活动，就要 32 000 km^3 的岩浆（Villa et al, 2004）。据 Banwell(1957)的估算，维持 Wairakei 地热系统的生命周期则至少需要 10 000 km^3 的岩浆侵入以维持供热（Villa et al, 2004）。对于 Wairakei 和 Larderello 两个热田来说，其地下空间尚不足以储存维持热量的岩浆体积，这说明岩浆本身必须是对流的，所以在岩浆和地热系统流体之间的热交换地带需存在熔岩。

2.3.3 开发和循环

地热系统的深循环特征说明，开采所引起的变化通常不会对深部自然上升流产生很大的影响。假设一个热田的天然流量为 100 kg/s，基础温度大约为300℃。地热系统的底界深 5 km，流体的流动受冷水与热水流体密度引起的压力差驱动，本例中取 100 bar。那么，如果热储中由于水位下降引起的额外压力差为25 bar时，天然流量将会增加 25％或 25 kg/s，相对于热井正常生产流量(1 000 kg/s)来说，这只是很小的一部分。

因此，热储的天然状态是动态的，流体的分布由质量和热流的动力平衡所控制，一旦进行开采，热井生产或者注水的流量与天然流相比是很大的。这可能会导致热储其他部分产生流动，而不仅限于热井井深或其周边一定范围内。伴随着大规模的生产和回灌，水流将主要从注水井流向生产井，而在该区域外引起的变化则相当小。

2.3.4 垂直上升流模型和沸点深度模型

前面将地热系统看作一个整体，而本小节将会重点分析浅部地热系统中从开采深度到地表这相对较小的一部分。流体从深部垂直上升到地面就是最简单的一个例子。在很深的底部，上升流包含有水体或超临界的流体。随着流体的上升，压力会减小。在一些地方，取决于流体的温度和化学特征，上升的流体会形成气体和液体两个相，二者都会上升至地表。根据质量和能量守恒定律可以对上升流的形态进行预测。假设在一定深度的流体是液相的，当流体上升到一定深度达到饱和压力时就会沸腾(见图 2.2)。

对多数目标来说，作为热传输形式之一的热传导可以被忽略。例如，Wairakei 热田在 11 km^2 的区域内释放到地表的热量为 400 MW，即热流约为 40 W/m^2。深层的上升流则可能被局限在 2～3 km^2 的一个较小区域内。在这种情况下，深部补给区的对流热流量约为 180 W/m。在 400 m 深处的温度约为 250℃，地温梯度为 250/400≈0.6(K/m)。假设热导率为 2 W/(m・K)，则通过传导产生的热流值仅约为1 W/m^2，比对流获得的热流量低 2 个数量级。

假定沸腾层位的压力取决于上升流液态相的温度，当流体开始沸腾时，压力达

到饱和状态。低于沸腾层位时，温度分布可以表示为

$$T = T_b \tag{2.1}$$

式中，T_b 为“基础温度”，是一常数。高于沸腾层位，根据饱和关系温度可表示为

$$T = T_{sat}(P) \tag{2.2}$$

任何深度的压力梯度等于当地的静水压力梯度加上升流产生的动力梯度。在多数情况下动力梯度不到静态梯度的 10％(Donaldson et al,1981)或者更少。在质量通量密度(单位面积的上升流)较低的热田中剩余动力梯度会相应减少。这种剩余梯度仅仅存在于上升流区域，在边缘的侧向流区域，压力梯度将会接近静水压力。忽略动力梯度时，沸点深度(boiling point for depth,BPD)可用下式近似表示

$$\frac{\mathrm{d}P}{\mathrm{d}z} = \rho_w g \tag{2.3}$$

BPD 压力剖面是一个在局部压力下任何点的水温都达到饱和状态温度的静态水柱。BPD 近似表明蒸气饱和度接近于剩余值(见附录 2)。因此 BPD 近似值不仅指热储的压力和温度近似，而且也定义热储流体的一些特征，即只有很少一部分流动的蒸气存在于沸腾带中。图 2.3(a)展示了热储裂隙网格(高渗透通道)中流体的分布情况，图 2.3(b)展示了蒸气热储的充填情况。图 2.3(a)展示了以液态为主的热储中，其裂隙都被水充满，偶尔带有蒸气泡，该模型中的水达到了饱和状态。图 2.3(b)中，以蒸气为主的热储中的裂隙都被蒸气占据，一层水薄膜黏附在裂隙壁上或其他密闭空间内，这个模型全部或部分水体是饱和的。

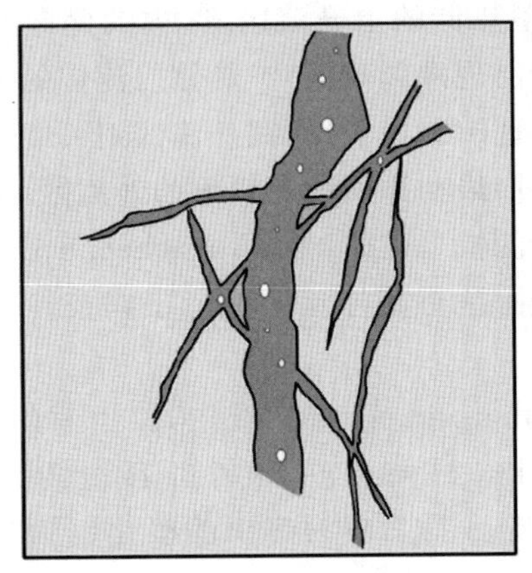
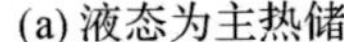
(a) 液态为主热储

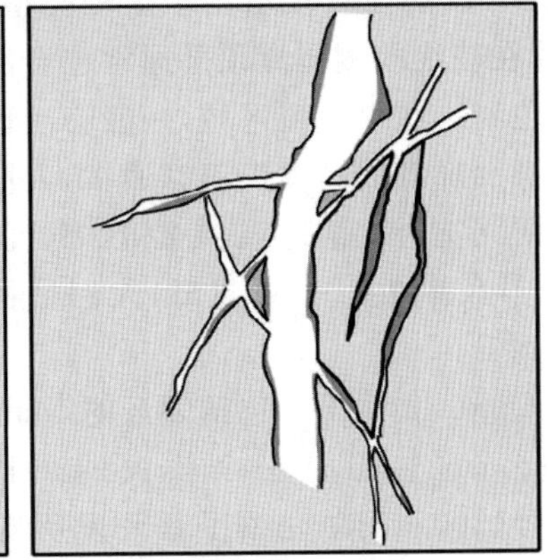
(b) 蒸气为主热储

图 2.3　在液态为主和蒸气为主的热储中液体和蒸气的分布

注：液体为暗色，蒸气为无色，岩层基质为浅灰色。

作为一个模型，BPD 就是一个静态的流体柱，处处是沸点(直到形成恒温的液-水区段为止)，对于许多开采目标来说，BPD 可近似看作是热储上升流中心的

初始状态。注意，这只是一个近似值，压力和温度可以更高或者更低，把 BPD 看成任何形式下最高的理论温度值是不正确的。但对不同热井之间的压力进行对比以确定侧向压力梯度时，实际热储压力梯度是必需的，而流动则是相对的，BPD 曲线自然就没有多大的价值了。

实际上，上升的流体通过稀释和传导作用被冷却，与通过沸腾作用的结果差不多，只是降低了沸腾的数量和范围。只要有一点产生沸腾，BPD 模型就是有效的。通常，在上升流的中心存在沸腾条件，而在边缘存在冷却条件。

在所有的高温地热系统中，热储流体中都含有非凝气体（noncondensable gases，NCGs）。这些非凝气体和可溶盐一起改变着储层流体与纯水之间的饱和关系，因此，流体相首次沸腾的压力要大于纯水的压力，换句话说就是其沸腾需要更大的深度。在质量和能量守衡方程中增加非凝气体守衡可以计算修正的沸腾曲线。

2.3.5 具侧向流系统

天然流完全是垂直的假设只能是一种理想情况。由于不同的渗透率以及地形效应而产生的构造控制作用往往会形成一定程度的侧向径流。BPD 剖面需要上升流，如果存在连续流体的上升流，沸腾状态则可以维持。大多数的两相热田与流体上升过程中产生侧向流而导致温度下降有关。如果侧向流水平运动或者向下流动，沸腾状态则会终止，从而形成液态储层。

因此，BPD 剖面仅仅适用于这种类型热储的上升流区，区内的侧向流将是液态水（尽管在较浅的侧向流顶部通常也会出现沸腾现象）。热储内流体的动态取决于开采井位置。在上升流区域，一般会出现沸腾现象，而在外流区则可能存在温度随深度增加而降低的高温热流。通常，人们最初探明的是热田的外流区，随着进一步钻探，则可能揭露高温热源区的流体。例如，在 Ahuachapan、El Tatio、Wairakei、羊八井以及 Tiwi 热田，人们最初是对其外流区进行了调查。下面是几个具体的例子。

(1)Tongonan 热田。包括邻近的 Mahanagdong 热田在内，位于菲律宾 Leyte 岛的 Tongonan 热田是一个较大的热田，目前该热田装机容量为 703MW。Gonzalez 等(2005)简单介绍了其开发历史。图 2.4 为热田的概化剖面(Seastres et al，1996)。

Tongonan 热田为一个液态为主的地热系统，其热储温度超过 320℃并且氯离子含量高达 11 000 ppm。在开发前，近地表存在被蒸气加热的水。在天然状态下，热田在 Mahiao 地区的下部产生上升流并流向热储的某个终端，蒸气和水流向上流动在一定空间内形成两相区，并通过侧向流在 Bao 泉域或者其他的地方出露。这种上升流和水平流的组合是很常见的，可以通过其地表显示分析热储层中流体的分布。该热田的泉群主要出露于 Bao 地区，但是其最高温度则分布在 Mahiao 地区水汽活动范围的下面，正是这样的水汽活动带指示出上升流所在区。该热田里存在一个低渗透率的区域将其与 Mahanagdong 热田中独立的上升流分开。开采后，Tongonan 热田热储压力下降明显，上部储层逐渐转化为以蒸气为主。

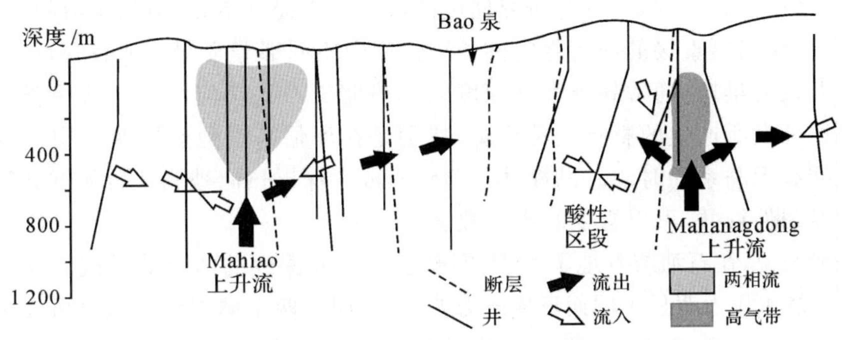

图 2.4　Tongonan 热田的概念模型

(2)Dixie 谷。Dixie 谷位于美国西部的盆岭区，是一个高温的热田。作为一个典型的盆地和山岭交错排列的热田，它与沿断层带发育的渗透性有关，这些断裂是深处补给的源泉，储层位于断层带上而不是它的外流带。图 2.5 为穿过 Dixie 谷的横剖面(Blackwell et al,2000)，储层位于断裂带周围。

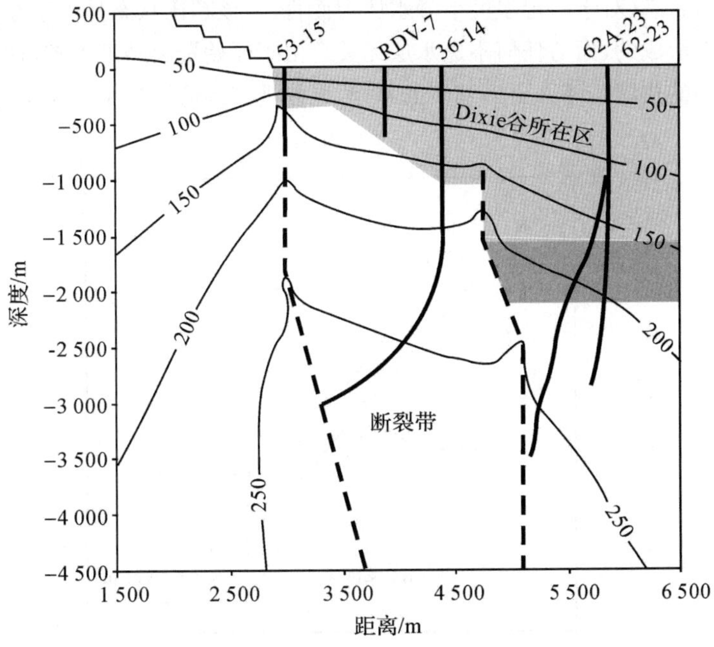

图 2.5　Dixie 谷的地热剖面

2.3.6 压力分布推论

对外流系统的讨论引进了自然流模式上渗透率反差的影响。存不存在渗透或者低渗透性特征，在评估开发利用的影响时非常重要。在勘探井中测量的温度剖面，连同地质信息一起，可以为研究储层的渗透构造提供指导，但是压力的分布（当存在时）会给出更直接的或者肯定的关于储层中不同部分之间是怎么联系的信息。在热田开发的早期，通常缺乏套管深度以上热储压力的任何资料。这些资料对于分析热田开发所产生的影响至关重要，特别是在评估高温地热资源和周围冷的含水层之间有无联系的时候。勘探井试验阶段或者深层热储被确认后能够获得这些信息的专门性钻井，可以提供基本的数据。

一般来说，在石油或者地下水资源研究中，不同深度的两个储层或者含水层之间会由于静水压力明显不同而形成压力差，这说明这两个储层没有通过可渗透的构造产生联系。但是，由于垂向压力梯度随温度而变化，这种推论对于热储层来说不总是有效，对其很难进行评估。因为在天然状态下热储层是动态的，其压力分布以及压力差可能是由于天然流或者温度差引起的，也可能是这些因素的组合引起的。

图 2.6 是新西兰三个热田在开发前天然状态下的压力随深度的分布曲线(Grant, 1981)。深度的测量是从排放氯水的最高地面高程算起的。在 Wairakei 和 Kawerau 热田，地表无大范围的隔水顶板，压力剖面光滑且延至地表。与地表相比，深部热储的压力处于超压状态(对于一定温度下静水压力而言)。该超压状态是由于经过热储层的自然上升流而形成的，而与任何不透水层无关。由于原始资料精度不够，这个结论仅仅适用于大范围的热储。随着更多细节的掌握，可能观察到低渗透率盖层构造的影响。

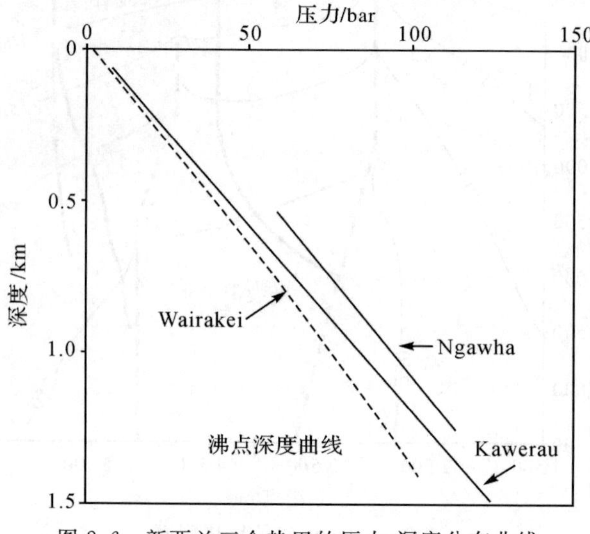

图 2.6 新西兰三个热田的压力-深度分布曲线

Ngawha 热田的资料显示，只有很少一部分热水从储层流到地面，而大量的气体经过隔水顶板外泄，说明这是一个真正封闭的热田。在该热田中，主要开采层是盖层之下断裂带的坚硬砂岩层，其热储压力梯度接近热储在 225～230℃的静水压力。储层相对于地表来说是过压的。在该例中，超压是由隔水层导致的，而不是由垂向流导致的动态压力梯度引起的。

2.3.7 小　结

在天然状态下，地热系统的基本组成部分，即热储或可被开采的部分包括：①一个含水层或含有热流体的裂隙网络；②冷水补给或岩浆流体的输入通道；③热源。对于储层更详细的细节通常包括一个低渗透率区域或盖层，或至少是一个局部不透水层覆盖在含水层或者通道网络上（它们组成热储），但这些都不是必要的。除了能量的差别将其与地下水系统区别开以外，地热系统的热量补给也许是其主要特征。维系热量补给的压力驱动是下降的冷水与上升的热水之间的浮力差，这个浮力差也可能由于地形效应而改变。在未被开发前的天然状态下，在没有开展任何井下测量评估和解译前，以高温液态为主的热储层应看作是一个动力平衡系统。

§2.4　蒸气为主对流系统

到目前为止，本书讨论的所有热储中起主导作用的流体是水，其压力分布近似于静水压力，另外，流体可以相对自由地流进、经过或流出该系统。

这里把以蒸气为主的系统和相关热储做一下比较。在未开发前的天然状态下，以蒸气为主的热储应该包含一个静态的蒸气柱，并且其任何地表热显示都包括有蒸气或蒸气加热的低氯水。目前已知有四个这样的热田：Geysers（世界上产量最大的热田）、Lardarello、Kamojang 以及 Darajat 热田（其他混合型热田将在第 12 章中讨论）。在以液态为主的热储中，以蒸气为主的地带仅局限于有限厚度内，在某些情况下，由于热田的开发，以蒸气为主的地带会迅速扩大，如 Wairakei、Awibengkok、Miravalles、Ahuachapan 和 Tongonan 热田。

Ramey(1970)首次报道了天然的以蒸气为主的热储，他描述的热储含有蒸气，其压力接近于静态蒸气压力，温度接近饱和状态的温度。图 2.7 为勘探早期在 Kamojang、Darajat、Geysers 和 Travale 热田所测定的压力剖面，Larderello 热田（Travale 热田为 Larderello 热田的一部分）不同地段的剖面显示出在不同压力条件下的以蒸气为主区和以液态为主区的混合作用。

在一个以蒸气为主的热储中，压力仅仅随着深度缓慢地增加，这意味着在储层的周围存在一个低渗透率的边界把储层内部相对的低压力区和储层外地区分离开来，储层外的压力一般接近静水压力如图 2.7 所示（Allis，2000）。同样，在储层的上部只在具有低渗透性的局部地段发生天然排放。

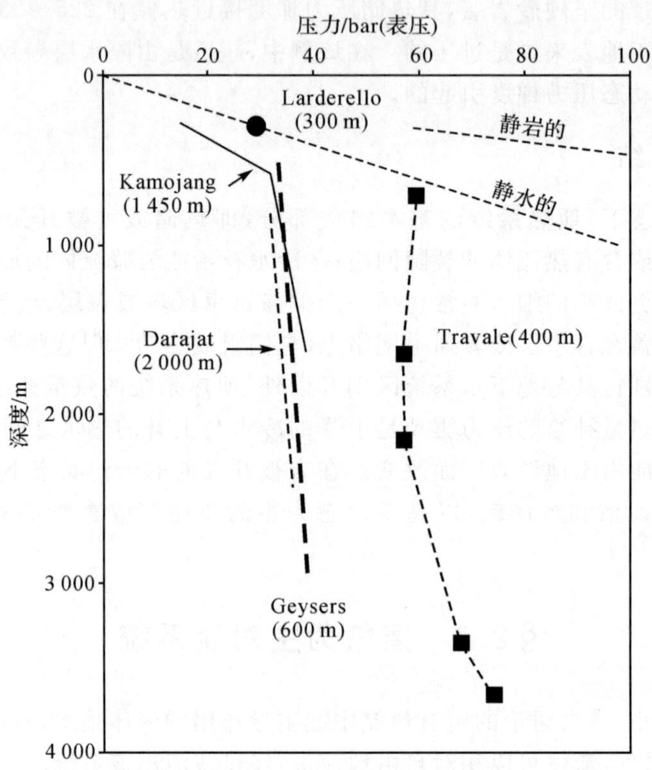

图 2.7 不同蒸气为主系统的热储压力-深度曲线

2.4.1 流体流动概念模型

多年来，已经建立了几个蒸气系统模型，早期的模型要么是一个干蒸气室要么是覆于沸腾水上的一个蒸气带。现在已知，在自然状态下，以蒸气为主的热储在岩石孔隙中含有大量的液态水。在 Larderello 和 Geysers 热田，储层在初始状态下是饱和蒸气。简单的容量分析法表明，这些热田已经产生的蒸气远远多于其蒸气形态的储存量。因此，额外的蒸气最初肯定是作为（静止的）液体储存在热田中的。

White 等（1971）根据定性的物理过程描述，首先提出了以蒸气为主的热储模型，后来 D'Amore 和 Truesdell（1979）对其进行了定义。模型的初期阶段包括来自深部沸腾带的蒸气和非凝气体的天然上升流。蒸气通过储层侧向扩散，由于它的扩散，热量通过盖层损失，并且一些蒸气凝结会吸收一些非凝气体。这些冷凝物在重力作用下向下迁移穿过储层，使岩石基质变得湿润，从而溶解掉岩石中的一些矿物，增加岩石的渗透性。蒸气的冷凝使得蒸气的化学成分随着与升流带的距离而有所变化。存在于蒸气中的液相活动组分随冷凝水被带走，蒸气活动组分被集中在剩下的蒸气中。这种模型很好地解释了在 Larderello 和 Geysers 热储中蒸气的化学组分变化。

在以蒸气为主的热储中，蒸气向上运动和水向下运动的对流系统，控制着流体的分布。如果蒸气（向上）和水（向下）的质量流量大致相同，垂直压力梯度接近静态的水蒸气，水的相对渗透性必定很低。流动的蒸气占据了大量的断裂空间，水则占据了余下的孔隙空间。储层达到某一饱和度时，水才处于活动状态，也就是说刚好高于残余饱和度（见第 3 章），这就意味着在储层内水的质量要大于蒸气的质量。要获得对实测结果的最佳拟合，Geysers 的储层模拟要求应用一个双孔隙模型，并且基质中流体的饱和度要高达 85%（见第 12 章）。在 Larderello 的深钻和 Geysers 的部分区域已经发现温度超过 300℃的过热区域，而不是猜想的深部液体（Bertani et al，2005；Walters et al，1991），所以这个水-汽对流系统只能描述热田的上部区域。

D'Amore 和 Truesdell 也观测到向下流的酸性凝结水在化学上是活性的，并会随着时间溶蚀所流经的岩石。这也许有助于解释为何在所发现的以蒸气为主的储层中具有高渗透率，而在蒸气储层外面较冷的岩石渗透率较差。

热储层矿物学的研究表明所有四个以蒸气为主的热田在某一时间内是以液态为主的（Allis，2000），后来通过不同方式，流体“被蒸干”，最后形成现在的状态。Larderello-Travale（Barelli et al，2010b）模型模拟了原始状态下（岩石中充满冷水）的整个过程。所以说 D'Amore 和 Truesdell 的模型只是代表了储层的现有状态，但是没有说明它是怎么产生的。

§2.5　开采对热储的影响

一个热储层的开发意味着热和流体（总是）的取出，这里面的一部分可能会被回灌。以下章节将介绍开发条件下的热储概念模型，以及整个热储和它周边热与流体分布的变化。

2.5.1　液体的流动

热储中地热流体的最简单概念类似于在承压含水层中液态水的流动。如果储层是在恒温条件下，那么其为等温流动。如果存在温度的不同分布或者是存在冷流体的回灌，这就有必要去计算热量随液体流动的变化情况。图 2.8 就描述了这样一个流动过程。

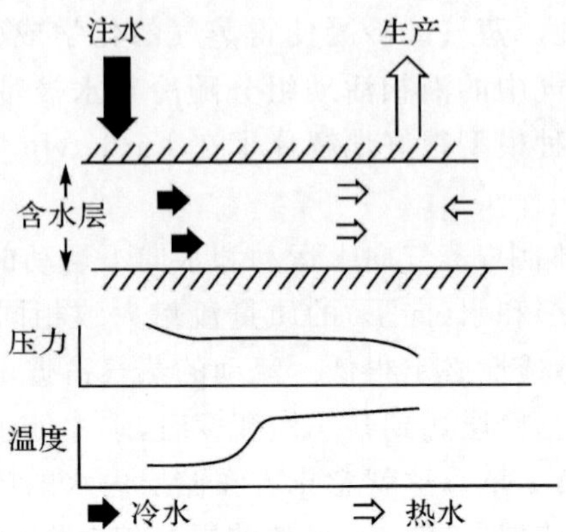

图 2.8 已开发的液相热储中液体的流动

如果热储层不是传导加热的承压含水层，而是一个活跃的热田的一部分，则会具有一些独特的地热特征。储层可能具有统一的渗透率和很大的厚度，譬如在北美 Imperial 和 Mexicali 谷发现的储层。通常在断裂的岩石中，很少人会知道有关储层的厚度，除非其规模很大。此外，储层是活跃水文系统的一部分时，流体的补给很有可能来自系统其他地方。

大厚度的储层造成了一些概念性的问题，这意味着储层模型必须描述三维流而不是二维流，但是压力的传递和热量的变化从理论上来说是相同的。一种可能的复杂情况就是热储层可能是非承压的而不是承压的，其开采区的上部是一个自由表面。伴随着表层地下水可能进入或者冷流体的回灌，热量穿过储层扩散的效率变得相当重要。尤其对于一个裂隙储层来说，沿着渗透性大的少数通道可能产生优先流。

在这种流体模型中，如果在储层中存在流体净质量损耗，相应的压力就会下降。如果储层中含有压缩的流体，这种压力的减少将造成水和岩石基质的扩张；如果是一个自由表面，表面的压力会下降，温度较低的水体推进，使岩石温度降低，从而引起热量净损耗。

2.5.2 液态为主热储

在高温热储层中，由于开发引起压力下降，可以促成储层内完全或部分沸腾。在这种情况下，由于开发利用所导致储层内的变化包括水蒸气和水之间的比例变化，以及压力和温度的变化。

第一种观点是把储层看成均一的混合体，遍布水蒸气和水，即最简单的两相集中参数模型。第二种假定水从储层的上部排出，形成一个“蒸气帽”——一个以蒸气为主的区域覆盖一个以液态为主的区域。第一种假设忽略了重力，第二种假设重力是主要的。两者假设蒸气和水都处于热平衡中。图 2.9 展示了一个蒸气帽形成的排放模型。在其初始状态下有一个接近静水压力的剖面。当开发利用时，储层内部压力降低，在开采平面以上，垂直压力梯度要小于静水压力，水就会向下疏干。当水分疏干，液体的饱和度降低，蒸气也变得更容易移动。蒸气开始向上疏干，在有比较合适的垂向渗透率的地方，蒸气和水两相分离，在下覆的液态为主区域的上部，当压力减小时开始沸腾，也就形成了蒸气，并且这些蒸气也向上疏干。随着时间的推移，通常几乎所有活动的水分都能通过储层的顶部排出从而得到充分的分离。另外一个以蒸气为主的区域会在顶部形成——即蒸气帽。蒸气帽的顶部通常定义为一个盖层，一个低渗透率层。注意蒸气和水之间的热平衡遍及两相区，但是被压缩的液体仍然存在于储层的底部。

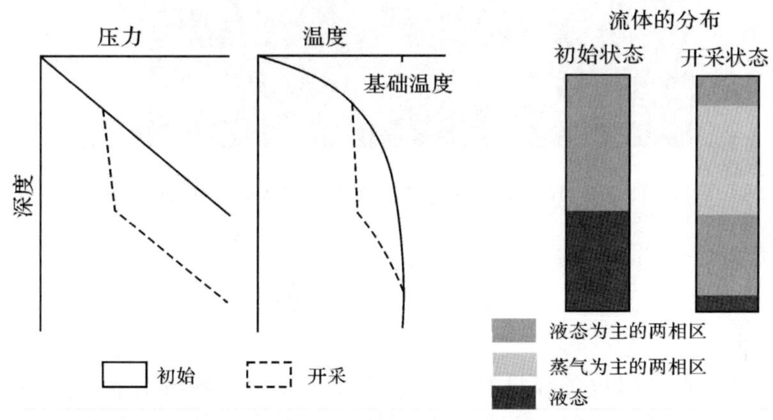

图 2.9 液态为主热储在天然和开采状态下流体的分布

沸腾的流体将会被分离到以蒸气为主的或者以液态为主的区域内的这个假设，取决于垂向的渗透性和沸腾条件的垂向延伸范围。高的垂向渗透率和较小的产生沸腾条件的温度范围，可以使液体和蒸气这两相快速分离。

除了沸腾的影响外，还存在侧向的和垂向上的热水或者冷水流入，并伴随着相关的热量和化学的变化。在生产的情况下，蒸气代替液体或者与深部液相热储压力相联系的上部地下水水位下降，都将会导致沸腾储层净质量的损失。由于水的沸腾和周围冷却水的入侵使岩石冷却下来，从而造成了储层净热量的损失。

2.5.3 蒸气为主热储

蒸气为主热储的必要组成部分包括已储存的蒸气和不移动的（或者几乎不移动的）水、储存在岩石中的热量、上覆的凝结层以及可能较深的沸腾卤水带。储层的边界，顶部和四周必须具有较低的或者很低的渗透率，以防止储层被水淹没。有些边界是完全隔水的；其他的具有低的渗透率，允许储层通过上部及边界和以液态为主的区域进行联系。在开采条件下，这些不流动的水会被逐步地蒸发（消耗储存在岩石中的热量),水被耗尽后,蒸气为主的热储最终形成一个干燥的过热带,就像图 2.10 展示的那样。随着持续地开发,开发区域周围的过热带会扩大到以(饱和)蒸气为主的区域。蒸气的补给可以来自已存在的深部沸腾带,也可能来自凝结层。那么这种热量和质量的净损失就和前面所讲的情况一样。

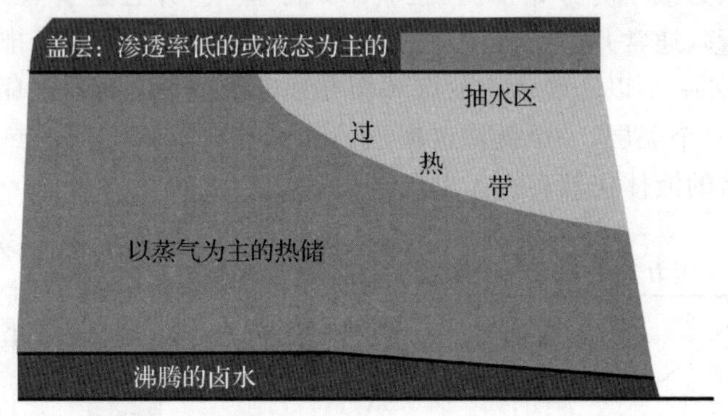

图 2.10 蒸气为主热储在生产时流体的分布

§2.6 结 论

在本章中,首先讨论了在没有干扰的情况下热储资料的分析。在该阶段这些信息的获取是很有限的,但对其收集和评估却很重要,因为一旦进行开采,井流被激发后,就很难获得这些资料。在高温对流系统中,流体受到开发利用的影响,其天然状态会发生变化。这些天然流已经持续了数万年或者数十万年了,形成的热量和流体储量都可以被开采利用。

简而言之,热液流体穿过各种地热系统的垂直向上流动形成了热储。对于地热开发者来说,他们并不关心是否把地热系统看作一个整体,也不关心热源。他们关心的是与热储的水文地质结构有关的流体流动和路径,这种水文地质构造形成了热储的基本组成。在这里集中精力讨论了两种主要高温热储类型流体的作用和形式:液态为主(液相和两相)和蒸气为主。

对这两种热储类型,已经建立了简单的模型,应用这些模型可以提高人们对热田的认识,并可估算某些参数。了解这些基础模型会为人们解决更为复杂的现实系统提供一个起点。

本章的讨论仅仅是一般的知识,在后面的章节中将详细讨论一些特殊问题。因此,以后的分析将会更详细且必须考虑更多的数据。在建立一个热储的概念模型时,物理和结构数据并非唯一的方面。所有的资料都相关,集合众多学者的信息以建立一个最健全的概念模型是基础。

第3章　简单定量模型

§3.1　概　述

本章将论述各种简单模型，这些模型用来描述在天然状态下及开采情况下在热储中发生的重要过程。这些仅以流体流动定律为依据的模型虽然简单，但在很多情况下能对真实情况做出合理的解释。本章所讨论的模型用来解释“补给”、“由于沸腾压力达到稳定”等的基本内涵，后面的章节将针对实际的地热系统讨论这些概念和简单模型。

在大多数情况下，地热流体流经的多孔介质是均质的和不可压缩的。热储通常高度破碎，尤其是火山岩中的热储，断裂密集且遍布于整个热田，因此其介质可以被认为是均一的。例如，干扰试验（见附录1）通常符合线源解。充满液体热储的储水率对应于孔隙介质厚度，表明整个热储都参与了干扰。在局部地区，尤其是井孔周围，裂隙的几何分布严重影响流体的流动。如果热储中存在不同的流体，如蒸气和水或温度相差很大的水体，裂隙会成为优选通道。

热储岩层通常被认为是刚性的，实际上，当流体压力和温度下降时岩石会收缩。在地表，这些作用通常广泛分布于热储层的整个区域，但是在热田开发的前十年，只有几毫米的量级，岩石基质的这种压缩对于热储流体的流动不会产生重大影响。因此，对于热储工程而言，计算水流流过岩石基质时可认为是刚性的。在模拟沉降时，压力和温度的改变可作为岩体沉降机理模型的输入条件，但这不会引起流体流动过程中渗透性或孔隙度大的改变。

§3.2　储水的定义

如果整个热储层的渗透性、孔隙度和流体的空间分布是已知的，那么热储层的演化可以用完整的水流方程进行准确的模拟，但如此详细的背景知识既无多大用处也无必要。与其他复杂的物理系统一样，大多数复杂性并不是特别重要，可以应用简单的理想化模型模拟热储的性质。当然，这样的理想化模型要通过慎重的判断来获得。

热储的复杂性包括两个方面：空间变化和流体热动力状态的变化。因此，建立简单模型有两个途径：

(1)简化流体,调查热储的空间变化(压力瞬态值)。

(2)简化几何特征,研究流体和岩石的热力性质(集中参数模型)。

对于这两种方法,很多概念是通用的。这些概念中最重要的是储水性能:热储以各种方式储存和释放流体与热的能力以及热储对于压力变化或流体流动的响应。

3.2.1 单相流

考虑一个体积为 V 的箱子在孔隙中含有单相流。除了箱子以已知的速率 q m^3/s或 $W=\rho q$ kg/s 排放外,箱子的边界是封闭的。假设整个箱子中的流体是均匀混合的,而且能够用一套热动力学变量,即温度和压力充分描述,箱子中的质量和能量守恒可以表示为

$$V\frac{\mathrm{d}}{\mathrm{d}t}(\varphi\rho)=-W \tag{3.1}$$

$$V\frac{\mathrm{d}}{\mathrm{d}t}[(1-\varphi)\rho_m U_m+\varphi\rho U]=-WH \tag{3.2}$$

展开后温度和压力的变化表明,温度变化很小,温度的改变引起很小的次级效应可以被忽略。类似于石油和地下水系统,单相流接近于等温流。假设整个过程是等温的,那么从式(3.1)可以得到

$$V\varphi\left(\frac{\partial\rho}{\partial P}\right)T\ \frac{\mathrm{d}P}{\mathrm{d}t}=-W \tag{3.3}$$

或

$$\frac{\mathrm{d}P}{\mathrm{d}t}=-\frac{q}{S_V}=-\frac{W}{S_M} \tag{3.4}$$

式中,$S_V=V\varphi c$,为热储储水系数。它表示当压力增加(减少)一个单位时,储存(释放)的流体的体积,$S_M=V\varphi\rho c$ 表示压力改变一个单位时储存或释放的质量。

这里假定组成热储的岩石坚固不可压缩。如果岩石压缩率比较大,那么 $S_V=V(c_m+\varphi c)$。热储储水系数被热储体积(即 φc 或 $c_m+\varphi c$)除尽就是单位体积热储中的流体和岩石的压缩率。单位孔隙的压缩率是 c,即流体的压缩率。在其他储存形式中,单位体积流体的压缩率可用 c_t 表示,它是热储中所有流体存在形式的压缩率。

如果热储为均质含水层,厚度为 h,单位面积的储水系数可以表示为储水率 S

$$S=\varphi ch \tag{3.5}$$

即单位面积含水层当压力增加一个单位时储存的流体体积。

在这种单相情况下,基本上不存在热效应的相互作用。储水的概念就是指流体质量或体积,热储中热的损失和获得是附带的。如果从热储中提取流体,同样取出了热量,但热量的损失与压力变化关系并不密切。

如果流体是气体,随着压力的变化气体的密度会发生变化,这时就要考虑质量

变化。箱子中的压力变化可以用不完全的气体定律表示

$$(\varphi V)(P/Z)=(\varphi\rho V)RT/M \tag{3.6}$$

其中，$\varphi\rho V$ 为箱子中流体的质量总和，注意在式(3.6)中温度是绝对温度(非摄氏度)，这就意味着 P/Z 随箱子中的质量变化呈线性变化

$$\frac{\mathrm{d}}{\mathrm{d}t}\left(\frac{P}{Z}\right)=-W\frac{RT}{M\varphi V} \tag{3.7}$$

或忽略 Z 的变化

$$S_M=\frac{M\varphi V}{RTZ} \tag{3.8}$$

3.2.2　部分被水充填

考虑箱子中部分被水充填，水面上是易于压缩的流体，这样可以认为上覆流体的压力是一个常数。这种情况与地下水含水层相似，在地下水含水层中自由水面上是空气，或者像油储一样存在一个气体与石油的分界面。在热储内，这一分界面可以看作液态为主带与蒸气为主带的分界面(不严格的情况下，可认为是汽-水界面)或者一个水平的两相流体和液态水的分界面。

考虑到从下层液态为主层中抽取流体会引起所抽取层压力的变化，假设上部可压缩区不受干扰。

假设液态为主带的压力处于水力平衡状态，即假设与本层中达到垂向平衡相比较压力变化的时间很长，则 $\mathrm{d}P/\mathrm{d}z=-\rho_w g$。如果压力下降为 ΔP，水位(液体和气体的分界面)下降为 $\Delta P/\rho_w g$，热储面积为 A，总的流体体积变化为

$$\Delta q=-A\varphi\Delta S\Delta P/\rho_w g \tag{3.9}$$

或

$$\frac{\mathrm{d}P}{\mathrm{d}t}=-\rho_w g q/A\varphi\Delta S \tag{3.10}$$

式中，ΔS 为水位处饱和度的变化，对于水-空气两相系统来说，$\Delta S=1$，地下水位以上的岩石是干燥的，但是对于蒸气型或液态型界面，ΔS 会小于 1。热储储水系数、含水层储水率、压缩率可以表示为

$$S_V=A\varphi\Delta S/\rho_w g,\quad S_M=A\varphi\Delta S/g \tag{3.11}$$

$$S=\varphi\Delta S/\rho_w g \tag{3.12}$$

$$c_t=\varphi\Delta S/\rho_w g h \tag{3.13}$$

式(3.13)中的厚度 h 为液态为主含水层的厚度，并不是整个含水层。式中用的是液态水的密度。正如前文提到的，流体的热性质并不重要。

拥有自由表面的液态为主含水层通常假设为只含有液态水。需要指出的是，式(3.9)至式(3.13)仅仅要求垂向压力梯度为静水压力，这样，就可用于分析处于沸点的含水层的长期行为。

3.2.3 两相流

现在考虑箱子中包含汽-水混合体的情况(Grant et al,1979)。蒸气和水可以以任何比例混合,同前面一样假设箱子可以用一套热力学参数进行描述,即压力(温度)和饱和度,如果液体从盒子中流出,压力变化为 ΔP,温度下降可以表示为

$$\Delta T=\Delta P/\left(\frac{\mathrm{d}P_s}{\mathrm{d}T}\right) \tag{3.14}$$

式中,$\frac{\mathrm{d}P_s}{\mathrm{d}T}$用饱和线来估算,温度下降表明岩石温度降低,所以从岩石中释放的热量为

$$Q=V\rho_t C_t\Delta T \tag{3.15}$$

其中

$$\rho_t C_t=(1-\varphi)\rho_m C_m+\varphi S_w\rho_w C_w \tag{3.16}$$

是湿润岩石的体积热容。热量从岩石中释放出来并传输到流体使水蒸发,液体流出后系统体积增加,增加的体积等于变成蒸气的体积减去蒸气为液态时的体积

$$\Delta V=\frac{V\rho_t C_t\Delta T}{H_{sw}}\left(\frac{1}{\rho_s}-\frac{1}{\rho_w}\right) \tag{3.17}$$

除以 ΔP 得

$$\varphi c_t=\frac{\rho_t C_t}{H_{sw}}\frac{\rho_w-\rho_s}{\rho_w\rho_s}\frac{\mathrm{d}T_{sat}}{\mathrm{d}P} \tag{3.18}$$

$$S_V=V\varphi c_t,\quad S=\varphi c_t h \tag{3.19}$$

温度的变化与饱和曲线相一致。如果要得到 S_M,须知道排出流体的密度 ρ_t

$$S_M=V\varphi c\rho_t \tag{3.20}$$

这个密度的大小取决于排出流体中汽-水比率或者它的热焓。需要指出的是,获得的两相压缩率与此密度无关。箱子中温度的降低造成蒸气凝结以及液体体积增大,增加的体积仅取决于相变的液体量。只要两相状态同时存在并且相互接触,孔隙中的流体就可能具有任意的汽-水比率。

这里,两相的压缩率与前面提到的两种情况不同,它与热储层的热力学性质及所含热流体属性有关,与单位体积热容量成比例。储热系数 S_V 或 S_M 与整个箱子体积 V 的热容量成正比。

3.2.4 不同压缩率比较

不同压缩率的值之间差别很大。如果含水层的厚度为 500 m,温度为 240℃,孔隙度为 15%,单位体积热容为 $\rho_t C_t=2.5\ \mathrm{MJ/(m^3\cdot K)}$。对于单相流体

$$c_w=1.2\times10^{-9}\ \mathrm{Pa^{-1}},\quad c_s=3\times10^{-7}\ \mathrm{Pa^{-1}}$$

非承压含水层,$\Delta S=1$

$$c_t = 4\times10^{-8}\ \text{Pa}^{-1}$$

两相情况下

$$\varphi C_t = 1.4\times10^{-6}\ \text{Pa}^{-1},\quad c_t = 9\times10^{-4}\ \text{Pa}^{-1}$$

在这里，最大(两相)和最小(液态)压缩率之间差四个数量级。

3.2.5　多相流

对于实际的热储，整个热储体积内流体的性质是不均匀的。因此，需要建立更复杂的模型，模型中需包括性质不同的几个区域。前面已经介绍了最普通的描述上部覆盖蒸气的液相含水层或系统模型，或许这是最常见的模型，比单一的均匀箱子要复杂。与前面相对简单的例子一样，在这里，除了讨论从箱子的两个区中抽取流体后基于质量和能量守恒的相关反应外，不再进行深入分析。将每个区作为一个隔热箱，不同区之间存在质量和能量流的交换，一般是蒸气的上升流或水的下降流。

对于非承压含水层，在重力作用下地下水位下降疏干含水层时仍会有部分水存在于岩石基质中。这种机制下的储水量大于液态层压缩提供的储水量。在液态层中，由于压力的下降会产生沸腾作用，蒸气上升，为上部的蒸气为主区提供蒸气源。蒸气为主区同时也会随着汽-水界面(水位)的下降而向下扩展。上升的蒸气流量大小取决于下覆层中沸腾作用在垂向上的延伸范围，或者取决于此区中的温度分布。可以很容易理解在这一过程中会存在多种相态。蒸气带压力的上升或下降取决于蒸气中质量和能量的平衡、蒸气带边界的变化、下部沸腾作用产生的蒸气量、较冷边界蒸气冷凝损失量、浅部蒸气流出量或地表排放量以及位于蒸气带钻井的排放量。

对于蒸气为主的热储，经常概化为液态层上覆蒸气层的模型形式。在这种模型中流体开采限制在蒸气层中，相似的模型也可以在压力瞬态模型中看到。在这种情况下，如果热储的初始状态为液态，在井的周围会产生一个两相区，如果热储的初始状态为两相，在井的周围则会形成一个干蒸气带。

§3.3　压力瞬态模型

最简单的模型是剖面上为一圆形的垂直井，完全穿过一个径向上无限延伸的均质水平含水层，其顶、底都密封，如图 3.1 所示。在空间上岩石特性(尤其是渗透率)不存在变异，需要考虑的仅是压力(如果相关的话还有温度或饱和度)的空间变化，这一变化与到井的径向距离有关。含水层中的流体在垂向与深度上一直保持平衡，因此可忽略重力的影响。

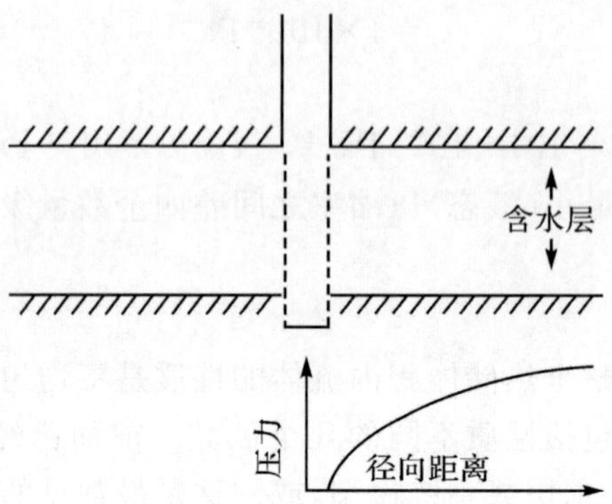

图 3.1 基本压力瞬态井模型

3.3.1 单相含水层流体

达西定律的径向(轴向)形式可以表示为

$$v_r = -\frac{k}{\mu}\frac{\partial P}{\partial r} \tag{3.21}$$

相似地,质量守恒方程为

$$\varphi\frac{\partial \rho}{\partial t} + \frac{1}{r}\frac{\partial}{\partial r}(r\rho v_r) = 0 \tag{3.22}$$

或

$$\varphi c\rho\frac{\partial P}{\partial t} = \frac{1}{r}\frac{\partial}{\partial r}\left(\rho\frac{k}{\mu}r\frac{\partial P}{\partial r}\right) \tag{3.23}$$

现在假设压缩率保持恒定,与压力的变化相比动力黏度可以忽略,得

$$\frac{\varphi\mu c}{k}\frac{\partial P}{\partial t} = \frac{1}{r}\frac{\partial}{\partial r}\left(r\frac{\partial P}{\partial r}\right) \tag{3.24}$$

这是扩散方程,其中水力扩散率为

$$\kappa = \frac{k}{\varphi\mu c} \tag{3.25}$$

在很多热传导的文献中可以看到此方程有很多解。

如果井在时间 $t=0$ 时开始抽水,稳定流量为 q 或 $W=\rho q$,含水层中压力的变化为径向距离和时间的函数

$$\Delta P = P - P_0 = -\frac{q\mu}{4\pi kh}E_1\left(\frac{\varphi\mu cr^2}{4kt}\right) = -\frac{Wv}{4\pi kh}E_1\left(\frac{\varphi\mu cr^2}{4kt}\right) \tag{3.26}$$

其中

$$E_1(x) = \int_x^{\infty}\frac{1}{y}\mathrm{e}^{-y}\mathrm{d}y \tag{3.27}$$

Abramowitz 和 Stegun 于 1965 年给出了 $E_1(x)$ 数值表(在石油文献中函数 $E_1(x)$

用 $-E_i(-x)$ 表示）。如果自变量 x 很小或者在相当长时间内

$$E_1(x) \sim -\ln x - \gamma \tag{3.28}$$

其中，$\gamma=0.5772$ 为欧拉常数，将此渐近方程代入式(3.26)得

$$P-P_0=-\frac{Wv}{4\pi kh}\left(\ln t+\ln\frac{4k}{\varphi\mu cr^2}-\gamma\right) \tag{3.29}$$

任何点的压力变化与时间的对数呈线性关系。式(3.26)中的含水层和液体的参数可以分为两组

$$\frac{\mu}{4\pi kh}$$

和

$$\frac{\varphi\mu c}{k}=\frac{\varphi ch}{kh/\mu} \tag{3.30}$$

通过对压力随时间变化进行适当的观测，可能获得观测值与理论值的拟合，从而得到两组参数，即导水系数或迁移率-厚度 kh/μ、储水率 φch（k/μ 称为迁移率）。如果知道流体的动力黏度 μ，就可以得到渗透率-厚度 kh，这样就可以求取两组参数。因此，原则上有两组参数是可以确定的，一个是反映含水层储水能力的储水率，另一个是反映液体传导能力的导水系数。

3.3.2　干蒸气流

假设压缩率、密度、动力黏度都是压力的函数，压力瞬态方程式(3.27)变为

$$\frac{\varphi\rho c}{k}\frac{\partial P}{\partial t}=\frac{1}{r}\frac{\partial}{\partial r}\left(\frac{r}{v}\frac{\partial P}{\partial r}\right) \tag{3.31}$$

上式为完整的气体流动压力瞬态方程。在压力变化很大的情况下，应用拟压力技术可以获得此方程的近似解（见附录 1）。

3.3.3　非承压含水层

如前所述，非承压含水层中的储水率与含水层中水位的变化有关，压缩率变为 $c_t=\varphi/\rho gh$。替代后，压力瞬态方程式(3.24)至式(3.30)均有效。随着压缩率的增加，压力随时间尺度而变化。

3.3.4　两相含水层

如果蒸气和水同时存在于同一个含水层中，压缩率变为两相的值，由式(3.18)给出。另外，如果两相均是活动的，流体活动系数也会发生变化。两相瞬变最常见的形式是蒸气为主的系统，其中只有蒸气是活动的。水平流的达西定律为 $\boldsymbol{u}=-(k/v)\nabla P$。在两相流中，存在蒸气和水的质量通量，两相各自的质量通量之和即为总的质量通量

$$u_t u_w + u_s = -k\left(\frac{k_{rw}}{v_w} + \frac{k_{rs}}{vx_s}\right)\nabla P \tag{3.32}$$

定义

$$\frac{1}{v_t} = \frac{k_{rw}}{v_w} + \frac{k_{rs}}{v_s}$$

和

$$\frac{1}{\mu_t} = \frac{k_{rw}}{\mu_w} + \frac{k_{rs}}{\mu_s} \tag{3.33}$$

与单相水流形式相似。

流动流体的密度 ρ_t 为

$$\rho_t = \mu_t / v_t \tag{3.34}$$

密度可以直接从流体热焓 H_t 中直接获得。在实际的井流试验中，H_t 为流体流向井的热焓，或为钻井排放的流体热焓。蒸气含量为 $X=(H_t-H_w)/H_{sw}$，水的含量为 $1-X=(H_s-H_t)/H_{sw}$。流动液体的比体积 $1/\rho_t$ 为蒸气和水的体积总量

$$\frac{1}{\rho_t} = \left(\frac{H_t - H_w}{\rho_s} + \frac{H_s - H_t}{\rho_w}\right)\frac{1}{H_{sw}} \tag{3.35}$$

至此，完成了对热储中三种类型(液体、蒸气和两相)含水层属性及流体属性的定义，假设在每种类型中流体属性(压缩率、黏度及密度)保持稳定或有效，就可以详细阐述含水层构造，并能通过测井时所产生的影响探明井附近渗透性可能变化情况。标准分析技术详见附录 1。

§3.4 集中参数模型

现在，考虑能反映热储中一些活动物理过程的简单模型。

3.4.1 基本模型

图 3.2 为在实际地热系统中比较有用的最简单的基本模型。在这里，热储被描述成一个简单的箱子，其中含有均质岩石和流体，从箱子中抽取流体，而箱子从外界接受补给，从箱子中抽取的质量流量为 W，补给量为 W_r。这样的补给可能来自深部的流体、附近的侧向含水层或上覆的地下水。值得注意的是，补给的定义取决于箱子的定义，如果考虑一个新的更大的模型，箱子的体积则包含了原先在盒子以外的部分，那么至少部分先前的补给会转变成内部流。

如果箱子承受的压力变化为 ΔP，相当于排出质量流量为 $S_M\Delta P$，流体净损失为$(W-W_r)\Delta t$，质量守恒为

$$S_M \frac{\mathrm{d}P}{\mathrm{d}t} + W - W_r = 0 \tag{3.36}$$

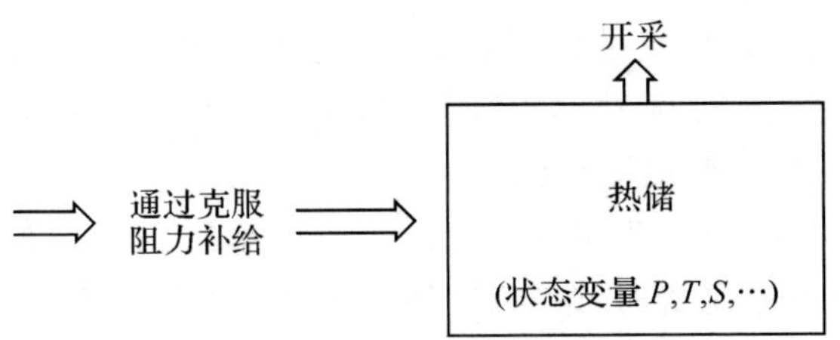

图 3.2　基本热储模型

为了能够计算出压力的变化，必须有一些规则或方程确定补给量 W_r。最简单的前提假设为补给量与箱子和补给源之间的压力差成正比。假设在初始状态时是平衡的，即等于箱子中的总压力下降

$$W_r=\alpha(P_0-P) \tag{3.37}$$

对于由于补给系数变化造成的压力瞬态变化，这一假设并不适用，而很多其他的复杂模型能有效解释这一变化。因此，如果主要是基于这种瞬态效应，更多的变量被移到箱子外面考虑，那么就需要用一个不同的更大的模型来说明。结合式(3.36)和式(3.37)

$$W=\alpha(P_0-P)-S_M\frac{\mathrm{d}P}{\mathrm{d}t} \tag{3.38}$$

如果开始时间为 $t=0$，排放流量为一个常数 W，其平衡指数方程为

$$P_0-P=\frac{W}{\alpha}(1-\mathrm{e}^{-t/\tau}) \tag{3.39}$$

$$\tau=S_M/\alpha \tag{3.40}$$

式中，τ 为系统持续时间或松弛时间。如果时间较短，压力下降与时间呈线性关系

$$P_0-P=Wt/S_M=qt/S_V \tag{3.41}$$

在这一时间尺度内，补给作用对于压力的影响可以忽略不计，压力下降与没有补给的封闭箱子类似。如果有一些补给，它也只能在一个与系统持续时间 τ 相对较长时期的观测之后才能得以确定。为了确定热储参数，需要对一些参数进行一段时间的观测，流速发生变化或流速较大时必须进行观测。经过短时期的观测后，可以确定热储的储水系数，但不是补给量。超过松弛时间一段时间后，压力与补给逐渐达到平衡并稳定于某一值

$$P_0-P\approx W/\alpha,\quad t\gg\tau \tag{3.42}$$

这个平衡与储水系数无关，流体的排出被补给代替。Sarak 等(2005)详细讨论了在拟合集中参数模型时所包含的误差。一个简单的模型可以通过加入更多的物理性质，如温度和流体学等对模型加以约束(Lopez et al，2008；Türeyen et al，2009)。

3.4.2　流体类型改变

当流体被耗尽后，箱子的储存机制可能会发生变化。如果箱子一开始储存了

压缩水，连续抽水可以降低箱子顶部的压力，达到饱和态或到大气压，导致自由面形成。在这种情况下，储水系数不连续变化，从承压热储到非承压热储，在分析较冷的地下水储层时经常遇到这种转换。

另一种可能是从液态到两相的变化。水中的垂向压力分布近似于静态压力，假设温度随深度的增加而增加，这样，任何一个地方的压力都会超出同等量的饱和度。也可能在一定压力或压力范围内，当压力超过这个值时，箱子中的所有液体从压缩状态变为沸腾状态，热储的垂向延伸范围较小时，这种现象最有可能发生。在这种情况下，流体的压缩率增加很大，从压缩液体变为两相流。

在这两种情况下，均存在一个转化时间，在该时间内热储的储水系数和流体的压缩率变化很大，结果造成在统一时间段内压力下降速率也很大。因为这一转化的发生是热储出现沸腾作用引起的，涉及沸腾过程中压力的稳定。实际上，热储通常包括水力上相联系但温度分布不同的区域。随着整个系统压力的降低，沸腾区域不断地膨胀，热储储水系数在整个区域由不连续而逐渐达到平均。

向低压缩率方向的转化也是可能的。假设存在一个蒸气为主的热储，它的初始状态为两相，蒸气存在于裂隙中，而水存在于岩体孔隙中。抽水后由于地下水的蒸发而为裂隙介质提供了蒸气补给。如果开采引起所含的液态部分完全蒸发，会产生两相向过热蒸气的转化。随着流体的开采，压缩率和压力下降速率很快增加(Brigham et al,1977)。结合前面的例子，在一个真正的储层中，整个储层液体饱和度的变化意味着热储的蒸干区域随着地下水的降低不断膨胀，而并非整个储层突然变干，过渡过程是逐渐的而不是突然的。

3.4.3 冷水补给

在前面的基本模型中，假设箱子中的压力仅仅由质量守衡所控制，也就是其假设：或者补给的流体和排放的流体在成分上是完全一样的，或者热储完全是液态的。在后面的这种情况下，冷水可以代替热水。

在很多情况下，补给的流体来自于热储周围的地下水或者直接来自于高温热储上部的地下水。因此，这些补给水的温度将低于热储流体，当它进入热储后，热储中的热流体的体积就会下降。

如果热储完全是液态的，从边界进入的冷水将前面的热水推向生产区，同时释放压力，单位体积的冷水置换等体积的热水(忽略水流通过岩石的加热作用)以保持压力平衡。热储压力只简单地取决于热储中液体的体积。这些不适于含有两相流体的热储，因为两相压缩率和两相储水机制不仅取决于能量守衡还取决于质量守衡。

考虑一个箱子包含了两相流体，补给量为 W_r kg/s，热焓为 H_r，为了集中研究冷水补给效应，忽略排放，质能守衡方程为

$$V\frac{\mathrm{d}}{\mathrm{d}t}(\varphi S_w\rho_w+\varphi S_s\rho_s)=W_r \tag{3.43}$$

$$V\frac{\mathrm{d}}{\mathrm{d}t}[\varphi S_w\rho_w U_w+\varphi S_s\rho_s H_s+(1-\varphi)\rho_m U_m]=H_r W_r \tag{3.44}$$

从这两个公式中可以消去 $\mathrm{d}S_w/\mathrm{d}t$，得出压力的变化，定义如下

$$H_n=H_w-\frac{\rho_s H_{sw}}{\rho_w-\rho_s}$$

如果补给热焓小于 H_n，系统的压力就会下降（Pruess et al，1979）。热焓为 H_n 的冷水的温度比热储温度低几度，因此，任何比热储温度低的冷水补给都会使两相热储中压力下降。因为当冷水进入蒸气-水-岩石混合物时，增加的水被加热到热储温度，所要求的热量来自于蒸气的冷凝，同时伴随有流体体积损失。

这个例子表明，在地热系统中补给的概念包括两个含义：流体的再补给和维持压力。在液态含水层中，液体的补给意味着流体添加到系统中并维持热储压力。水补给到一个热储意味着流体附加到热储并导致热储流体含量的增加。如果热储为单相，增加的流体意味着压力的增大。在两相热储中，补给可能造成压力的增加或降低，因为压力取决于能量的平衡以及质量的平衡。如果冷水与两相流体混合，压力就会下降而不是上升。特殊情况下取决于流体是如何混合的。在一个包含两相条件的热储中，注水会造成注水点附近形成液相带，所以注入冷水会在两相流体中形成一个屏蔽。如果注入在过热的区域，就会引起压力的增大，但这种情况不会发生在两相情况下（见后文）。

§3.5　两相蒸气热储

两相系统一个非常特殊的例子是在残余饱和度下含水的孔隙介质。图 3.3 为一个典型的具有相对渗透率的均匀介质。当孔隙被水充满时，水的相对渗透率为 1，蒸气的相对渗透率为 0。当液态饱和度下降时，水的相对渗透率下降而蒸气的相对渗透率上升。当水的相对饱和度为 0 时，存在一个大于 0 的饱和度，叫作残留饱和度。在这种情况下，水进入孔隙，但是连接通道处充满蒸气并且只有蒸气可以流动，水是不可以流动的，因为其相对渗透率为 0。热储中的流体为蒸气，由于蒸气与水接触，所以蒸气处于饱和温度状态。通过观测流体生产过程可以看出热储为“干”的，因为只有蒸气进入到了钻井中。在井下流动的压力范围内蒸气的饱和状态揭示了热储中存在水体。

3.5.1　蒸气流方程

假设静滞水体不影响蒸气的流动（$k_{rs}=1$），那么饱和蒸气流的达西定律与干蒸气流的完全一样

$$\boldsymbol{u}=-\frac{k}{v}(\nabla P-\rho_s g) \tag{3.45}$$

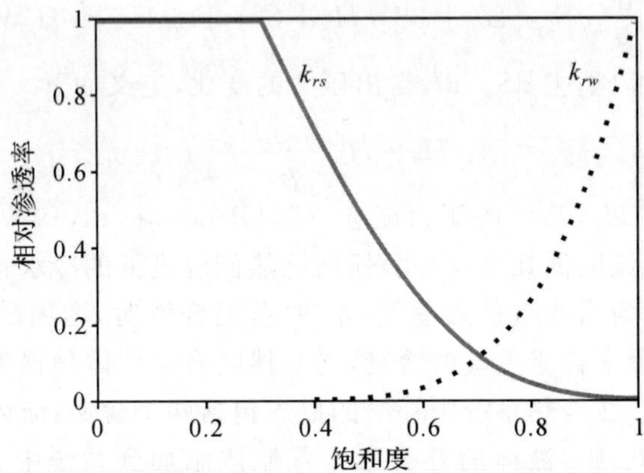

图 3.3 水的相对渗透率与液体饱和度变化关系

质量和能量守恒方程可表示为

$$\varphi\frac{\partial}{\partial t}(S_w\rho_w+S_s\rho_s)+\nabla\cdot\boldsymbol{u}=0 \tag{3.46}$$

$$\varphi\frac{\partial}{\partial t}[S_wU_w\rho_w+S_sU_s\rho_s+(1-\varphi)\rho_mU_m]+\nabla\cdot(H_s\boldsymbol{u})=0 \tag{3.47}$$

两相压力瞬态方程有效并可简化为

$$\frac{\varphi\rho c_t}{k}\frac{\partial p}{\partial t}=\frac{1}{r}\frac{\partial}{\partial r}\left(\frac{r}{v}\frac{\partial P}{\partial r}\right) \tag{3.48}$$

两相压缩率 c_t 取决于压力和饱和度(轻微的),它可以看作只是压力的函数。同样,其他流体参数,如密度、黏度和温度等也可看作只是压力的函数。应用修正后的压缩率,式(3.48)与干蒸气流方程一致。因此,运用合适的修正参数,所有标准的气体储层技术都可以应用于蒸气压力瞬态和蒸气井性能分析。

即使热储中有水存在,式(3.48)依然适用。饱和度的变化可以应用式(3.46)和式(3.47)通过压力变化来计算。因为饱和蒸气的热焓 H_s 在温度 180~250℃时几乎不变,散度项$\nabla\cdot\boldsymbol{u}$ 和$\nabla\cdot(H_s\boldsymbol{u})$可被忽略,得

$$\frac{\partial}{\partial t}[\varphi H_s(S_w\rho_w+S_s\rho_s)-(1-\varphi)\rho_mU_m-\varphi S_w\rho_wU_w-\varphi S_s\rho_sU_s]=0 \tag{3.49}$$

类似地,如果有一个包含蒸气和静滞水体的系统,蒸气流出,则质量守恒和能量守恒方程为

$$\varphi V\frac{\mathrm{d}}{\mathrm{d}t}[S\rho_w+(1-S)\rho_s]=-W \tag{3.50}$$

$$V\frac{\mathrm{d}}{\mathrm{d}t}[\varphi S\rho_wU_w+\varphi(1-S)\rho_sU_S+(1-\varphi)\rho_mU_m]=-H_sW \tag{3.51}$$

同样能得到式(3.49)。如果用 T_0 和 S_{w0} 来分别表示初始温度和液体饱和度，温度和饱和度的关系可简化为

$$(1-\varphi)\rho_m C_m(T_0-T)=\varphi S_{w0}[\rho_w H_{sw}]_0-\varphi S_w \rho_w H_w \tag{3.52}$$

3.5.2 蒸　干

在以蒸气为主的热储中，静滞水体模型中蒸干温度 T_d 是相当重要的，这是热储介质中液态饱和度达到0时的温度。这时水将不与蒸气接触，蒸气真正变“干”；随着压力的持续降低，蒸气变得过热，应用前面的方程可以得到

$$(1-\varphi)\rho_m C_m(T_0-T_d)=\varphi S_{w0}[\rho_w H_{sw}]_0 \tag{3.53}$$

如果流动的流体是蒸气并且假设热传导(如从岩体到裂隙)并不重要，那么从质量和能量守恒公式推导而来的该方程说明其结论适用于任何构成的流体。原则上，在逐步钻井过程中能观测到蒸干现象，并能确定在多大井压下蒸气进入并成为过热状态。对于一口井来说，这种过热状态是局部的并且取决于压降。如果热储中的水是移动的，如蒸气为主热储的初始状态，式(3.49)至式(3.53)不再适用。

蒸干的形成有两个重要意义。对于整个热储，蒸干标志着热储流体储量的枯竭。因为在热储中水的密度比蒸气的密度大得多，在一个未开发的“蒸气箱”中，差不多全部的流体质量都以水的形式储存。当这些流体储量被利用之后，只有很少部分生产流体保留于热储中，热储现在是强烈地过热而不仅仅是在井附近。蒸气可能会在热储中蒸干作用小的其他地方流动。对于局部地区，井附近的压力下降会产生一个蒸干带，这样过热蒸气会进入井中。

在蒸气为主的热储中，φS_{w0} 的值一般小于10%(Truesdell et al，1973；D’Amore et al，1979)，这就意味着蒸干通常发生在开采过程中。这种简单的热储模型对于裂隙介质是不适用的，因为岩体基质和裂隙具有不同的流体饱和度。

3.5.3 冷水注入

如果热储流体已经减少，但是岩石仍然保持很热，那么注水就可能增加蒸气量。当热储是干的并且蒸气在高于饱和压力温度下产生过热状态，所有高于饱和温度岩石中可利用的热量都是不可恢复的。尽管如此，这部分储存在岩石中的热量有可能通过回灌方法向系统中注水使其沸腾而被提取出来。在Geysers，一个主要的注水项目(在大量液态储量减少后)产生了比历史上更多的蒸气量。这种情况下注水造成了生产井蒸气流的净增加。

考虑到一个岩块和干蒸气系统，其温度为 T，压力 P，流入水量为 W，热焓为 H，其流体质量和总的能量守恒方程为

$$\frac{\mathrm{d}}{\mathrm{d}t}(\varphi\rho V)=W \tag{3.54}$$

$$\frac{\mathrm{d}}{\mathrm{d}t}[(1-\varphi)\rho_m U_m]V=-W(H_S-H) \tag{3.55}$$

运用气体定律即式(3.6)

$$V\frac{\mathrm{d}P}{\mathrm{d}t}=W\left[\frac{P}{\varphi\rho}-\frac{P}{T}\frac{H_s-H_r}{(1-\varphi)\rho_m C_m}\right] \tag{3.56}$$

由于冷却作用,第二项可忽略,冷水的增加使干蒸气热储中的压力增加,一旦达到饱和该结论就不再适用。达到饱和状态以后,冷水的进一步增加会造成压力的降低,因为冷水降低了温度,从而也降低了压力。

§3.6 储 量

本节讨论热储中热量储存量和流体储存量的简单评价方法,开采过程中热量及质量的运移过程,以及有多少资源可能被利用。通过一体积为 1 km^3,温度为 240℃的多孔介质对几种情况进行说明。

3.6.1 有效能量

简单地估算给定基础温度之上的岩石和流体的热量存在一个重要的缺陷,就是即使利用热力学上最理想的引擎,热能也不可能百分百转化为电能。热转化效益受到热力学第二定律的限制。对于给定热量,温度高时转化成电能的部分比温度低时要大。相对于化石燃料或核燃料热电厂来说,热储温度为 150～350℃和井口温度为 150～250℃的热量只能算是低品位的热源,前者的实际供热温度在 1 000℃以上。

作为一个实例,考虑开发一个水热系统建立地热电站,蒸气的分离温度为 150℃(5 bar)。150℃以上的热量能够转化为电能,转化效率为 20%。240℃的水会持续地排放和发电,如果与相等数量的 150℃的水相混合,产出的水温度为 195℃。这样的水不能保证持续供水以维持井口压力以及井到汽轮的持续供水。虽然混合作用并未改变 150℃以上温度水体所含的热量,但转化成电能的能力下降了。当不同温度的水体混合后,能量被储存了下来,但熵增加,且将热能转换为电能的能力降低了。

可利用的能量就是有效能量或"有效能"(DiPippo,1997)。这是包含在流体中可用于发电或通过理想热机做功的能量的一部分,它可以定义为

$$e=H-H_0-T_0(s-s_0) \tag{3.57}$$

式中,s 为流体的比熵,下标 0 涉及废弃水的温度。这个温度可有效地作为蒸气冷凝或者工厂尾气排放时的温度。任何系统中存储的总有效能量是有用功的总量,这部分能量有可能从热力学理想引擎获取。

对于地热电站效率最有效的量度是生产电力所做的有用功，它只是热储总能量的一部分。地热的发电同其他发电方式一样，通常服从第二定律效率。地热发电相对低的热利用效率不能完全与煤炭或核能发电相比，因为这些电站消耗高品位的燃料。比较不同类型的发电和不同的燃料，都应该只用第二定律效率。正在生产的热田能量分析可参看 Quijano(2000)和 Aqui 等(2005)的文章。

3.6.2　热储量估算

最简单的热储评价方法是“热储”法，相似方法也包括体积法和热储质量法。原则上，这些方法都是计算储存在热储体积中的可利用热量。Muffler(1977, 1978)，Muffler 和 Cataldi(1978)，以及最近的 AGEG(2008)都对热储法进行了介绍

$$Q_{t0t} = \int \rho_t C_t (T - T_0) \mathrm{d}V = V\rho_t C_t (T_r - T_0) = Ah\rho_t C_t (T_r - T_0) \quad (3.58)$$

式中，T_r 为热储平均温度；T_0 为参考温度，是流体热动力利用过程的终点温度，通常这是发电站的废弃温度，这个温度通常近似等于当地年平均温度；V 为热储体积；A 和 h 分别为热储的面积和厚度。另一个有关的温度是弃水温度 T_C，低于这个温度时流体将没有经济价值，也是停止开采温度或表示对其抽取已不再经济，这限定了热储的外部限制条件。有时弃水温度也被用作参考温度，如 Pastor 等(2010)，这大大降低了总的热量，同时提高了恢复因子。

需要计算的参数包括：

(1)饱和岩石的比热 $\rho_t C_t$。

(2)热储温度与电厂弃水温度的差值。

(3)孔隙度。

(4)热储体积。

不同岩性岩体的比热相差不大。

假设热储中的所有热量可以以热储温度通过水的循环获取，那么电厂利用的热量就是介于热储温度和弃水温度间包含的热量。

举例说明，考虑一个体积为 1 km^3 的热储，温度为 240℃，孔隙度 15%，岩石比热 $\rho_t C_t$ 为 2.5 MJ/(m^3 · K)。这个例子也将在后面章节提到，用于说明热储中的热量以及通过不同物理方式所产生的热量。若基础温度为 15℃，岩石中存储的热量为 5.6×10^{17} J。如果孔隙中充填的是水，总存储热量再增加 1.2×10^{17} J；如果孔隙中存储的百分百为饱和压力下的蒸气，而不是水，总的存储热量再增加 7×10^{17} J。在任何情况下，岩石中存储的热量占主导位置。

热储的体积是一个更难确定的参数。原则上，它是整个工程项目运行过程中通过循环流体提取热量的整个体积。实际上，在开采阶段这个值是未知的。热储

中可能存在隔水层或未知的区域延伸入补给区，它决定着热储的体积。大多数的热储包含热而渗透率低的岩石，渗透性极小，无法渗出任何流体，并且不能提供有效的热储体积以生产能量。即使具有很多钻孔，也很难确定热储基底的分布。以下两种方法可用于确定热储体积：

(1)利用钻孔数据画等温线，假设可以进行生产的最低温度范围内的整个体积就是热储。

(2)圈定已成功打井的地区为确定的“被证实的”能进行生产的热储体积。

第一种方法可以得到最大的热储体积，而第二种可以得到最小热储体积。第二种方法更加符合逻辑，因为许多热储具有热而渗透率低的边缘区域，只有小部分热储空间具有渗透性。如果岩体渗透率过小以致压力降不连续，那么这个区域并不是热储的一部分，不能用于生产。

另外，在计算热储空间时还需知道热储的厚度。运用第二种方法确定热储面积，通常的方法是将渗透率显著的空间的顶底板确定为热储的顶底板，其内部具有很好的渗透率，流体能被开采出来。

由于热储空间大小的不确定性以及一些确定的因素会影响整个热储层热能的恢复，所以引进了“回收率”r 的概念，表示热储中可以回收的那部分热

$$Q = r\int \rho_f C_f (T - T_0)\mathrm{d}V \tag{3.59}$$

总的发电量可以利用转化效率 η 通过各种方法进行计算与比较，但最好是考虑建设个发电站。

可以回收的总的电能为

$$E = \eta Q = \eta r\int \rho_t C_t (T - T_0)\mathrm{d}V \tag{3.60}$$

另一种方法是运用第二定律效率

$$\eta = \eta_A \left(1 - \frac{T_0 + 273}{T_{WH} + 273}\right) \tag{3.61}$$

括号中的表达式是具有井口温度 T_{WH} 和弃水温度 T_0 的热水供给的热动力理想热机的效率。η_A 是第二定律效率，根据目前的技术条件其值为 40%～50%。第二定律效率比第一定律效率变化小很多，因此，对电厂设计时的相关假设并不敏感。计算储存的有效热能后再应用第二定律效率，式(3.61)是等效的。

经常用 $MW_e - yr$ 或一段时间内的 MW_e(常为 30 年)来表达储量，因此发电能力用 MW_e 表达为

$$\begin{aligned} MW &= \eta r\int \rho_t C_t (T - T_0)\mathrm{d}V/(L_F \times 30 \times 10^6 \times 3.05 \times 10^7) \\ &= \eta r\int \rho_t C_t (T - T_0)\mathrm{d}V/(L_F \times 9 \times 10^{14}) \end{aligned} \tag{3.62}$$

式中，L_F 为电站负荷系数，这转移了回收率的不确定性，因很难获取其现场数据。裂隙介质水流模型(Nathenson，1975)平均回收率通常采用25%。美国地质调查局在进行全国地热资源评价时采用了这一数据，同时利用了假定的热储面积和深度，它们与前面的假设大体一致，同时也建议回收率应随孔隙度的增加而增加。

3.6.3 热储法验证

最初这种假设并没有实际的验证，在20世纪90年代，“事后审计”证实，利用热储法时热储量明显被高估了，有的甚至高达5倍(Grant，2000；Stefansson，2005；Sanyal et al，2002，2004)。

Sanyal等(2002)首先通过对比热储法评价结果与数值模拟以及实际热储特性确定了回收率，发现5%～10%是比较合理的范围。Sanyal等(2004)重新对美国地热资源评价(Muffler，1978)做了评估，发现总的资源只是最初评价的1/3，回收率为3%～17%，平均值为11%。类似地，Williams(2004)通过对美国三个热田的观测发现回收率更接近10%而不是25%，并且发现不同热储的回收率相差很大，如果对不同的热储使用恒定值将会引起很大的偏差。相比之下，Sarmiento和Björnsson(2007)回顾了以前热储的估算，发现菲律宾的热储法估算结果与后续的热储特征呈线性关系，这是因为菲律宾在最开始评价时用弃水温度代替了参考温度，因此评价结果更加偏于保守。

总之，实例证明回收率大约为10%，也可能高于(20%)或低于(5%)该值。后续的一些实例经验已对以前热储法的估计结果进行了确认，但是仍有一些实例估算过于偏高或偏低。

热储法计算忽略了天然水流对热储的补给或者由于水位下降可能增加的补给，虽然有时候这些水流产生的能量参加了最后的能量评估。在大多数的热田中这样的补给相对较小，因此并不重要。

有些时候可以利用蒙特卡洛(Monte Carlo)模型确定热储法估算中的不确定性。对于每一个参数，如热储面积、深度、孔隙度、平均温度及回收率，均分布在一定的数值范围内。蒙特卡洛模拟从每个分布的大量随机数中抽取，以计算最终数值，从而得出最终热储法估计值的概率分布。采用概率方法时，通常认为10%的数值为正常(90%可能超过该值)，50%的数值为或然值。所以保证选择符合实际情况的分布区非常重要。例如，如果回收率选择在5%～20%，那么分布就会偏差10%。选择符合实际的平均值或众数值也很重要。利用概率方法不会弥补系统性的高估，例如，有些热田已经被开发或废弃，因此，在没有成功钻过一个热井的热田中，其很有可能不存在地热资源或经济性地热资源。任何概率的评估必须包括资源潜力为零的有限可能性。

Garg和Combs(2010)用实例说明了运用蒙特卡洛评价模型时参数变化引起

的结果偏差。Björnsson(2008)论述了在尼加拉瓜的Momotombo做资源估价时，超过实际发电量的4倍或更多。Sarak等(2009)发现认知的偏差会引起储量估计不确定性的重大偏差。Onur等(2010)讨论了一些错误的原因。

当只有部分资源可开采时，例如通过注水而获取的那部分潜在资源，就需要进一步的调整。由生产和注水所造成的径流模式限定了流体流经而到达生产井的岩石空间，热量只能从这个空间里采集。一般来说，这就说明注水井附近的储量没有被利用，不能进行生产，而可利用面积之外的储量也可能无法利用，这取决于资源和井场的几何形态。不管哪种情况，只有可及的开采区和位于它们之下的热储体积才对储量估算有用。

总之，实际工作一般都会评估总的热储量，并且通常评价中并不包括所有的相关因子，而运用蒙特卡洛方法不会弥补资源尺度和回收率假定中引起的重大误差。

3.6.4 功率密度

在热储勘探和开发初期通常会简单地根据面积估计资源容量。每个成功的开采井代表井位方圆1 km的范围，通过这种方式圈定的所有面积即为总面积，总面积乘以能量密度(一般为10～15 MW/km^2)确定整个区域的资源容量。Grant(2000)根据一些热田实际特征发现功率密度是温度的函数，其值随着温度的升高而升高。这种方法等价于在厚度不同的热储空间中储热，但优点是可以根据实际情况进行校正。Sanyal和Sarmiento(2005)认为功率密度在不同的热田中有很大的区别，而Sarmiento和Björnsson(2007)举例说明菲律宾的一些值与Grant的数值相近。对于热储量的估算，一些潜在的资源生产区由于回灌的需要可能需保守估计。

3.6.5 流体储量

最简单的枯竭情况中，热储中的孔隙流体被取出——液体从液态热储中抽出，蒸气从蒸气热储中取出。假设没有回灌，来自热储的总可采流体就受到最初总储存量的限制。例如，一个体积为1 km^3，温度为240℃的箱子，如果它充填的是液体，孔隙流体的总量为0.15 km^3 $=1.2\times10^{11}$ kg，这就是能从箱子中生产出的最大流体估算量。

蒸气为主热储的储量估算可以根据热储中的水量进行换算，结果的可靠性受液体饱和度不确定性的影响。实际上，当有多年生产和压力响应资料时，初始流体量的估算最好采用数值模型，通过拟合生产井多年的数据资料获得。

现在，利用热储中分离出来的卤水和蒸气凝结物进行回灌已越来越普遍，因此，不用担心液态为主热储中的液体会被抽干，也不用担心热储中初始的液体成分会发生改变。总的热量及其可以被转化为循环液体的效率能对生产起到有效的制约。

3.6.6　原位沸腾

在很多热储中，由于流体的开采会在热储孔隙中产生沸腾现象，意味着生产井正在开采两相流热储。流体的开采，或开采蒸气或开采水，都意味着热储中将会进一步产生沸腾作用以生产蒸气弥补流体开采损失的体积。持续的沸腾会使热储逐渐冷却。现在考虑一个极端的例子，即只开采蒸气，此时，沸腾作用是弥补流体开采损失体积的唯一机制。虽然也有可能从液态为主带之上生产蒸气，但本质上还是含有蒸气和静滞水的热储。

再考虑体积为 1 km^3，温度为 240℃的箱子，部分区域水体达到饱和，假定流动的井口压力为 10 bar。热储中的蒸气被抽出后压力降到最小为 10 bar，相应的饱和温度为 180°C，按照式(3.51)，在 180°C 时的蒸干要求，$\varphi S_0=10\%$，或者孔隙度为 15%，饱和度 $S_0=70\%$。最初的饱和度必须达到 70%以保持热储湿度低于 10 bar。如果最初饱和度为 70%，那么箱子中初始状态热容量为 6.4×10^{17} J。当在 10 bar 的时候发生枯竭，新的干岩中含有的热量为 4.1×10^{17} J，剩余的 2.3×10^{17} J 热量就进入了 8.2×10^{7} kg 的蒸气中。

如果存在多余的水能够在温度为 150°C 或压力 5 bar 时产生蒸气(即井口压力 5 bar 时为最小产生值)，额外的蒸气可以通过将热储压力降低到 5 bar 来产生。这样抽取的总热量为 3.4×10^{17} J，携带在 1.2×10^{8} kg 的蒸气中。

3.6.7　冷水冲刷

另一个极端情况是靠冷水冲刷而耗尽液相热储来实现生产。这种情况下，热储获得冷水补给，补给量等于开采量。这基本类似双循环装置发电热储的实际情况：所有抽出的热水通过回灌返回热储中(由于冷水的比体积小，冷水在热储中也有净体积损耗和净压力下降)。结果是在一处开采热水，在另一处的注水井中靠冷水"冲刷"而获得补给。假设孔隙介质为均质各向同性，裂隙分布均匀，岩石和流体达到热平衡，实际上除了砂岩热储外这个假设条件一般不存在。基于这个假设，如果 $\mathbf{V}$ 为由式(A3.10)确定的达西流速，由于水体只占有岩石的一部分即 φ，所以水分子的流速应为 $\mathbf{V}/\varphi$。因此，温度的变化可以通过能量守恒方程(A3.5)得到。对于稳态流 $\nabla\cdot u=0$

$$\rho_f C_f\frac{\partial T}{\partial t}+\rho_w C_w V\cdot\nabla T+K\nabla^2 T=0 \tag{3.63}$$

如果忽略热传导项，可以获得本式的简单解

$$T=f(r-V_{th}t) \tag{3.64}$$

其中

$$V_{th}=\frac{\rho_w C_w}{\rho_f C_f}V \tag{3.65}$$

式中，V_{th}是热速度，即某质点温度变化的速度。质点速度又称化学速度，是不同化学性质的水体推进的速度。

现在考虑岩石孔隙单元，初始条件为均质温度场且完全被水充填。如果热水从一侧抽出，冷水从另一侧补给，穿过这个单元将存在一个稳定流。当水流通过岩石时，孔隙中最初的流体流出，进入的流体粒子以化学速度在最初的流体后向前推进，两种流体的接触面称为化学锋面。补给水的温度变化很慢，即热速度很小。这样，在化学锋面后补给水吸收热量使温度增加到最初的岩石温度，跟在后面的是热锋面，在热锋面之后是低温的补给水，岩石逐渐被冷却到这一温度。

开采的水体也基本对应了这一运移剖面：首先开采的是原始孔隙水，然后是被加热到热储原始温度的补给水，最后是冷的补给水。在该模型中，岩石中的热量以水的形式被完全开采出来，温度为热储的初始温度，热量从岩石传到水中。重新考虑 1 km^3 的箱子，初始饱和岩石中存储的 6.8×10^{17} J 的热量以温度为 240℃、质量为 6.6×10^{8} kg 的水的形式产生出来。在 150℃闪蒸时可以提供 1.2×10^{8} kg 的蒸气，相当于粒间蒸发量。如果第二闪蒸阶段结束，冷水冲刷的开采量就会使更多的蒸气传递到汽轮而不是就地蒸发。除了第二闪蒸阶段，两种热提取方式是类似的。

热速度和化学速度的比率 λ 为

$$\lambda=(V/\varphi)/V_{th}=\frac{\varphi\rho_w C_w}{\rho_f C_f}=\frac{\varphi\rho_w C_w}{\varphi\rho_w C_w+(1-\varphi)\rho_m C_m} \tag{3.66}$$

注意 λ 与热储或补给温度无关。在 1 km^3 的箱子中这一比率为 0.19，即化学锋面的移动速度是热锋面移动速度的 5 倍。这里忽略了热传导的影响，考虑热传导，每年热锋面会增厚几米，另外，更重要的是忽略了介质中裂隙的影响。

§3.7 裂隙介质

大多数热储由岩石裂隙组成。孔隙主要位于松散岩石中，而渗透率的大小则主要取决于岩石之间的裂隙。在通常情况下，一般假设介质为均质各向同性，然而在某些情况下介质中的裂隙不能被忽略。工程型地热系统(EGS)就是由裂隙及周围岩石加热的流体组成的。

在这种情况下，不是热锋面逐渐移向生产井并从岩石中吸取热量，而是冷水优先返回到生产井。一部分热量通过传导方式从附近的岩石传输到裂隙中的水体，所以冷水在向前移动过程中会被加热。然而，与均质各向同性介质相比，冷水会比热提前到达生产井。例如，图 11.7 是 Nakanishi 等(1995)研究的裂隙介质中生产井温度的计算值与均质各相同性介质均匀冲刷结果的比较图，可以发现关键变化与裂隙张开度有关。裂隙间距越小，从岩体中抽取的热量越多，生产水的冷却速度就越慢。

3.7.1 热效应

为了计算热从岩石骨架传递到裂隙并产生如图 11.7 所示的结果，实际的裂隙网络被理想化为平行裂隙的规则排列，每个裂隙的宽度为 $2h_f$，每个岩层的厚度为 $2h_b$。热的传输机制为流体在裂隙中流动，在岩石中热传导。裂隙平面上的梯度用 ∇_2表示，z 为正交裂隙的坐标，裂隙中流体质量通量密度用 u 表示，并假设裂隙的宽度非常小，从而沿裂隙断面温度和流体均匀分布，因此裂隙中流体的热平衡可表示为

$$h_f\left(\rho_f C_f \frac{\mathrm{d}T_f}{\mathrm{d}t}+C_w u \cdot \nabla_2 T_f\right)=Q \tag{3.67}$$

式中，Q 为从岩石基质通过单位面积裂隙界面传输的热量，岩石中热量守衡为

$$\rho_b C_b \frac{\partial T_b}{\partial t}-K\frac{\partial^2 T_b}{\partial z^2}=0 \tag{3.68}$$

岩石中的温度仅随正交于裂隙的距离变化而变化，横向的变化可以被忽略，这是因为在裂隙面延伸方向上裂隙是一个很好的传输介质。对于式(3.66)需要确定边界条件，以岩石单元的中部为对称面

$$\frac{\partial T_b}{\partial z}=0,\quad 当\ z=h_b\ 时 \tag{3.69}$$

在裂隙面上

$$T_b=T_f \tag{3.70}$$

和

$$K\frac{\partial T_b}{\partial z}=Q \tag{3.71}$$

在岩体内部热靠传导进行传输，热扩散率为 $\kappa_b=K/\rho_b C_b$，另外一个重要的参数是岩块松弛时间 $\tau_b=(2h_b)^2/\kappa_b$。当 $t\gg\tau_b$，岩体会达到一个近似的热平衡，热储介质更接近于均质状态。当 $t\ll\tau_b$ 时，相邻的裂隙不会彼此影响，每个裂隙在无限大介质中被彼此隔绝。热量扩散到整个岩块的时间为 τ_b。

图 11.8 的结果说明了裂隙介质是如何将热储岩体中储存的热量传递到排放的流体中的，与冷水冲刷的理想情况不同，等量的总热量是在一个较低的平均温度下产生的。由于岩块中的热传导作用，裂隙流体释放的有效能量通常比冷水冲刷中的少。

3.7.2 双孔隙度理论

最早的裂隙介质理论是根据地下水(Barenblatt et al，1960)和石油(Warren et al，1963)中的压力瞬态而发展起来的。这里提到的是双介质或双孔隙度理论，图 3.4 为这种理论的理想热储模型。

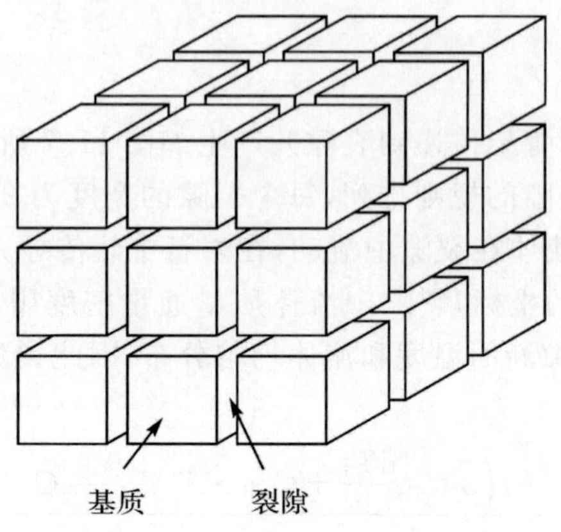

图 3.4　理想的块裂构造

孔隙介质被想象为两种相互贯通的介质，流体在其中传输。根据总体积（断裂加岩体）很容易确定裂隙和岩体的性质。k_f 和 k_m 分别为裂隙和基质的渗透率，它们的和为总渗透率 k，$k=k_f+k_m\approx k_f$。同样，φ_f 和 φ_m 分别为单位体积热储中的裂隙和基质的孔隙度。如果 $\varphi'\ll 1$ 为裂隙占据的热储部分，裂隙渗透率应为 k_f/φ'，孔隙度为 φ_f/φ'。裂隙中流体的压力方程可表示为

$$\frac{k_f}{\mu}\nabla^2 P_f=\varphi_f C_f\ \frac{\partial P_f}{\partial t}+Q \tag{3.72}$$

式中，Q 为单位热储体积从基质到裂隙传输的热量。

还需对块体中压力的分布和传输项 Q 进行说明。一种方法是引入一个压力表示基质中平均孔隙压力，并且假设流体迁移项与裂隙和基质压力之间的差值成正比，基质流体活动性假设为准稳定流

$$Q=\frac{k_b}{u}\frac{P_f-P_b}{L^2} \tag{3.73}$$

式中，L 为代表性块体的尺度，在块体中质量守恒可表示为

$$Q=\varphi_b c_b\ \frac{\partial P_b}{\partial t} \tag{3.74}$$

利用式(3.71)和式(3.72)可以得到 P_f-P_b 的差值，因此

$$Q=\alpha\varphi_b c_b\int_0^t \frac{\partial Pf(t')}{\partial t}G(t-t')\mathrm{d}t' \tag{3.75}$$

$$G(t)=\mathrm{e}^{-t/\tau_b} \tag{3.76}$$

式中，$\tau_b=\mu\varphi_b c_b L^2/k_b$ 为储热块松弛时间；α 为几何常量。如果每个储热块内压力分布都不稳定，函数 G 就要用更为复杂的表达来代替（Najurieta，1980）。这里所用的 G 函数简单形式在短时间内是不准确的。

3.7.3　改进的双孔隙度理论

上述模型有三个主要的局限条件：

(1)基质流体为单相。

(2)裂隙将热储等分为大小一样的块体。

(3)简单的运移函数不能准确代表基质与块体之间的瞬态流。

这些局限条件滋生了不同的方法来对不同类型的热储进行模拟。

单相流的局限可以通过模拟器来解决。关于块体大小一致的假设很明显过于粗糙和简单化，因为热储内的裂隙分布有很大程度的随机性。通过 Geysers 热田的大量工作发现裂隙的分布形态是自相似的——即从断层类型到节理，较大的裂隙和较小的裂隙均具有相同的形式(Sammis et al，1992；Williams，2007)。可以通过很多方式对块体与裂隙间水的传输进行更好的描述，包括块体内流体分布的精确计算，这虽然很准确，但需花费更长的计算时间。后面的例子使用了 Pruess 和 Narasimhan(1985)以及 Pruess 等(1999)的多重内部连续(multiple interacting continua，MINC)公式，每一个块体均由一系列嵌套层组成，这样就对块体进行了简单的离散化，如图 3.5 所示(Pruess et al，1985)。

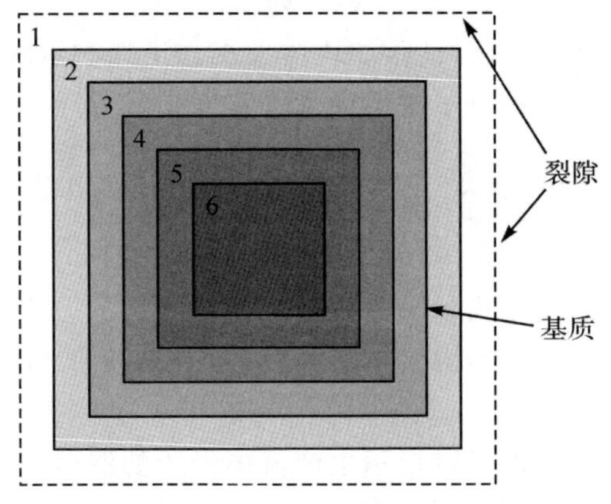

图 3.5　多重内部连续单元

EGS 试验在一定程度上对裂隙介质模型方法进行了实例验证，但是即使这样，目前尚没有一个 EGS 运行了足够长的时间以完成所有测试。大多数的热储数值模拟器目前已具备双孔隙度模拟能力并将其作为标准选项。

3.7.4　弥　散

弥散发生在热和示踪剂运移的过程中，不会存在于压力瞬态中。不同的裂隙大小相差很大，所以流体在一些裂隙中的流动速度会比在其他裂隙中快很多。因此，流体的质点运移是相对的，而不是像一个平滑锋面似的向前推进，如图 3.6 所示。

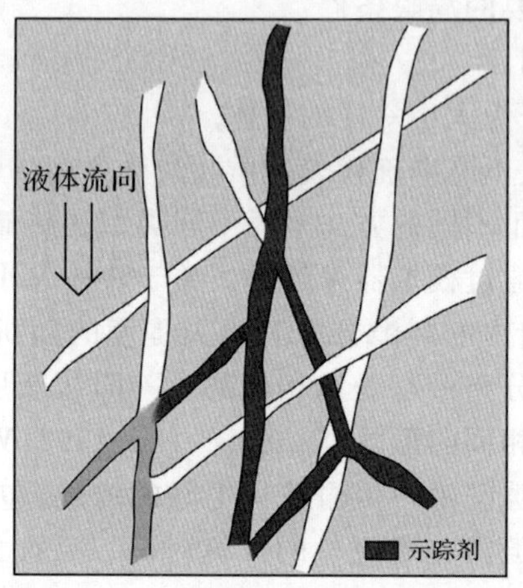

图 3.6 示踪剂在裂隙网格中的弥散

这个问题在地下水研究中也会经常遇到。随机介质具有弥散度 κ_D，近似值为

$$\kappa_D = VL \tag{3.77}$$

式中，V 为流速；L 为介质特征长度，如块体大小。正如在示踪试验中所见到的，弥散作用会随着地热系统中的分子扩散而大大加强。

§3.8 流体化学模型

流体中化学成分的变化指示了未扰动流体所经历的改变。化学温度计提供了流体流动方向上不同距离上的温度指示，该温度计取决于与温度相关的随不同时间常数变化的流体平衡状态。

溶质成分的变化同样也可以指示生产流体经历的混合作用或沸腾的程度。溶质成分的变化是推断是否存在深源流体的重要手段。如果有两个不同的流体，流体中含有浓度为 f 和 F 两种不同的溶质，或热或气体，两种流体以 x 的比例混合，那么混合液为

$$f = xf_1 + (1-x)f_2$$

$$F = xF_1 + (1-x)F_2$$

其为线性关系，绘制两种溶质不同混合比的 f-F 图，两端点之间为一直线。端点为 $x=0$ 和 $x=1$，源流体的浓度都贡献给了最后的混合液。两种溶液的混合图（一种溶质相对另一种溶质的交绘图）中两个端元组分间为直线。这个样品中可能不包括任何纯端元组分样品，所以端元组分离趋势线较远。传统的氯化物-热焓图

就是一个例子，即热焓对氯化物交绘图。

在稳态流中如果由于上升而产生沸腾作用，形成低温下的汽-水混合物，所有的氯化物都保存于液相中

$$f=f_b\frac{H_{sw}}{H_s-H_b} \tag{3.78}$$

氯化物和热焓之间为线性关系，氯化物含量随着液体热焓的降低而升高。已知不同温度的水样的组分，单源水温度可认为是最低温度，它们在氯化物-热焓观测资料确定的范围内。

运用混合稀释模型可以有效分析热储初始稳态条件下的化学变化。开采后，热就会在岩体与流体之间传递，改变氯化物-热焓的关系。从岩石传递到液体中的热量在没有多余氯化物的情况下会增加(或保持)液体的热焓，表现为不含任何氯化物组分的热水或蒸气进入了系统。例如，如果稀释作用产生的水是由于冷水冲刷产生的，氯化物-热焓关系变为

$$\left(\frac{\mathrm{d}f}{\mathrm{d}H}\right)_{sweep}=\frac{1}{\lambda}\left(\frac{\mathrm{d}f}{\mathrm{d}H}\right)_{mixing} \tag{3.79}$$

λ 由式(3.66)确定。由于注入了相对低热焓的高氯化物液体，含有注入水的混合液会有不同的混合趋势。

§3.9　模型适用性

本章对地热系统的有关物理过程进行了分类，并描述了这些过程的简单理想化模型。这里并不认为任何一个简单的模型都可以直接应用于特定的热储，而是这些模型中的概念可以用于描述热储状态的某些方面。例如，讨论热储流体类型改变的相关影响时，没有任何一个实际热储的压力会发生如此大的变化，但是，对比不同类型的状态证实了准确判断实际物理过程的重要性。

令人惊讶的是运用到热储工程中的许多技术，尤其是资源评价技术，都是理论性的，很少通过试验或公开的经验所证实，尽管有相当一部分未公开发表的资料还可以利用。钻井测量和钻孔模型在通过拟合确定后续的状态方面获得了很好的验证，但是，热储评价和性能没有得到足够的重视。这方面已发表的文献也相对较少，刻画得比较好的方法、模拟结果能得到检验或能预测后续状态的则更少。

第 4 章　测井解译

§4.1　概　述

本章介绍测井及在测井解译过程中遇到的特殊问题。对石油或地下水系统来说，井中压力和温度的测量通常能得到确切的结果，但是地热测量却不同。本节介绍井下温度和压力测量及数据解译、生产试验、测井设计及报告编写等内容。

大多数情况下，人们不可能通过测量直接获得评价地热资源量的地下相关参数。因此，需要对测井过程中的有用信息进行解译或推断。测井数据解译包括一系列信息：钻进操作、地质背景、井下测量及生产试验等。另外，相邻地区的钻孔资料也是有用的。通常情况下测井获得的数据并不是完全有效的，可能因测量过程中的操作误差引起，也可能与井中条件不稳定有关。因此，最终的结果可能并不是完全科学的。在考虑有效数据局限性的前提下，相同的数据可能会得到不同的解释，并且两者都可能是“正确”的。这是热储各物理要素综合作用的结果，包括渗透性分布、热储状态及钻井设计等。在大多数的热储中，渗透性的分布并不局限于特定的含水层，其分布同少数与井相交遍布于热田中的深切岩体的排列有关；钻孔深度一般都超过 2 000 m，热储流体也不是静滞不动的。

可以通过一个简单的例子来说明，勘探孔揭露热储目标层，热储中高渗透性的岩层沿井壁离散分布。井外压力分布 $P(z)$ 和温度分布 $T(z)$ 随着深度而变化。热田具有从底部向上的天然水流，水流到地表后以泉或者其他热显示的形式排放。例如，图 12.28 展示了 Mak-Ban 热田中心压力和温度随深度的变化，静水压力梯度（给定温度下）每 100 m 为 7.4 bar，垂向压力梯度每 100 m 为 8.2 bar。根据达西定律，流体垂向密度 v_z 为

$$v_z=\frac{k}{\mu}\left(\frac{\mathrm{d}P}{\mathrm{d}z}-\rho g\right)$$

或

$$\frac{\mathrm{d}P}{\mathrm{d}z}=\rho g+\frac{\mu}{k}v_z$$

水的特征属性包括一定深度处的压力和温度，如果垂向压力梯度超过静水压力一定值，就会驱使水流向上流出地表。如果井中水柱与储层处于热平衡状态，在热储温度下，井孔中的压力梯度处于静水压力梯度，而对于整个开放井孔，

它与热储压力是不平衡的。如果在开放井孔的中心附近，井孔压力与热储压力平衡，在井的下部井孔压力将会小于热储压力而在上部则会大于热储压力。如果存在两个或两个以上的渗透区，流体会在低的渗透区流入并向上流动到达高的渗透区。流入井孔的流体不再是静态的也不会与周围热储保持热平衡，取而代之的是经传导流进或流出井孔的热量与井中流体承载的热量之间的热平衡。这是揭露热储上升流区的钻孔的特有现象。在 Mak-Ban 这一特例中，热井都含有两相流，如图 4.5 所示。

在热储的其他部分，钻井中可能以下降流为主。对于已开发的热田，流体分布会受到很大的干扰，将以不同的方式影响井孔中温度-压力剖面测量。与其对热储压力和温度进行被动监测，不如将钻井看作是一个穿入热储并在不同深度与热储连接的管道。流体沿着井孔中各点的流动(后称补给带)取决于不同补给带的渗透性和不同带上井孔与热储压力失衡。基于这些原因，在设计热储监测井时保持较小的开孔长度是非常重要的，理想情况为单个补给带的高度。

这里所用的测井实例来自几个不同国家不同热田的热井，选择这些井和数据是因为它们能提供各种解译方法的范例。实际上，由于资料的不足、不稳定的钻井条件、压力和温度的瞬态变化、干扰数据以及中途而废的测井计划等，常常造成资料解释比实例中介绍的更难。

每一口井都是独立的，都需要特别注意获取地下资源的详细信息。有时，在钻进过程中只有一次机会获取某些资料，如果在该阶段没有做专门的测井，机会就永远失去了。

§4.2　测井目的

在热井中进行物理测量可为地下资源开发提供基本的信息，基本的测量包括压力、温度、井孔内及地表的流量。与压力-温度-流量测量不同，测井技术可提供岩体属性方面更多的信息，如孔隙度和密度等，也可以用于确定断裂带的详细信息，如确定断裂密度和方位帮助加深对地热资源的认识。

随着热田的勘探、开发及投入生产，测井的目的也在改变。在勘探阶段，测量的目的是了解天然情况下热储资源背景，热储范围，温度、压力的分布以及岩体特性(渗透性、孔隙度、裂隙模式)，所用的参数包括：

(1)温度分布。

(2)压力分布。

(3)渗透性分布。

(4)储层状态(液态为主型/蒸气为主型，单相/两相)。

(5)流体化学特征。

(6)非凝气体含量。

其中一些信息来自井孔和地表的综合测试。例如,为了获取能代表热储的气体成分和流体化学样品,钻井必须排放一段时间以消除钻孔过程造成的污染。

单井的一些重要的参数如下:

(1)补给带的位置(深度)。

(2)补给带的温度。

(3)未受干扰的地层温度剖面。

(4)补给带压力。

(5)流体类型(井下)。

(6)生产能力:质量流、蒸气流、流体热焓、气体含量和热储流体化学成分。

(7)注水能力:流体/压力特征。

当开始大规模的生产时,便开始对背景资料随着时间的变化进行测量并预测未来热田的动态:

(1)生产井温度改变(在单个补给带)。

(2)热储压力改变。

(3)产出流及热焓(地表)。

(4)生产流体中化学成分或气体含量的变化。

(5)井状态的变化(渗透性)。

(6)生产对资源的影响。

(7)注水对资源和生产的影响。

(8)单个井问题(冷水流入、堵塞、流量减少、套管损坏等)。

4.2.1 多学科的方法

整个测量、评估及开发方案是相互联系的有机整体,需要一系列相关科学和工程学科知识为基础。要想对钻井进行最有效的评估,一个拥有地热开发相关科学和工程学科技术人员的合作团队是必需的:

(1)地质。

(2)地球物理。

(3)地球化学。

(4)地下测量。

(5)生产试验。

(6)钻探。

(7)地表电站设计和运转。

(8)环境。

在勘探井中所做的实际野外测量一般如下:

1. 钻进测量

在钻孔钻进过程中，需开展以下测量工作：

(1)温度恢复测试。

(2)渗透带岩层压力。

(3)循环液漏失带渗透率测试。

2. 完井测试

完井测试包括冷水注入过程中井中温度和压力测量：

(1)补给带位置、渗透性、地层压力、注水率/生产率。

(2)整个钻井的渗透性。

3. 温度恢复

完井后，井会关闭使其温度达到原始地层温度，在井中测量压力-温度剖面：

(1)岩层温度/热储垂向温度剖面。

(2)热储压力：补给带压力。

(3)补给带位置。

4. 生产试验

若在注水井中，指的是注水试验：

(1)测试生产潜力(质量流量、热焓、气体含量和化学成分地表测量)。

(2)生产过程中井下响应(温度和压力/渗透性)。

(3)试验过程中开展井下调查确定补给带位置和补给温度。

(4)对其他钻孔开展压力监测(干扰)。

在一个测井方案中，通常不会用到上述所有的方法。实际能用到的方法受当地因素的制约，如钻探技术(水-空气-泥浆)、具备的试验设备及可供参考的钻井(钻探过程中)。

除了通过测量确定热储资源特征过程外，还经常运用一些其他测量方法帮助评估井孔和套管状况(帮助理解钻井性能的改变以及确定解决问题的程序)。例如，用测径器寻找由于生产或注水而形成的矿物沉淀或结垢的位置，或利用油管清扫器、表环测定井孔中的偏移缝隙。套管损坏、变形以及腐蚀等问题可以通过其他特殊工具进行测量，例如利用管内卡钳或电子管测量仪监测套管壁的厚度、内部和外部表面的变形腐蚀情况。

§4.3　钻孔模型

测井解译的目的是根据对井孔内的动态所做的测量推断井周围热储的特性。理想条件下，完美的解译可以提供完整的钻孔模型。包括以下内容：

(1)渗透带的位置和厚度。

(2)渗透带的渗透性,表示成注水率、生产率、导水系数。

(3)每个带的储层压力。

(4)整个井深范围内的储层温度。

(5)每个渗透带流体的储层温度或热焓。

(6)井的任何物理变化:井孔直径、可疑的套管、堵塞、沉淀物。

通常,只能部分地确定这些信息。需要指出的是,由于受井中传导热流控制,可能在整个井孔中测得的都是热储温度,而热储压力只能在渗透带进行测定,因为只有在这些深度钻井才能揭露热储流体压力。

图 4.1(Acuña et al,2005)和表 4.1(Acuña et al,2005)为拟合涡轮测流数据后的钻孔模型实例。七个补给带,包括一个取样带和一个冷却带。图 4.1 中的井下热焓是流体混合物的热焓,通过压力梯度和流量计算所得,计算时采用了两相流迁移流量模型(Hasan et al,2002)并且允许摩擦压力下降。

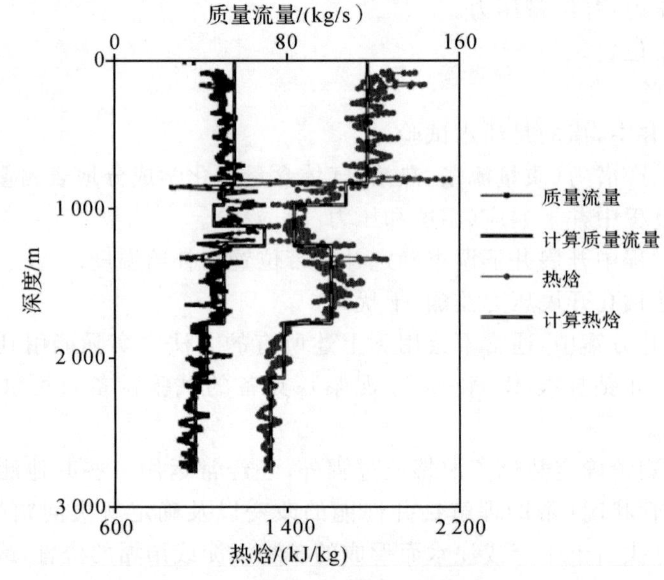

图 4.1 模拟井中的质量流量和热焓

表 4.1 钻井补给带

深度/m	流量/(kg/s)	热焓/(kJ/kg)
831	5	2 791
975	9	2 791
1 116	−28	N/A
1 250	19	977
1 768	8	2 791
2 134	5	1 861
2 775	38	1 326

Acuña(2003)报道了这种钻孔模型的应用并提出相对于下降分析法其能更好地预测未来蒸气流。一个详细的钻孔模型有助于判断补给带的冷水入侵等问题并制定修复方案。可参考 Torres 和 Lim(2010)的例子。

§4.4　基本钻孔剖面

4.4.1　传导与对流

温度剖面最简单的区别在传导和对流剖面之间。当岩石渗透性弱时,热量就通过传导的方式运移,形成了温度随着深度的增加而线性增长的典型剖面;梯度随着岩体热导率的变化而改变。

相反,对流是一种远比传导更有效的热传输方式。一旦岩石具有渗透性(所需要的渗透性要比经济性钻井所需的渗透性小得多),流体的运动就会控制温度的分布。对流型剖面具有各种各样的形式,包括等温段、倒转、沸腾段以及所有这些的混合。图 4.2 为位于法国 Soultz 的 EGS 项目中两个井的温度剖面(Genter et al, 2009)。剖面分为三段。上面 1 km 内为线性剖面斜率大,表示传导性传热;1～3.3 km,梯度变小,主要为来自沿着断层和裂隙带的对流系统;最后 3.3 km 以下斜率又变大,表明为传导性传热且周围地层中的渗透性相当低。

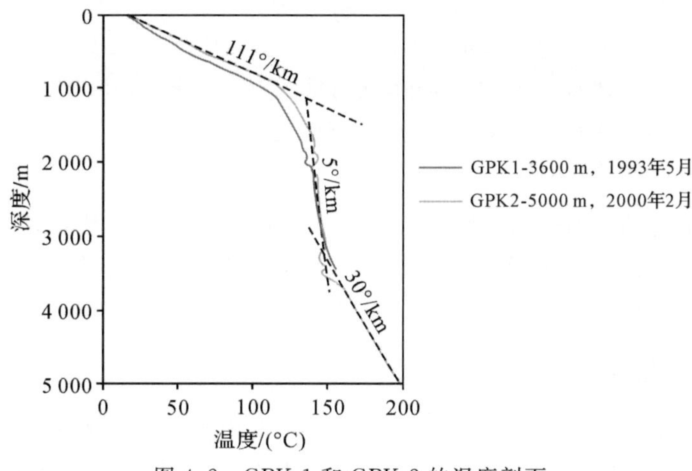

图 4.2　GPK-1 和 GPK-2 的温度剖面

4.4.2　等温线

等温剖面表示井中某段温度稳定或随着深度的变化几乎为常量,这可以反映井内存在水流循环或内部流(无沸腾),或热储本身由于对流而等温。图 4.3 为 Ngawha NG13 井的两个剖面。注水过程中在 960 m 处向井内注入水(见图 4.3 的

PT1)。在该深度,由于注入的冷水与流入热水相混合所以温度在短期内升高很快。混合流向下流动到达更低的1 600 m补给带。单独来看,温度剖面与图4.2相似,但这种情况下960～1 600 m等温段是由于井孔内在该深度(由数据确定)补给带的带间流所造成的,960 m以上等温剖面则归因于热储的对流。1 600 m以下井孔温度又变为传导型。压力剖面显示在注水过程中,压力在960 m处比稳定闭井压力小,而在1 600 m时比稳定闭井压力要大,说明注水过程中上部有液体流入而下部有液体流出(不需要测量信息)。稳定闭井压力实际并非热储压力,因为即使闭井后,在两个带之间仍有下降流。

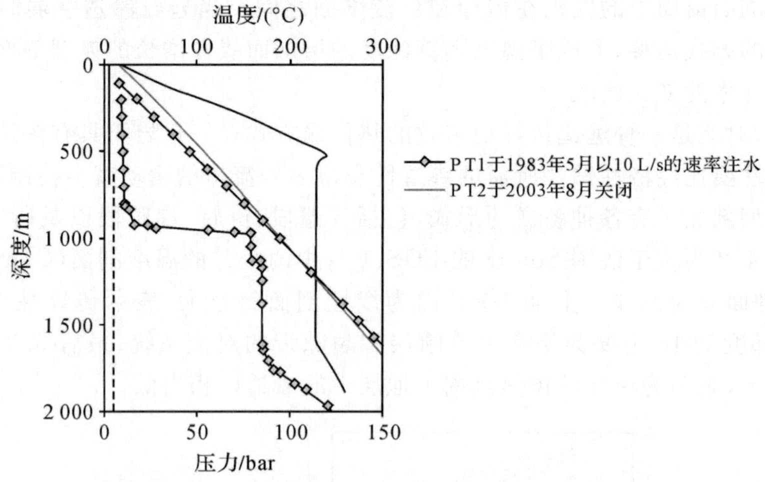

图4.3 注水期间和稳定闭井时NG13的温度剖面

注:1983—2003年,热储压力没有明显的变化(≪1 bar)。

引自:Top Energy,个人通信。

水流向下流动会通过与周围岩层的传导作用获得或损失热量,除非水流较大(超过1 L/s),这部分热量通常会被忽略。随着深度和压力的增大,由于流体绝热(等熵)压缩也存在少量的增温。

4.4.3 沸腾曲线

沸点温度剖面为沸点随压力变化的水柱,考虑溶解气体的作用。图4.4为Wairakei热田的WK24井的两个剖面,这些沸点剖面是由于井中的上升流造成的。1955年的剖面显示沸水从大约580 m处进入井中并形成上升流,由于它上升而继续沸腾。沸水从350～400 m的浅部补给点流出井,蒸气和非凝气体也一起进入套管。1958年的剖面显示液态水从井底附近流入井内并向上流,在450 m处沸腾。1956年和1958年根据WK24井和邻近井的温度测量结果推断的沸腾剖面掩盖了浅部热储温度的细节。

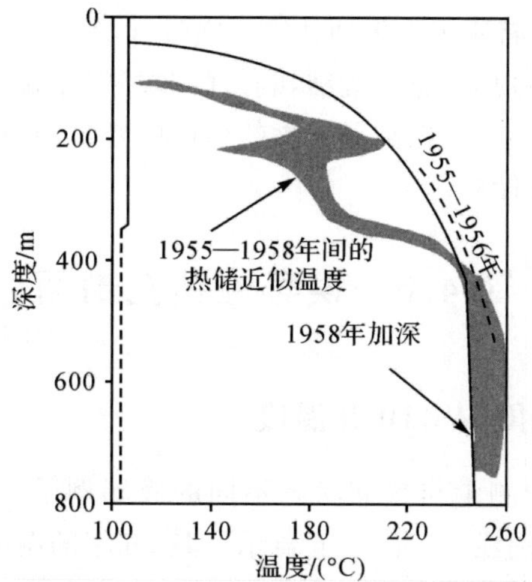

图 4.4 WK24 的稳定井下温度和热储温度

引自:Contact Energy,个人通信。

4.4.4 两相柱

图 4.5(Menzies et al,2007)为一更极端的上升流。这里,两相流体从深部补给带进入井中向上流,产生贯穿整个井的两相流体柱。水可能还有蒸气存在于浅部补给带,一些蒸气继续进入钻孔,如果闭井,则它们凝结在套管中或者自喷溢出。这种情况下,热储温度和压力都被完全掩盖。

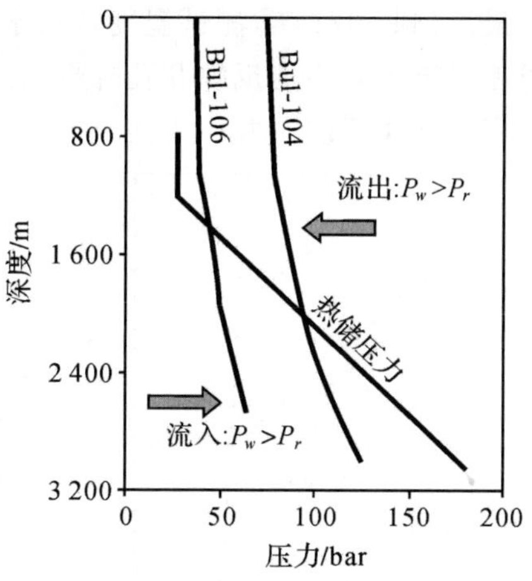

图 4.5 两相上升流井下剖面

§4.5 井口气压

当井中存在内部上升流时,水就会沸腾,蒸气流和非凝气体就会流向井的上部进入套管，压低汽-水界面使压力传到井口。在浅部，套管封隔的岩层温度较低时，热量就会在冷的岩层中损失，蒸气凝结，剩余的非凝气体就聚集在套管的上部。该作用是气体压力增长的来源，在高温沸腾的热储中经常会观测到这种情况，也可能发生在气体含量低的热储中。

§4.6 误导性钻孔剖面

4.6.1 Wairakei 热田 WK10 井温度

这是一个表述井的测量与热储状态不同的极端例子。WK10 是 Wairakei 热田在 1951 年所钻的外围浅井。图 4.6 显示了其 20 年的温度剖面。

成功的测量展示其清晰的历史：温度随着时间而稳定下降。看起来好像有稳定的冷水从热田边缘流进，因为井处于热储的边缘，似乎不足为奇，然而这是一个大错误。井孔底部的温度是钻探过程中测量所得（图 4.6 标记为 BHT，孔底温度），钻探只在白天进行，而井底温度在每天通宵 12 小时的恢复后进行测量。这些测量应该接近于真正的岩层温度，因为井孔底部循环微弱，不会冷却储层。钻进报告也清楚的说明岩层在 250 m 遇到热蒸气前温度相对较低。1951 年的井下剖面显示井中存在更热的流体而不是在井的底部。1951 年，热流从井底向上流到井中并且在 100～150 m 处流出（可能因套管损坏）。随着时间的推移，热储压力由于开采而降低，上升流减弱。最后，到 1971 年，测试温度接近于原始钻孔底部温度。因此，随时间推移测得的温度稳定下降不能反映井孔外部岩层温度的变化；岩层温度没有改变。恰恰相反，温度的变化反映了井中驱使上升流的压力的下降。

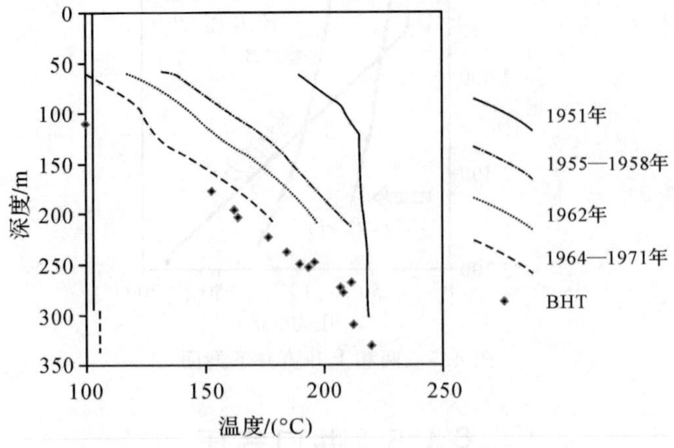

图 4.6 Wairakei 热田 WK10 井温度剖面

引自：Contact Energy，个人通信。

4.6.2 Matsukawa 热田热储压力

Matsukawa 是日本一个相对较小的低渗透性热田，实际上为一个更大的 Hachimantai 地热系统的一小部分。Matsukawa 热井生产干蒸气或过热蒸气，闭井时，在不同的井中含有不同压力的蒸气柱。

Hanano 和 Matsuo(1990a,1990b)对热田的最初数据进行了描述。从1952 年开始，发现在钻孔深度大概 300 m 处有一个局部的两相带，热储被认为是蒸气为主型。由于 20 世纪 50 年代没有井下压力测试技术，温度剖面只有在井孔有水，低于井口水位的水温恢复后才能进行测量。原始的补给带压力是通过水位结合温度曲线计算获得的(Hanano et al,1990a,1990b)。Celati 等(1977)论证了这种方法是蒸气型热储中重构压力的有效手段。运用这些压力可以获得热储压力剖面，结果显示未被扰动的热储层具有液压梯度。图 4.7(Hanano et al,1990a)为分析结果。虽然井排放干的或过热的蒸气，并且当闭井时一旦温度恢复会保持蒸气柱状态，但热储压力梯度显示热储最初状态是液态为主的。温度恢复后井中的压力剖面为蒸气柱，但是热储压力却又有很大的不同。压力梯度接近静水压力，表明为液态为主热储——热储压力梯度和各井测试压力对比显著。

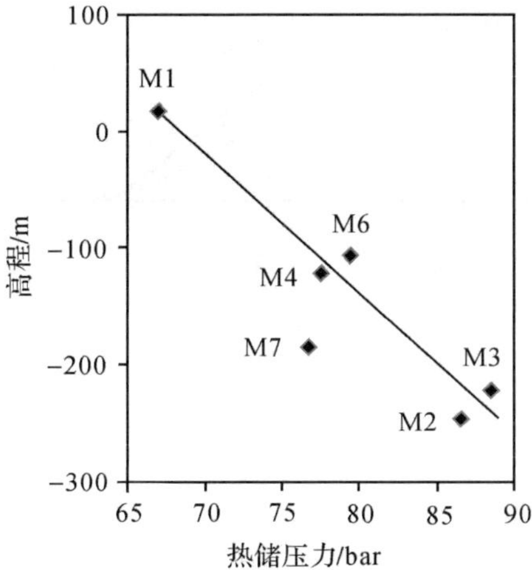

图 4.7 Matsukawa 热田的原始热储压力

4.6.3 液-汽-液剖面

图 4.8 显示压力-温度剖面在两个液态段之间似乎还有一个汽态段。这种形式的剖面会偶尔遇到，经常发生在蒸气为主热储或蒸气带注入冷水的情况下。在该例中，井注水量为 40 kg/s，用压力-温度-涡轮测流工具(pressure-temperaturespinner,PTS)做四次操作：上下各两次，对于所有的操作剖面本质上没有改变。数据显示，在滤水管内上部和下部液相带之间存在气体夹层。在该例中，热储液相带之上具有隔离的蒸气带，该井600 m处蒸气带中有补给，因为在注水过程中这个深度存在温度升高现象。注水过程中，蒸气和气体流入了井孔，蒸气凝结后剩下气体在滤水管中形成气泡，迫使注入水沿着内衬环向下流动，套管图显示气泡的顶端刚好高于滤水管的顶端。气体间隔内的涡轮测流数据杂乱无章，表明部分水也向下淋入滤水管内。在700 m以下，水向下流入900 m以上的漏失带。套管内，压力梯度接近或小于静水压力，这反映出套管中存在逆流——水向下流而气泡上升到地面。在该例中，非正常压力剖面可以通过考虑热储中流体、井孔中流体、补给带深度以及套管和滤水管的配置来解释。

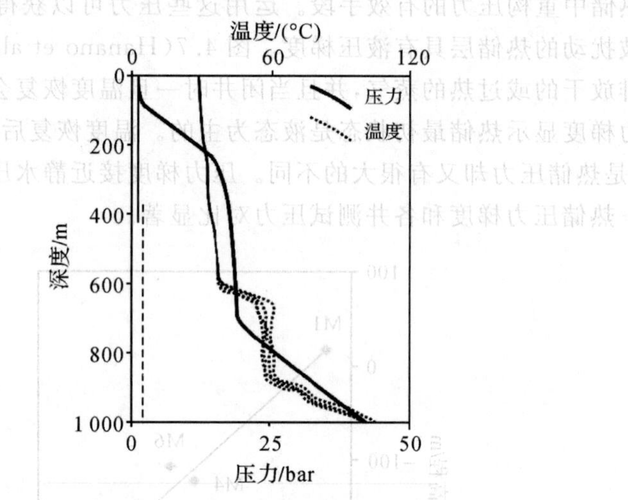

图 4.8 Lihir热田中注水量为40 kg/s井剖面

引自：Lihir Gold，个人通信。

第5章 井下测量

§5.1 仪 器

热储工程计划的第一步就是收集井的相关资料。参与数据解译的相关技术人员应该了解现场数据的可靠性及其相关解释,这将影响做出的判断。基础的测量项目包括温度和压力,其他的数据还包括蒸气值、非凝气体的影响、井内压力-温度以及井流或钻孔流量信息等,所有这些数据综合起来可以用来分析钻孔内和地层中流体的状态和流量。过去几年里,随着科学技术的发展,测井设备的可靠性、准确性及可用设备的范围都得到了大幅提高,以下简要介绍测井的常用方法。

热井中最常用的测井方法是温度-压力曲线或剖面法。通常情况下是对整个钻孔深度进行测量,在整个测量期间钻井要保持相同的状态。可以在闭井的状态下进行测量,也可以在使用中或在注水时进行测量。20世纪90年代以前,一般采用人工记录的温度计和压力表等测井仪获取这些数据,通常,在一次测井中只能获取15~20个数据点。近十年来,新研发的在高温下可以运行的压力-温度-涡轮测流工具(PTS)已成为标准的测井仪器,这种新的设备可以通过无线网络实现地面读数,也可以用光缆将数据储存在记忆模板中,该设备可以在一次测井过程中同时测量数千个温度、压力和流量数据。

石油测井技术的发展同样可用于热井。应用于地热工程最直接的有测径器和地层成像仪,其他的一些适合高温条件下的技术也被不断地引入。井中流体性质可能会限制测井的类型和作用,例如,井中蒸气或气体迅速充填的地方,靠声波传播的测井方法(水泥胶结测井和其他声波测井)就无法使用。

为寻找井中断裂和地质构造而设计的地层成像仪仍是十分有效的测井工具。这种成像工具运用超声波或微电阻率方法,可以对井四周进行绘图,处理以后提供井的三维图像,并绘制地层层理和断裂或断层带走向及特征,然后,结合传统的地热解译方法,可以识别出测井成像绘制的图像中哪些构造是井内产生流体的区域或者损失的区域,并绘制出隔水的断裂带。

其他的测井方法包括冲击式钻杆(撞杆或表环测量)、套管评价测井、多种类型的井下流体和固体采样等。冲击式钻杆法利用测孔规测量井的套管和内壁直径。在所有的这些基本测井技术中,这种测井技术最为简单划算,却可以提供套管损害或者井内矿物沉淀的形成等至关重要的信息。各种取样器对采集井内流体或固体物质非常有用,如沉淀在井内的方解石。

特定井的测井设备和测井计划取决于很多因素:

(1)井下情况预测(主要是温度)。

(2)测井目的。

(3)测井计划。

(4)钻井设计。

(5)井中流体类型。

(6)测井仪器的适用温度范围,钻井产热特征。

(7)设备或仪器的实用性。

对完井测试,需要实时读取测试数据,这样在发生不可预见的变化时,可以立即调整测试计划,以保证最终的数据质量。一旦确定补给带的位置,大部分的测井目标可以通过 PTS 工具完成。对于井口和井底预期温度较高(高于 280℃)的井,因为电子线路导线和电缆头的温度效应,选择测井储存器效果较好。

§5.2 热井设计

热井和已完成勘探的石油天然气井的区别主要有以下几点:

(1)钻井开孔完整地揭露潜在的生产地层。

(2)利用了割缝衬管完井技术。

(3)热储层压力通常与热储温度下的静水压力有偏差。

(4)大多数高温地热资源形成于火山地热环境中,钻井所揭露的渗透性呈不连续分布。

(5)井中常常有几个可能相隔几百米的渗透带。

热井和石油天然气井的最显著区别在于热井的开孔段揭露了整个潜在生产地层,而石油天然气井中的生产带通常局限于一个很小的轮廓分明的垂向空隙内。热井的开孔段可能长达 2 000 m,使得井和地层在切割断裂带的地方连通,并且该处一般存在几个渗透带,产生带间流。由于完井设计(套管尺寸变化、射孔详情)和钻孔直径的原因会在热井内产生小循环,使得井内压力、温度数据解译变得更为复杂(Allis et al,1980;Boyd,2009)。

大部分的热井都在生产套管下 1 000～2 000 m 的开孔段利用多孔衬管完井,衬管是带有槽孔或者是穿眼的规则套管。据经验,槽孔需具有密集的直径 15～20 mm的小孔,1 m 的穿孔面积至少等于衬管断面面积。衬管是很多热井必须的,以防止在开采过程中断裂、蚀变的地层塌陷到井内。在坚硬的地层或者在生产过程中压力变化较小的地区,可以不需要多孔衬管。但是,是否使用多孔衬管必须在完井时做决定。井孔中衬管的存在会阻碍绝大部分电、声波和其他需要与地层直接接触的测井工具的使用，因此，如果需要测井，必须在下衬管前进行。

§5.3　温度-压力测量仪器

井下仪器种类繁多，既包括简单的只能测量温度和压力的人工仪器，也包括具备高级杜瓦瓶(Dewar flask)保护装置能够测量钻孔内流体和围岩较大范围物理参数的高温电子仪器。

5.3.1　人工仪器

第一个井下压力测试仪器是阿米雷达井下压力计(Amerada Bomb)，1929 年由地球物理研究公司(Geophysical Research Corporation)制造，用于石油和天然气测井。多年以来，这种人工井内测量仪器得到上百次的改进，其基本原理与原始仪器也经历了一些变化。阿米雷达井下压力计 1960 年开始应用到新西兰的热井中。直到 20 世纪 90 年代，高温电子井内测试仪器开始出现前，Kuster KPG 系列测试表(其本质上与 Amerada GRC RPG 测试表设计相同)一直被广泛应用于热井的温度和压力测量。

Kuster KPG 系列测试表和 Amerada GRC RPG 测试表性能都非常好，在日常监测中其结果可靠且价格最低。这种仪器直径很小(直径 32 mm，长 1.9 m)，几乎可以在任何没有严重套管问题和堵塞的井中使用，在 300℃以下的测试结果非常可靠且很少需要维护。在一些热田，该仪器经常用在 350℃的热井中，虽然这种条件下需要进行较多的维护。在仔细校准和现场操作条件下，该仪器的温度测量精度可以达到±1℃，压力表精度可以达到±0.2%，虽然在实际的场地记录中精度会低一些。

专门为热井测温设计的第一台仪器是"地热自记测温仪"，它是 1950 年由新西兰科学与工业研究部(Department of Scientific and Industrial Research，DSIR)制造的，用于 Wairakei 热田的勘探工作。这个仪器使用一个带有记录针的双金属探针，记录针由于探针不均匀地膨胀而产生偏离，并在熏烟板上记录一个迹线，可以根据迹线解译出井中不同深度处的温度。20 世纪 70 年代中期，在新西兰，地热自记测温仪被 Kuster KT 人工温度测量表所取代，20 年以后，Kuster KT 人工温度测量表被电子测量仪器所取代。

5.3.2　井下电子仪表

20 世纪 80 年代中期，出现了多种能够在高温条件进行实时测量工作的 PTS 仪器。这种测井仪器可以将井下数据传输到地面，经过一个带防护装置的单导线电缆实现地表实时读数，或者也可以将信息储存到储存器里，等仪器被带到地表时下载数据。井内电子测试仪器放置在一个杜瓦瓶中，以维持仪器内部温度低于100℃，热井的测井时间一般限制在3～6小时内，主要是根据仪器的升温速率（它是外部温度、杜瓦瓶设计、内部电子组件、内部升温速率和时间的函数）所决定的。与旧的人工仪器相比较，电子仪器在提高精准度方面很有潜力。由于影响精准度的因素主要包括电子元件的敏感度、设计、电子电路对温度的响应以及与仪器操作相关的程序质量，因此对精准度的量化是非常困难的。电子仪器的温度绝对精度高于±1℃，压力绝对精度高于±0.1 bar。下文5.5.1小节将会讨论到，精确确定仪器在热储层中的深度或位置，也会影响某一特定深度下实际井内压力测量的整体精准度和井间的相关数据。

§5.4 井下流量测量

多年来，在地下水和石油工业领域，流量测量方法已经标准化，很多相关的技术已逐渐发展起来，虽然示踪注水和温度剖面法也经常使用，但是最常用的还是涡轮曲线法。

现在在地热产业中，常用的测量井流的方法是注水或生产过程中利用涡轮曲线法。当井处于关闭状态时，这种测井方法也可以用于评价带间流的流量，通过较小的额外成本获得“常规”的压力-温度剖面。对于准备进行涡轮/流量（spinner/flow）评估的测试计划来说，最重要的是在每一套涡轮测井过程中保持持续和稳定的井孔状态。

对于一般的单一热井，解译方法可以分为两类：液态井的流体流速小于5 m/s，蒸气或两相井流体流速大于5 m/s。对于第一种类型，必须进行至少两组不同速度的由下而上的测井，运用交汇法进行分析。对于蒸气井，一次成功的涡轮测量曲线足够用于评估流量剖面。

在实践中，还有一些其他的因素决定着涡轮测井的成功与否：

(1)在测井过程中，涡轮承受的摩擦力不能改变（在缺少维护或者没有进行恰当的调整时，摩擦会随温度变化而改变）。

(2)测试过程中涡轮本身可能会遭到破坏（包括磨损、物理故障或者是被注入水带入的物质所“污染”，通常是植物或岩石碎片，这些可以导致涡轮停止运行）。

本章后面将介绍涡轮流量测井解译的方法。

§5.5 测井误差来源

除测量仪器本身的精度外，井下温度-压力数据还有几种其他的潜在误差来源。将各种测井方法进行比较，即将PTS测井结果与地层成像或断裂测井结果进行对照，在识别生产性的或非生产性的岩层成像特征时，几米的误差就显得非常重要。

5.5.1　井深测量

井中仪器的深度通过在地表用计数器测量电缆的长度获得，计数系统要经常进行校准，以确保较小的深度测量误差。计数器的精度要在 1‰以内，在地表几百米距离范围内对深度计数器的精确度进行核对，可以很容易确定调查的校准范围。在一些情况下，深度计数器可以依据精确的井套管设计或运用套管接箍定位器进行校准。

在井深测量中会一直使用同一个参考点，如果因为某些原因使用了其他参考点，在测井报告中必须说明。完井后，从套管头法兰盘(casing head flange，CHF)、泵室顶或者其他固定的参考点，都可以测量井深。在钻井过程中，通常根据相对于钻机方钻杆补心(rig kelly bushing，RKB)(或者钻台)的深度来确定井深，因为钻井后期，井中可能不会安装套管头法兰盘。钻井过程中的所有井深测量数据必须最后校正到最终的套管头法兰盘基准面。有时钻井平台和套管头法兰盘或泵室顶相差多达 10 m，相当于 1 bar 的压力。

5.5.2　测井电缆热膨胀

用于传输井下测井仪器数据的电缆长度随温度会发生变化，由于热膨胀，当电缆从井中取回时长度通常会增加几米。在深层热井中进行压力测量时，必须考虑测井电缆的膨胀以获取较高的精度。测井电缆的膨胀公式如下

$$\Delta L = \alpha\int(T_w - T_0)\mathrm{d}z \tag{5.1}$$

$$= \alpha L(T_{av} - T_0) \tag{5.2}$$

式中，T_{av} 为测井电缆在井内所处的平均温度；T_0 为地表温度(在此温度下测量电缆长度)；α 为膨胀系数，316L 不锈钢的膨胀系数是 1.7×10^{-5} m/℃(与用于高温热井测井的其他材料相似)。测井电缆的热膨胀比应力拉伸要大得多，例如，带有 20 kg 负重的 1 000 m 长直径为 0.072 英寸(1.83 mm)的 316L 不锈钢测井电缆，其拉伸约 0.4 m，在 250℃的情况下，相同长度的测井电缆热膨胀大于 4 m。

对比不同注水率下的涡轮测流记录数据的细节或者涡轮测流注水-排水记录，经常发现由于热膨胀作用电缆测流数据会相差几米。Grant 等(2006)给出了一个这种偏移的实例，相比于注水井中的数据，排水井中的记录数据偏移量超过 10 m。

5.5.3　井　斜

现在很多井都特意设计成有一定倾斜度，甚至称为竖井的一些井也有一定程度的倾斜。当测量井内数据时，必须明确得到的信息是沿井壁的测量深度(measured depth，MD)还是真垂向井深(true vertical depth，TVD)。分析压力数

据和对比周围井的信息时，最好使用测量点的高程(同时进行测井电缆的温度膨胀校正)。

5.5.4 稳定性

当测量一个井的温度或压力曲线时，需要花费4～5小时才能获得一组完整的数据。除了为获取一些瞬态信息需对井状态进行专门调整外，井在整个测试过程中必须保持相同的状态，否则，井内条件的改变可以导致数据解译困难或者失效。例如，高气压井闭井后，测井电缆封套(或者是其他的地表设备)泄漏将会导致测量过程中井内气体压力的减小，进而引起井内较深处的水柱开始向上移动，并在井内温度接近沸点处产生沸腾作用，井内流体变成两相流。在调查过程中将井口压力记录作为质量控制的一部分，以确保井内处于真正稳定状态非常重要。运用电子仪器进行测井时，检查测井仪器从放入井内到收回这一时间段内的完整测井记录非常重要。当井内条件稳定时，由井口到井底和由井底到井口的测井结果应是相同的(通常情况下，一旦原始数据被证实有效，只有由上而下的测量数据需要保留作正规使用)。

对于正在抽水或注水的井，进行测量时必须保持稳定的测试状态，通过调查过程中井口压力和地表流量测量，可以直观地了解井内状态，因此，最好拥有连续的测流记录。在进行钻孔施工时，通常可以从泥浆测井仪中获得连续的记录，或者在排放过程中，利用数据记录获得分离的蒸气和水流流量或端压资料，这取决于所用的流量测量仪器。同理，分别进行温度和压力剖面测量时，所测的井必须精确地保持同一状态，这样不同测量过程的热力学条件才具有可比性。

5.5.5 仪器滞后效应

利用固定在井内的人工测井仪器时，压力和温度记录在一个金属板上，通过对各个测站金属记录板进行解译，可以获得各个测站的压力或温度。只有仪器被固定足够长时间，每个站点不同深度的测量值才是可靠的(正如刚才所讨论的，考虑深度的不确定性之后)。

现代电子仪器提供了高精度和高频率的测试结果，然而，报告数据仍然存在由于数据记录和数据处理导致的误差。对于大部分的电子压力温度测井，温度-压力剖面是在测井设备(以0.5～1.5 m/s的速率)移动的过程中记录下来的，因此，获得的测试数据可能在深度上存在偏移。这样的误差可以通过比较相同测井中上行和下行的测试记录，或者比较不同注水速率情况下的测井细节进行检核。一些PTS测井工具则更为直接，这些工具包括一个套管接箍定位器(casing collar locator, CCL)，可以将不同上行和下行的测井数据换算到共同的基准面，因为测井可以以套管或衬管的连接点为参考面。然而，由于衬管的热膨胀，在不同温度条件下，不同操作之间仍然会存在一些误差。

图5.1(a)展示了冷水注入过程中在井中进行温度测井的部分数据，下行测量获得的温度比上行测量获得的温度位置向下位移约10～15 m，这主要是因为温度传感器需要几秒才能达到平衡而产生的时间延迟。也有些差别取决于流体通过测试仪器时方向的不同，因为下行测量比上行测量要稳定。这种情况下的差别不是由于电缆的拉伸而引起的。通过比较上行和下行过程中的压力表明，相同深度处的压力只有很小的差异，如图5.1(b)所示，最大位移是3 m(压力-深度图中不平滑的曲线反映压力探头的分辨率不同)。在测量和记录之间也可能产生一些时间延迟(同时进行井中数据和深度测量)，其差别取决于记录是实时模式还是记忆模式。一般来说，数据的偏差和测井速率成正比，可以忽略。如果进行时间延迟校正，需要在一个固定时间段内进行数据测试，该时间段内，相同速率下上行和下行测井过程得到的测井结果一致性最高。这些记录用来确定渗透带(在图5.1中温度上升代表井中有水流入)，因此时间延迟的校正可以导致几米的差别。

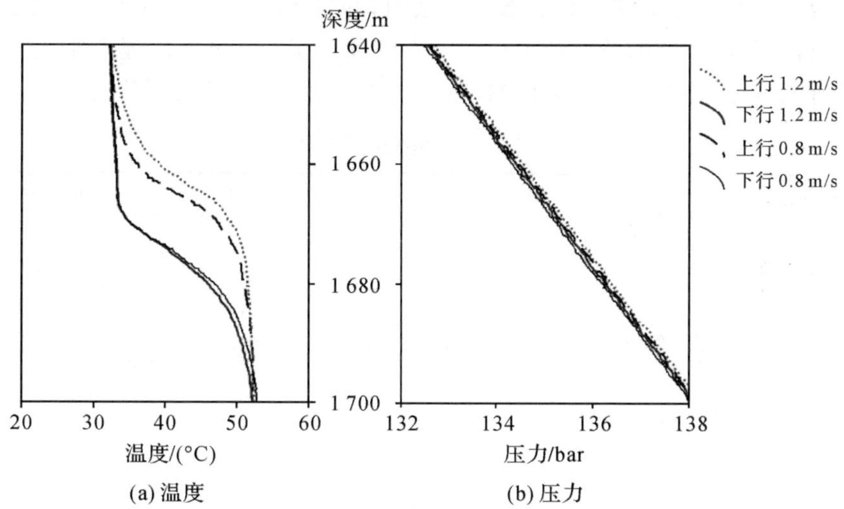

(a) 温度 (b) 压力

图5.1 注水过程中的测井曲线

引自：Kawerau Joint Venture，个人通信。

§5.6 测井程序设计

如今几乎所有的压力-温度测井都使用电子仪器，使用这些仪器的主要考虑因素是内部升温速率以及储存器容量对测试仪器在井内停留时间的限制。当井内温度超过300℃，且测井过程中运用有线网络系统时，需要考虑电缆的绝缘性能，因为在持续的高温条件下，电缆绝缘可能被破坏。

通过测量不同状态的井可以获得不同的测井信息，井可能是开放的(井口无压力)、关闭的(具有蒸气或气压)、渗出状态(很小排放量)、流动状态(大涌水量流量:100～200 m^3/h)或者是注水状态(通常是冷水)。完井之后,除了恢复由于钻井过程而被降低的井温外,井的状态或许像闭井一样一直处于温度恢复状态。

为获得所取得的井内数据的最佳解译,在井下测量过程中记录井的状态、井口压力、涌水或注水过程中的流量和热焓等非常重要。另外,了解井口流体类型也非常有用,如渗出的水或蒸气。

一次完整的测井程序需要进行所有的测量以获得井内清晰的剖面和渗透性分布,所以,必须对不同流量及各种流量之间压力瞬变条件下的热井,进行多次上行和下行的测试。表 5.1 是一个比较完整的测试程序,包括在两个流速条件下的涡轮流量剖面、停止注水后的温度恢复剖面以及不同流量之间的压力瞬变测量。对于每一次流量测量,涡轮需保持最低的速率,并且必须在每一次泵速改变之后等待较长的时间以记录瞬变数据,更重要的是,记录完井后井中压力温度的稳定过程。在井孔内的总时间必须在工具的承受力之内,并且须将补给带以下的温度假定为可能的热储温度,下行的测井速度也应调整使其大于 0.2 m/s 的理论速度。另外,应该在有孔内衬(即水泥套管之内)顶部之上大约 30 m 处开始测井。

表 5.1 完整的测井程序

项目	深度/m		工具速度/(m/s)	抽水速率
	起始	终点		
安装、检查泵				速率 1
下套管	0	2 500	1.5	
	2 500	1 000	−1.5	
	1 000	2 500	0.7	
	2 500	1 000	−0.7	
补给	1 000	2 000	1	
瞬变				速率 2
等待 1 小时				
到井底	2 000	2 500	1.5	
	2 500	1 000	−1.5	
	1 000	2 500	1.5	
	2 500	1 000	−0.7	
	1 000	2 500	0.7	
补给	2 500	2 000	−1	
瞬变				关闭
等待 1 小时				
流出	2 000	2 500	1	
	2 500	0	−1	

注:假定井深 2 500 m,套管深度 1 000 m,主要的补给带 2 000 m。

在一个正在排放的井中进行井内测井的程序遵从同样的方式，但是比较简单。一套理想的测量程序包括两个流量剖面，同时进行两次不同速率的测量。两次流速测量之间的稳定时间可能远大于注水时的稳定时间，因此，不可能进行多次流量测量。同样，当整口井维持高温状态时，就会限制测井仪器在井下的时间。一个产流测试或产能测试可能需要几天来处理，在不同的测量流速下井也可能需要1～2天的稳定时间，因此可以获得不同流速下的流量剖面。

§5.7　涡轮测流方法

涡轮是类似纺织机的一种工具，用来测量流体的流速，测量时流体引起涡轮旋转，其旋转频率与设备和流体的相对速度成正比

$$f=(V_t-V_f)/C \tag{5.3}$$

或

$$V_f=V_t-Cf \tag{5.4}$$

式中，V_f 为流体速度；V_t 为涡轮速度；C 为涡轮的间距，用一圈的米数来表示。假定涡轮测量的是代表性的流体流速，如果井孔发生倾斜，测流工具必须居中，否则它将紧靠井壁一侧，从而可能测量不到代表性的数据。图 5.2(a)是一组典型的高质量的涡轮测量值，分别是在 0.8 m/s 和 1.2 m/s 流速下的上行和下行测井记录。该例中，在 1 840～1 865 m 频率改变显著，很明显存在一个主要的漏失带，1 840 m 深度之上频率没有出现明显的持续改变。

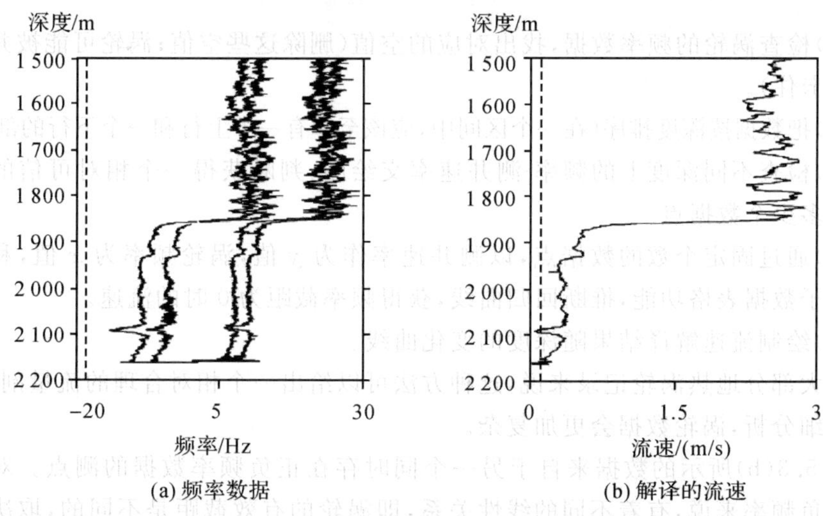

(a) 频率数据　(b) 解译的流速

图 5.2　注水过程中井中涡轮测量数据

引自：Rotokawa Joint Venture，个人通信。

5.7.1 交绘图法和工具校正

为便于分析，可将涡轮测井数据根据测站或者较短的区间进行归类。图 5.3 为两个长度为 1 m 区间内的频率与测井工具速率的交绘图。图 5.3(a)反映频率和测井工具速率之间存在线性关系，当测井工具速率为 2.6 m/s 时，频率线外推到 0 Hz，对应的速度就是流体速度（因为在理想状态下，当测井工具以流体的速度在井中运转时，涡轮将不再旋转）。对很多热井来说，可以用一个简单的电子数据表格求得流体速度——至少可以初步估计流体速度，步骤如下：

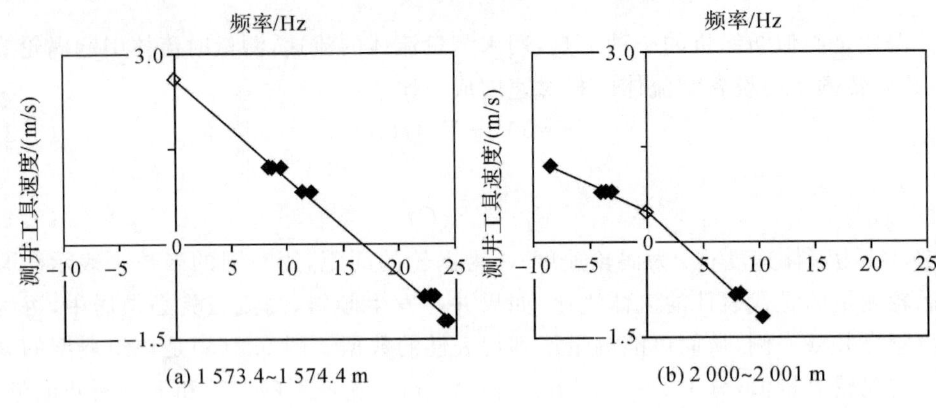

图 5.3 交绘图

引自：Rotokawa Joint Venture，个人通信。

(1)检查涡轮的频率数据，找出对应的空值（删除这些空值；涡轮可能被井孔中的碎屑卡住）。

(2)把数据按深度排序（在一个区间中，应该至少有一个上行和一个下行的剖面）。

(3)检查不同深度上的频率-测井速率交绘图，判断获得一个相对可信的交绘图需要多少个数据点。

(4)通过固定个数的数据点，以测井速率作为 y 值，涡轮频率为 x 值，利用内置的电子数据表格功能，推断回归曲线，获得频率截距为 0 时的流速。

(5)绘制流速解译结果随深度的变化曲线。

对大部分地热涡轮记录来说，这种方法可以给出一个相对合理的流量剖面，但如果详细分析，涡轮数据会更加复杂。

图 5.3(b)所示的数据来自于另一个同时存在正负频率数据的测点。对于正频率和负频率来说，有着不同的线性关系，即涡轮的有效截距是不同的，取决于流体是伴随着工具从上部来还是从下部来（因为涡轮通常置于 PTS 装置的底部，从涡轮上部和下部进入的流体并不对称）。这种双线性现象的起因是涡轮自身的结

构、涡轮附近的流体以及测井仪本身，这种现象非常普遍。式(5.4)修正为

$$V_f = V_t - Cf, \quad f>0 \tag{5.5}$$

$$V_f = V_t - Df, \quad f<0 \tag{5.6}$$

注意，根据图 5.3(b)的数据拟合的单线所估算的流体速率偏低。

通过回归的方法可以获得流体速率的最佳估计(Grant et al,1995)。首先将数据根据测点进行归类，令 i 代表第 i 个测点，j 代表该测点的第 j 个数据，式(5.5)和式(5.6)可以写成

$$V_{fi} = V_{tij} - Cf_{ij} + \varepsilon_{ij}, \quad f>0 \tag{5.7}$$

$$V_{fi} = V_{tij} - Df_{ij} + \varepsilon_{ij}, \quad f<0 \tag{5.8}$$

式中，ε_{ij} 为误差，利用公式进行回归计算，使总误差最小化，计算出速率值 V_{fi} 和校正常数 C、D。涡轮数据通常比较杂乱，通过把数据进行分组拟合，速率会变得缓和，也可增大分组规模去掉低分辨率的数据以减少噪声。如果要做双线性涡轮分析，需要有两组或更多不同的正负测井工具速率数据，如果只有一个上行或者下行的测量数据或者所有的频率数据有着相同的信号，则必须使用线性模型。校正精度可以通过对比套管中计算的速率和由测量的井流量推测的速率进行核对。

如果没有做回归分析，更好的方法是通过在套管中做上下的推移来校正测井仪器(当设置涡轮测井程序时，延长每个剖面至水泥套管部位，即带眼衬管顶部之上 50 m)，利用数据画图，推算出涡轮的有效截距，接着利用式(5.2)把频率转化为流速。这个程序同样需要在不同涡轮测量之间保持流量不变以进行复核。最后一种，可以利用理论上的涡轮间距，但是，这并不能满足需要，因为实际间距与这个值有一定差距，特别是在低频率时由于存在摩擦力差距更明显。

当井中流体流速比较高时，也就是说，在一个排放蒸气的井中，流体速率远远高于测井仪速率，通过拟合数据校正测井仪是不可能的，必须利用已知的测井仪校正或者简化绘制的频率数据，因为在这种情况下测井仪速率的影响会很小。

不同测井仪速率下获取到的涡轮数据可以绘制一条剖面，其频率为一常量，这个常量等于间距乘以速率差，图 5.2(a)中的剖面显示了这一点。进一步仔细观察可以看出，与 1 860 m 之上的剖面对比，位于 1 860 m 以下，在两个正频率和两个负频率之间有一个不同的位移量，这反映了不同的正校准和负校准。如果一个剖面显现的特征在其他速率下绘制的剖面中并没有体现，且剖面范围内测井仪速率没有发生改变，这说明仪器本身出现了问题，例如，涡轮出现堵塞或者岩石碎屑导致运转缓慢。

5.7.2　影响半径

图 5.2(b)是图 5.2(a)数据所对应的流体流速曲线。在 1 840～1 870 m 处有一个清晰的漏失带，流速由 2.5 m/s 减小到 0.5 m/s，此区间 80%流体漏失；另一

个漏失带是在2 100～2 150 m接近井底处，流速剖面出现许多变化，这是由井的直径变化引起的。通过对比不同的流量剖面可以看出：井直径的变化体现在不同的流速上，反过来流入量和流出量随井的流速而变化。2 100 m以上速度的急降充分说明在这附近井径迅速扩张，1 840 m以上流速剖面呈现不规则的变化，通常是岩层的侵蚀造成钻井直径的明显扩大，特别是用充气流体进行钻井时。通常钻孔在接近渗透带处产生扩张，最大的可能是该区域岩石的断裂作用增强。比较不同注水率下的速度曲线，分辨出井径增大效应和补给/排放效应是可能的（Grant et al, 2006）。

图5.4(a)是MK11井在注入45 kg/s的冷水时，解译后的流体流速和温度测量剖面，对4次上行/下行测量获取的涡轮频率数据进行了区间长度为1 m的分组处理，钻井过程中利用了空气-水混合液作为循环流体以平衡地层压力。温度从23℃增加到60℃表明在800～1 300 m区间内补给广泛存在，并没有明显的界定区域。运用热焓平衡方法，假设流入温度为230℃，流量相当小，为10 L/s，与这种相对小的流量相对应的是流速的剧烈变化，在套管靴流速达到最高值，在衬管的顶部或套管靴通常形成紊流，因此很难发现套管靴附近的补给带。在1 010 m、1 530 m和1 810 m具有相似的最大流速，暗示在这些点处井衬管是密封的，并且在这些点处基本上是相同的流体。往井中泵入45～55 kg/s的水量，加上10 kg/s的流入量相当于2.8 m/s的流速，如图5.4(a)中虚线所示。这与最大的测量流速是十分吻合的。在800～950 m和1 050～1 430 m，流速降幅最大，主要由井直径的扩大引起。1 840～2 000 m流速稳定下降，这与主要的漏失带相对应，并且温度曲线也确定了2 000 m是漏失带的底界。1 840～2 000 m漏失广泛分布，一半的漏失集中分布在1 960～2 000 m，其细节可能被井直径进一步的变化所混淆。井中的偏差导致涡轮测试结果产生一些偏移，因为衬管和测试仪器都位于井孔中较低的一侧，这样可能不会截断典型混合流。偏移的大小是不可知的，但在某种情况下可以获得。

利用1 840 m深度以上的数据，可以计算出井孔的半径，因为在这个深度处几乎没有溢出量，可以运用热平衡（式(7.2)）估算总的累积流入量。假设流入水体温度T_r=230℃，以第一次温度恢复过程所测量的温度为基础，注水率为45 kg/s，温度23℃，在第一个漏失带以上，用热平衡得出的总流量为

$$W(z)=45\frac{H(T_r)-H(23)}{H(T_r)-H(T(z))} \tag{5.9}$$

当知道钻井孔直径D时可得出

$$W(z)=\pi[D(z)/2]^2\rho V \tag{5.10}$$

图5.4(b)为计算的井的直径，单位厘米。在1 840 m以下不能继续使用这种方法进行估算，因为在该深度以下时，由于水量漏失导致流速减小。

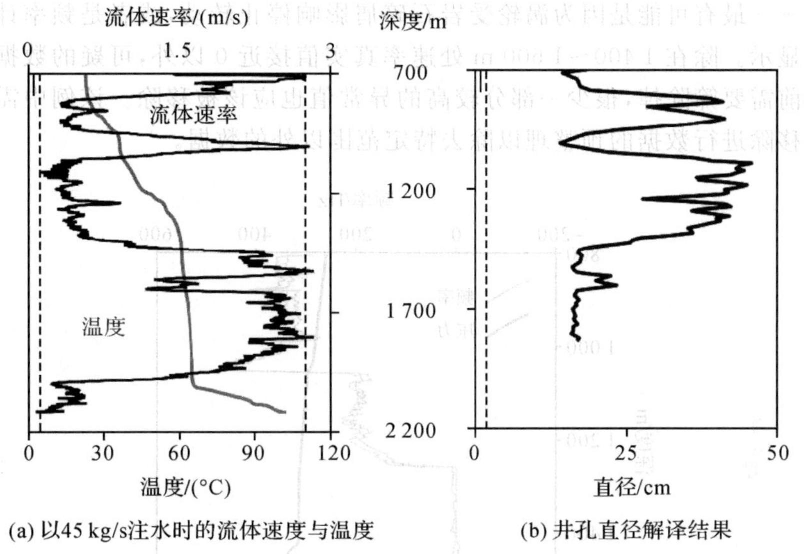

(a) 以45 kg/s注水时的流体速度与温度　(b) 井孔直径解译结果

图 5.4　MK11 涡轮数据

注:(a)中虚线对应的是 7 英寸衬管内 55 kg/s 的流速,即 45 kg/s 的注水速率加上额外 10 kg/s 的内部流速率。

引自:Tuaropaki Power Company,个人通信。

5.7.3　高速流体

上述的讨论主要是针对井孔中为液体时所做的测量。当流体速率相对于仪器的速率很大时,测试仪器上下移动导致的速率变化频率相对较小,使用交绘图法对测试仪器进行校正是无效的。图 5.5 显示在一个排放蒸气的井中涡轮测流工具的运行情况。因为两种情况之间的差别很小,必须采用其他测试对仪器进行校正并应用频率数据求解流体流速。压力曲线显示汽-水界面在 1 400 m,涡轮测流计显示第一次流入在 1 250 m,第二次流入在 1 100 m,在 1 250 m 以下没有明显的流动。

5.7.4　数据问题

图 5.6 举例说明测试过程中存在问题的数据。图 5.6(a)为无衬管井中的部分测试结果,在大部分的裸孔中一般只进行一次上行和下行的测试,第二次的上行和下行测试只在井的上部进行,频率数据多少是不一致的。圆环圈出数据显示的特征在其他操作中没有发现,这意味着流量数据或者测试仪器有问题。偶尔的数据异常可以忽略,可以在数据分析以前删除。在该例中,数据噪声水平比较典型且通常不大,但是重复出现的偏移值表明是测试设备的问题,而不是随机噪声。图 5.6(b)为另一种问题数据的曲线,有许多异常值,特别是有许多近似于 0 的不

实数据——最有可能是因为涡轮受岩石碎屑影响停止转动，或者是频率计数器无法正确显示。除在 1 400～1 600 m 处速率真实值接近 0 以外，可疑的数据值在流速解译前需要筛除掉，很少一部分较高的异常值也应该被移除。该例中需要通过滤除和移除进行数据的预整理以除去特定范围以外的数据。

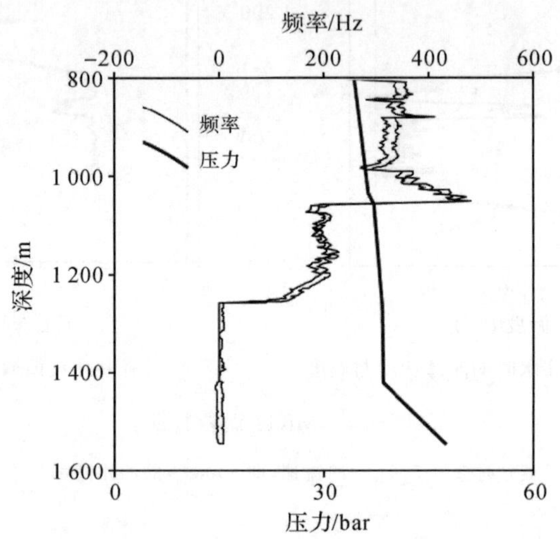

图 5.5 MBD-2 井的排放剖面

引自：Star Energy，个人通信。

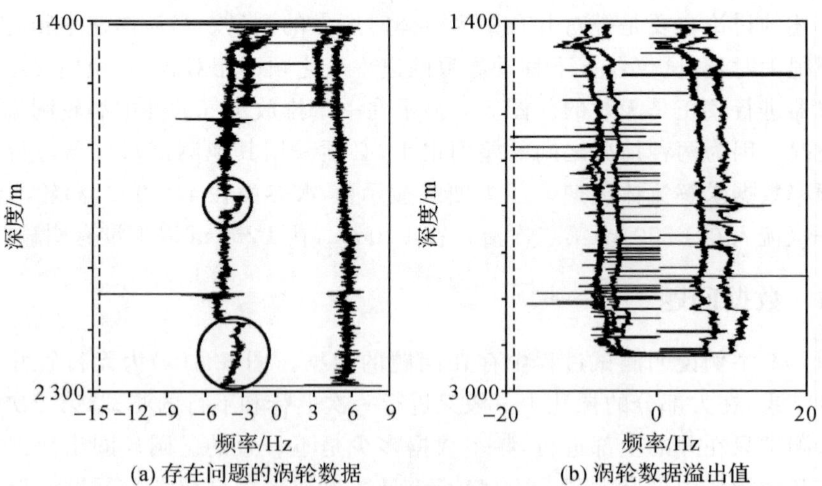

(a) 存在问题的涡轮数据 (b) 涡轮数据溢出值

图 5.6 测试中出现的问题数据

引自：Kawerau Joint Venture 和 Rotokawa Joint Venture，个人通信。

第6章　钻进测量

§6.1　概　述

热田是从几千米深处延伸到地表的动力系统，覆盖在深部热储之上的岩层可能暂时对生产不起作用，但其水文特征对热储的长期开采计划极其重要。钻进过程中，人们往往急于得到可生产的高温热水资源而忽略从浅部岩层中获得一些关键信息。在钻进过程中或由于意外原因钻进推迟时，在浅部揭露的渗透带开展压力测量获得相关资料是不可或缺的。覆盖在热储之上的浅层岩层通常是一个复杂的水文系统，它包括上层滞水含水层、蒸气加热带以及地下水的侧向流。如同Dench(1980)和Grant等(1982)所举的例子，如果完井的开孔范围过大，井中通常会有较强的向下流动的地下水流，这种下降流会在上部流入区引起水位下降，而在下部流入区由于累积作用会引起压力测量结果的偏差。当存在向下流动水体时，获得的温度剖面是不准确的，只有当钻孔揭露固定深度含水层且不揭穿其他含水层时获得的测量结果才是准确的。在良好规划的前提下，开展深钻施工时可以对浅层含水层进行压力测量，否则需要专门的井获取这些数据。

在探测新的热田时，有时会运用温度累积试验帮助确定生产井套管深度，并且可以在接近设计总深度时揭示井底状况。

§6.2　压　力

钻进过程中总存在循环损失(或增益)，所以测量到的压力可能是真实的岩层压力。循环损失意味着热储与井孔之间已经连通，如果已知到渗透带的深度，那么渗透带的压力可以根据钻井液密度和流体水位(该水位以下没有液体被抽出)计算，不过，最好通过井下压力表测量。

尽管如此，在循环液损失的情况下开展井下测量很难与钻进过程同步进行，因为这个时候主要考虑的是钻进的顺利进行以及预防井壁发生坍塌或出现突水事故。实际操作中，最好的方法是在钻进过程中制订测试计划，对特定岩层或已知含水层进行测井。

§6.3 钻进液漏失

钻进过程中循环液的突然变少或增加，表明钻孔与岩层渗透性断裂之间的联系已建立，对地下渗透性的揭露程度取决于岩层压力与渗透带钻孔中压力之间的平衡。以清水钻进的热储为例，其静水压力从地表起算，根据其他井进行测量确定的热储压力梯度为

$$P=0.083z+1$$

式中，P 为压力，bar；z 为深度，m。假如用15℃的冷水钻进到1 500 m，水流损失为19 L/s，则在这个深度的热储压力为 $0.083\times1\ 500+1=125.5$(bar)。由于井中稳定水柱压力为 $0.098\times1\ 500+1=148$ bar，因此，深度为1 500 m的热储漏失带与钻井之间存在22.5 bar的压力差，压力差会随着钻进过程中循环液密度的增大而超过22.5 bar。漏失量为19 L/s，注水率为0.9 L/(s·bar)。尽管钻孔与岩层之间较大的压力差导致了漏失量较大，但其并不符合高渗透性，这种情况下，每1 bar的注水系数为0.9 L/s，尚不能满足经济的生产流量(见图7.11)。

根据钻探时返回的循环液的变化估计注水系数，只能提供一个指示性的注水系数值，渗透带可能被钻进液和钻屑全部或部分冲填，随着这些阻塞物通过洗井、持续冷却过程中的热激发或抽水等方式被逐渐清除，注水系数可能随时间而变化。

当钻进液是其他流体而不是水时会有不同的解译，如果循环液为泥浆，那么天然裂隙的渗透性肯定会被低估。

如果钻进过程中可以测量到井下压力，那么，结合井下压力记录和钻进液漏失随着深度的变化可得到钻孔注水系数随深度变化的函数。理想情况下，测井剖面可以通过测量每个漏失带的注水系数确定，尽管实际上在遇到第一个主要补给带之后，对返回循环液的后续变化解译很难归结于特定的深度。

§6.4 温　度

钻进过程中岩层温度的指示可以帮助确定钻井套管的深度和最终的完井。

6.4.1 温度恢复

在地热勘探规划的早期阶段，从瞬态资料估计稳定的地层温度是一个有效方法，该方法适用于以下情况：

(1)确定生产套管的适宜深度，尤其确保岩层温度足够高；对大多数的高温热田，生产套管中最小的稳定岩层温度至少是230℃。

(2)在钻进过程中核实温度，核实温度逆转，等等。

(3)新的勘探区作为最终温度的即时显示。

(4)开采层遇到蒸气的地方,由于井孔中充满了蒸气,故完井后不能对较浅处的温度进行测量,在这种情况下温度恢复测试可以提供浅层岩层的信息(可以在生产套管缝合之后且钻入热储层之前进行温度恢复测量)。

(5)由于操作的原因,钻孔不可能有足够的时间在排水前达到温度完全恢复,温度恢复的数据可以用于估算岩层温度。

人们采用了很多方法从瞬态数据中获得岩层的真实温度(Dowdle et al,1975;Barelli et al,1981)。大多数较老的方法都需要较长的闭井时间以准确预测。Roux 等(1979)运用了一种新的方法,利用钻探停顿几小时之内的测量数据获得最终温度的可靠估计。Menzies(1981)在菲律宾和新西兰很多热田中试用了这种方法,发现其简单实用而加以推广。这种方法在附录中有详细的介绍。该方法依据的理论需要以下假设条件:

(1)钻孔轴呈圆柱形对称,钻孔中流体为二维热流。

(2)只存在传导热流。

(3)岩层热物性不随温度变化。

(4)相对于热流岩层径向无限延伸且均质。

(5)岩层中不存在垂向热流。

(6)忽略岩层井壁中的泥皮。

(7)岩层表面温度瞬时下降为某定值,并且在整个循环过程期间保持不变。

(8)在泥浆循环终止后,忽略井孔中的累积径向热流。

在实际项目中,这种方法在以下条件下适用:

(1)测试应该在井底以上一定深度进行,至少为 50 m。

(2)测试应该在钻孔中渗透性弱的地段进行,即只有热传导。

(3)钻孔中不存在流体流动,包括带间流、内部循环或交叉流;井孔压力和热储压力相差较大时,在某些情况下流体可能从井口中排出。

(4)循环(钻进)时间和温度恢复时间大致相等,通常 15～20 小时就足够了。

(5)测试应在一个裸孔中进行。

(6)测试不应在存在多重冷循环的深度处进行。

井孔压力测量应在压力恢复期间进行,以核定压力是常数。如果热储压力过高,井孔流体的缓慢泄漏会导致流体在井内运动,在流体运动的地方测得的温度恢复数据是无效的。

6.4.2 实例分析

MK4 钻孔成孔并下 9.625 英寸套管到 651 m 处,然后继续用 8.5 英寸直径的钻杆以 8 m/h 的速度钻至 1 054 m,温度恢复测试的目的是核定岩层的温度。钻头在 4 月 5 日 15:00 到达 1 054 m 处时，循环停止，将钻杆提出。准备测定钻孔下 934 m 处的温度，如表 6.1 前两列所示。

表 6.1　MK4 井 934 m 处温度测量数据

时间 t_{obs} /(小时:分钟)	井孔温度 /(℃)	关闭时间 Δt (十进制时间)	Horner 时间 $\frac{t_c+\Delta t}{\Delta t}$
17:46	43	2.77	6.44
18:35	49	3.58	5.21
19:44	50	4.73	4.19
20:34	59	5.57	3.71
21:46	64	6.77	3.23
22:34	72	7.58	2.99
00:15	75	9.25	2.63
01:00	81	10.03	2.5
02:15	82	11.15	2.35
02:54	86.5	11.9	2.27

计算步骤如下所示：

(1)计算恢复深度处的循环时间 t_c。这个时间是特定深度被钻进液冷却的时间，可以通过钻塔上的钻进记录获取。该例中 4 月 4 日 23:55 钻头在位于 934 m 深度处，因此，循环时间为 15 小时加 5 分钟，t_c 为 15.08 小时(十进制时间)。

(2)计算关闭时间 Δt，即观察时间减去循环停止时间。

(3)计算无量纲的 Horner 时间$\frac{t_c \pm \Delta t}{\Delta t}$。

这些值如表 6.1 的第三、四列所示。

(4)将结果绘制在半对数坐标纸上，确定恢复时的直线段，计算斜率(即单位对数周期的斜率 m,℃)和截距，对应 Horner 时间的 T_{us}^* 等于 1(见图 6.1)。在这个例子中，截距 T_{us}^* 为 138℃，单位对数周期的斜率为 140℃。

(5)计算修正系数，由于截距 T_{us}^* 低估了最终稳定的岩层温度，最终的稳定岩层温度 T 通过下式计算

$$T = T_{us}^* + mT_{DB}(t_{PD})$$

式中，m 为 Horner 直线的斜率；T_{DB} 为无量纲修正项，与无量纲循环时间 t_{PD} 有关，t_{PD} 通过循环时间和钻孔尺寸计算

$$t_{PD} = \frac{Kt_c}{C\rho r_w^2}$$

式中，K 为岩层的热导率；C 为比热；ρ 为密度。

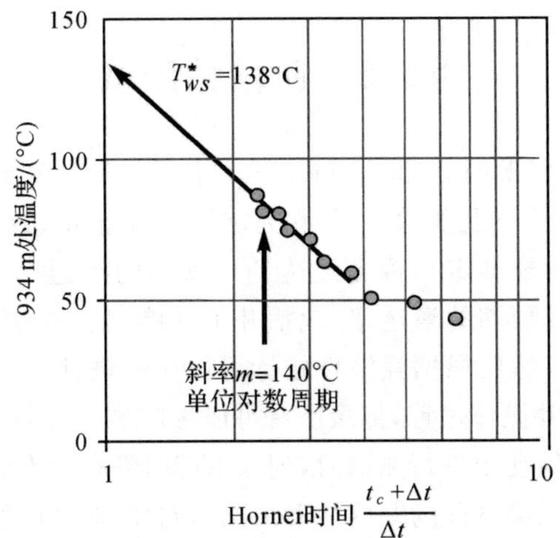

图 6.1　根据表 6.1 数据绘制的 MK4 井温度恢复半对数曲线

引自：Tuaropaki Power Company，个人通信。

一些取自 Wairakei 热田中的典型火山岩体参数如表 6.2 所示(Hendrickson，1975)。Waiora 建造是一低密度、高孔隙角砾浮岩，与许多其他热田深处发现的更密的岩层相比，不是很典型。

假设 Wairakei 热田的 Waiora 建造的钻孔直径为 8.5 英寸(r_w=0.1 m)

$$\frac{K}{C\rho r_w^2}=\frac{1.56\times 3\ 600}{0.18\times 4\ 186\times 1\ 600\times 0.11^2}=0.466\ (\text{h}^{-1})$$

对于 Wairakei 熔结凝灰岩地区，结果为 0.434 h^{-1}。

表 6.2　Wairakei 熔结凝灰岩和 Wairakei 热田 Waiora 建造的饱和岩石热物性

岩层	热导率 $K/(\text{W}/(\text{m}\cdot\text{K}))$	比热 $C/(\text{J}/(\text{kg}\cdot\text{K}))$	密度 $\rho/(\text{kg/m}^3)$
Waiora 建造	1.56	750	1 600
Wairakei 熔结凝灰岩	2.11	800	220

因此，热井直径为 0.22 m 时，$\frac{K}{C\rho r_w^2}$的合理值为 0.4 h^{-1}。为计算无量纲循环时间因子 t_{PD}

$$t_{PD}=\frac{K}{C\rho r_w^2}t_c=0.4\times 15.08=6.03$$

运用附录 1 的式(A1.48)，采用合理 Horner 时间范围内的 t_{PD} 得到 T_{DB}，根据 $\Theta=\frac{t_c+\Delta t}{\Delta t}$值的范围确定直线范围为 2～4(见图 6.1)，取平均值 3，则 t_{PD}=6.03

$$T_{DB}=0.03\Theta^{1.678}t_{PD}^{-0.373}=0.097$$

因此，MK4 井 934 m 深度处预测的稳定岩层温度为

$$T=T_{ws}^*+mT_{DB}(t_{PD})=138+140\times 0.097=152(℃)$$

§6.5 阶段性测试

在开发新的地热资源时,如果已知井下注水率与生产流量之间的关系,可以用阶段性测试确定单孔的终孔深度。为了决定何时停止钻进要不时地进行阶段测试,因为在钻探过程中要推定是否已经达到了预期的渗透率。在许多井都经过测试的热田中,能确定其预期的渗透率,包括井下性能、生产或中期注水试验,所以能建立井的性能统计值,然后根据经济性指标可优化钻进计划(Grant,2008)。

对于大多数的测井操作过程,记录所有可能影响测井数据解译的背景信息非常重要。在部分完井的钻孔中进行测试时,记录下即时钻孔的准确状态非常重要,包括钻孔深度、下套管深度、测试前的井内活动情况。同样,对于已经通过井深、测线或分支校正的井孔,确保记录下测量了哪个井以及何种状态何时测的井非常重要。为了避免混乱,对井群有个明确的命名规定就显得很重要。例如,对于井 EX1,重新钻孔时就应该起不同的名字,如 EX1RD1,EX1RD2,等等,侧钻也类似。对于多向井就应该对每个方向都进行标注,如 EX1L1,EX1L2,等等。如果没有一个清晰的体系确定考虑了哪个方向的渗透性测试结果,就很难从数据中准确地判断出真实的测量层位。

§6.6 RK22 井

用 RK22 举例说明通过阶段性测试确定什么深度停止钻探或是否需要侧钻达到预期注水率。钻孔设计为 13.375 英寸直径的套管以及 10.75 英寸直径的滤水管,预期注水率为 8 kg/(s·bar)。13.375 英寸套管下到 1 392 m 处,下部继续用12.25 英寸直径钻进。图 6.2 为根据阶段性测井和最终完井测井结果绘制的注水率随深度变化的曲线。

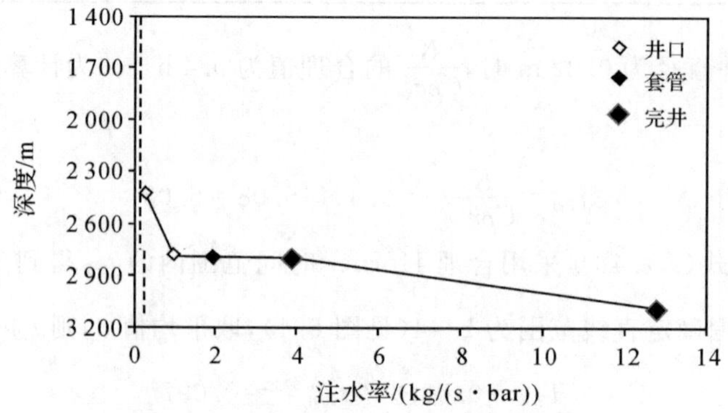

图 6.2 RK22 井注水率与钻进深度关系

引自:Rotokawa Joint Venture,个人通信。

6.6.1　钻进深度 2 428 m

第一个阶段性测试在钻进深度达到 2 428 m 时进行。在井口进行压力监测，发现注水率以 0.3 kg/(s・bar)递增，继续钻进。

6.6.2　钻进深度 2 791 m

第二阶段的注水试验仍然用井口压力值，发现注水量略微增加，达到了 1 kg/(s・bar)，但是仍然远小于预期值。在 1 390 m 的套管深处安装井下标尺重复进行测试，测试的瞬态记录如图 6.3 所示。存在压力优先下降的趋势(通常发生在停止钻进后部分冷却的井中，测压点在实际渗透带以上一段距离的地方)。由于这个趋势引起的注水量偏差为 1.9 kg/s，所以压力的改变量需要重新计算。这个值仍然远小于预期值，应该继续钻进。尽管如此，并不需要继续用 12.25 英寸直径的钻头继续钻进，在继续钻进前需要下 10.75 英寸滤水管并完成普通完井测试。

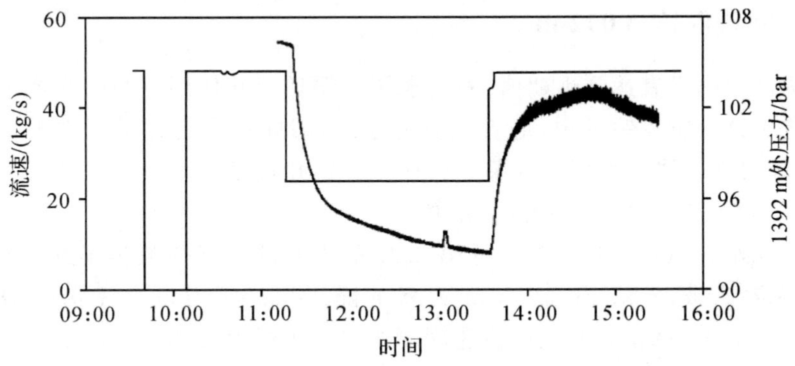

图 6.3　钻至 2 791 m 时在 1 392 m 处阶段性测试压力瞬态图

引自：Rotokawa Joint Venture，个人通信。

图 6.4 显示了注水量为 30 L/s 的完井测试流速剖面。由于井孔直径的改变流速变化很大。唯一一处明显的漏失带位于井底 2 695～2 740 m，表明低于 2 695 m 流速剖面会突然下降，漏失带以上 200 m 处测得的注水率为 3.9 kg/(s・bar)。但流速降低时相关压力瞬态会再出现一些回弹，这通常说明钻孔内存在带间流或较高的渗透性。尽管如此，这里这个可能性要打折，因为渗透带的压力远高于稳定热储的压力，这与瞬变之前不稳定的压力是同样的问题。

随着钻进到 2 791 m 的深度，通过三次测井所得到的注水率有了明显的增加，从 1.0 kg/(s・bar)到 1.9 kg/(s・bar)，再到 3.9 kg/(s・bar)，这可能部分归功于测井过程的洗井作用，但最主要的原因还是冷水注入高温岩层时对渗透性的刺激作用。

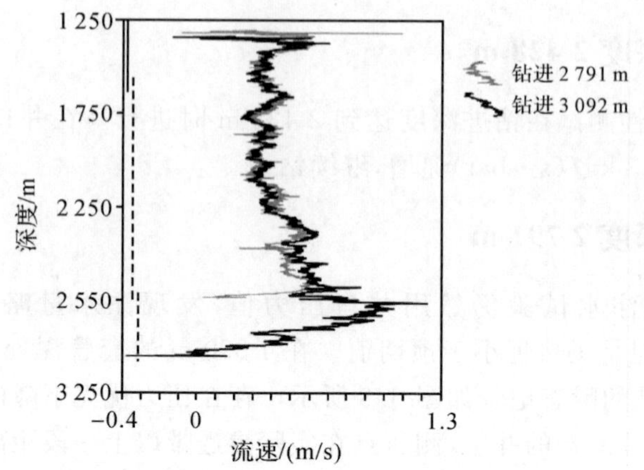

图 6.4 注水过程中的流速剖面

引自：Rotokawa Joint Venture，个人通信。

6.6.3 钻进深度 3 092 m

因为注水率没有达到预期值，采用水作为循环液并使用更小的直径 8.5 英寸继续钻进。这一阶段钻进中，地表没有返还液，因此在没有井下压力测量的情况下，不可能对任何渗透性变化迹象进行评估。钻孔最后深度达到了 3 092 m，其中 2 754～3 092 m 为 7 英寸直径的滤水管。

下完滤水管以后，就需要进行第二次完井测试。测井数据显示在 2 695～2 740 m为渗透带，2 820～3 045 m 为新的隔水层。压力显示注水率增加到了 13 kg/(s · bar)。两个完井测试流速剖面如图 6.4 所示，2 750 m 以上两个剖面基本上是一致的，对比两个流速剖面，2 791 m 处钻孔恰好穿过渗透带的上部，注水预期达到，完井于 3 092 m。

这个例子中，非常幸运的是在钻进条件接近设备最大能力前达到了理想的渗透性。通常情况下，不管是生产还是注水，达到设计深度以前在一些点进行阶段性测井，如果达到了理想的渗透性就可以停止钻进。在 RK22 井的例子中，如果到 3 092 m 没有达到预期注水率，最好的决定就是寻找更好的井位，这种情况下可以考虑以下几种选择：

(1)如果注水率很差，提钻后打一个新的侧井。

(2)如果注水率适中，打第二个分孔，保持第一个，即混合完井。

(3)冷水激发。

(4)用酸处理。

(5)钻孔失败，移到其他设计场地钻孔。

第 7 章　完井和温度恢复

§7.1　概　述

本章讨论钻探期间、井孔刚完成时以及增温期间井孔逐渐接近稳定状态时所需要进行的测量，讨论的大多是储层条件为液态为主的热储，但并不绝对，因为多数讨论对于蒸气为主热储层中的井同样适用。储层渗透性大部分与断裂有关，而与热储岩石主体的初始渗透率关系不大。值得注意的是，本章中注水系数的单位是 L/(s·bar)，与 kg/(s·bar)是等量的，因为在完井时，注入水流通常用冷水体积表示。

7.1.1　完井测试目的

完井时测试程序的设计根据钻井目的而有所不同：对于勘探井，程序更趋于"科学"，用更加广泛的测试方法探测储层特征；而对于开采井，则更关注于生产能力或是注水能力等相关特征。

对于多数井来说，最终的测试是关于井输送流体到达地表的能力或注水的能力。可是，还有大量对于了解储层不可或缺的其他信息，只能在完井和井开始排放两者之间的短时间内获得，即当井完全关闭并从钻探过程逐步恢复时获得。一些有价值的信息，诸如实际地层温度，会缺失或被先前井中进行的开采能力试验所引起的流体运动掩盖。这些信息对于理解深层热储和上覆含水层间的关系或构建数学模拟模型至关重要。

下面的局部储层和流体的特性需要高度关注：

(1)流体状态(压力/温度/热焓)。

(2)热储状态(液态为主或是蒸气为主)。

(3)热储渗透性。

(4)热储化学特征(盐分、阳离子、同位素比值)。

(5)非凝气体含量。

井的相关特征包括：

(1)井中补给带的位置。

(2)补给带渗透率/生产率特征。

(3)井孔附近渗透性的变化(表层)。

(4)井的物理状态(套管、衬管或无套裸露孔段)。

7.1.2 测试程序

这些测试一般在最终完井时进行，但是在达到总深度之前要进行阶段性测试，以确定是否达到所需渗透系数并终止钻探或确定测试后需要被套管封隔的地段。测试类型由钻探方法、注水试验可利用水量以及揭露的渗透率等级来决定。

完井测试一般通过以不同流量注入冷水，绘制出井中压力-温度-涡轮(PTS)测流剖面，从而确定补给或漏失带的位置和特征。井中仅有一个主要补给带时，解译比较简单，但这并不常见，大部分井都有多个补给带，需要比较复杂的解译。好的数据，通常有可能把渗透特征归因于个别补给带，并能至少确定一个主要补给带的实际地层压力。

基本的测试程序主要由钻探结果决定。在有望揭露高渗透断裂带的地方，寻找稳定温度和压力剖面的方案是最合适的，而对于一个渗透性很差的井，在井孔中遵循瞬态温度锋面设计程序，在寻找漏失带时通常是最成功的。

在高渗透的断裂带中，井中的冷水压力梯度跟地层中的热水压力梯度不同，会导致裸井上部相对地层压力不足。因此，如果此低压带中存在任何渗透带，较热的流体将会由岩层流入井孔中。如果注水时井中全为弱透水，井孔中压力处处高于地层，所有的潜流会从井中流向地层。

完井测试的主要目的：

(1)确定潜在补给带。

(2)确定总的渗透性，并因此评价井的可能生产(注水)能力。

(3)在某种情况下，给出个别补给带的渗透特征。

完井测试中最基本的测定是温度曲线、压力曲线以及流量剖面(如果使用涡轮测流工具)。

前述所有资料都是在井口注入冷水同时应用井下测井仪器获得瞬时压力-温度-流量观测值而获得的，这里最好使用一个地表读数 PTS 仪器(这样如果实时资料显示意外的变化，就可以立即校正测试程序，例如，若旋转涡轮被卡住，则井孔的一部分必须重复记录)。精确地将旋转频率数据转化为流速变化图，至少需要两个上行和下行剖面，这两个剖面需在完全裸井部位以至少一种速率注水，并在不同测速下绘制。为了对所获资料和仪器的质量进行检查，测井应延伸到生产套管内30～40 m。

7.1.3 高渗透井

正如刚提到的，对于高渗透井，裸井段的上部在注入冷水期间通常压力不足，所以会出现由地层流向井孔的热流体，通常会形成一个典型的阶梯式温度剖面，在流入带间存在等温段，如图 7.1 所示，图中有两大阶梯(还有第三个小阶梯)，表明

了热流的流入以及由温度梯度变化表征的 930 m 的最终漏失带。

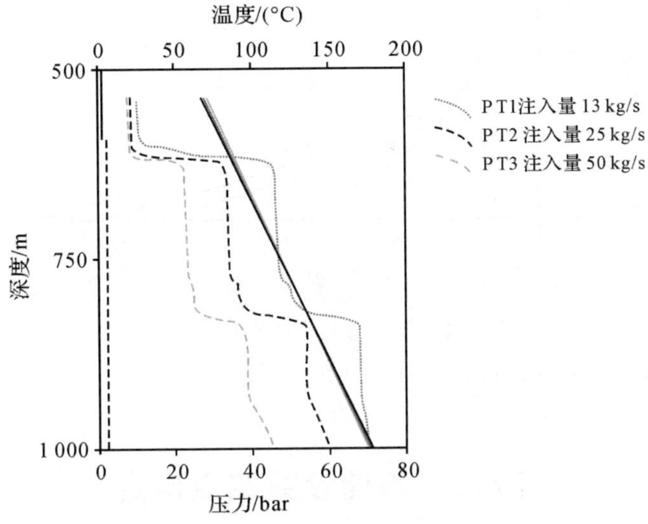

图 7.1　TH6 孔注水试验形成的阶梯剖面

引自：Contact Energy，个人通信。

首选的测试方法是在井口以不同速率注水时，测得两三套稳定的温度-压力-流量剖面。通过改变注入速率而改变井下压力时，有时可能会“切断”或“开启”不同深度的流入水体，从而确定这些层位的地层压力。运用热量均衡计算方法(将在 7.2.3 小节讨论)，可能会获得个别层位的特征，比如注水能力、生产能力以及地层压力。

7.1.4　低渗透井

对于低渗透率的井，在注入冷水时，整个裸井部分井孔压力经常高于地层压力，在整个井中经常会出现几个小的流体漏失带。在冷水注入测试时定位这些漏失带最成功的方法是，在完井后首先考虑短时期的温度恢复，通常 12 小时就足够了，虽然利用较长的时间把钻孔设备移出钻场会更方便。井温部分恢复后，以低速率注入时会出现一系列温度曲线，温度梯度的变化可以表征漏失带。图 7.2 举例说明了这个过程，在几个小时内获得了四个温度曲线，说明此井注水能力较差。注水时在 1 500 m 附近有一个梯度的突变，此处就是主要的漏失带。1 500 m 以下井孔冷却逐渐变缓说明一些水体通过此点向下流动，井孔缓慢冷却说明流量很小。

对于一些低渗透井，在冷水注入时井底部分会继续升温，这表示井的这一部分没有接受到任何注入的冷水流，本质上是不能渗透的，这是确定最深层渗透性的好方法。

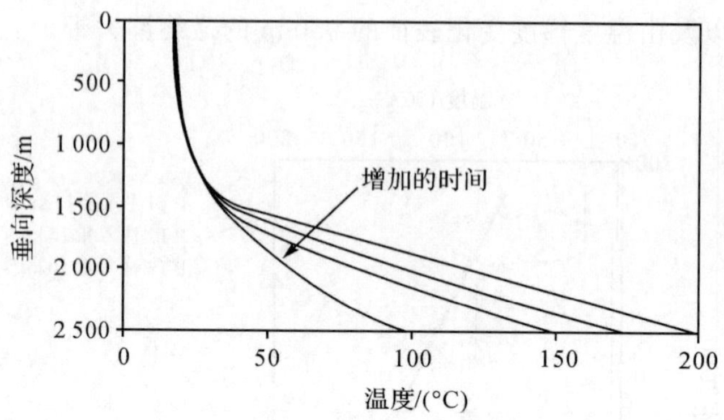

图 7.2 PK5 井注水试验温度剖面

引自：Kawerau Geothermal Ltd.，个人通信。

§7.2 热储参数定量确定

完井测试一般在以不同速率将冷水泵入井中时进行。当注入冷水乃至注水停止时，由于井孔中温度较低的流体和井孔周围地层中热流间的压力梯度不同，井孔中的流体压力和所有补给带地层压力之间无法达到平衡。有时，由于测试程序不够完备、在错误深度测量的压力衰减数据、强大的带间流或测试时井下仪器的故障等都可能造成现场数据解译不准确。注水时，当具有持续的涡轮测流数据用来构建井中流量剖面时，补给带的位置和不同层位的注水量都可以得到有效的评估。

深度的选择对于获得可靠的压力分析结果很重要。例如，在一个具有 1 000 m 裸井的典型井中，井中和储层中压力差从顶部的 0 bar 变化到底部的 25 bar (2 000 m深总压力的 15%归因于 250℃的温度差)，如果压力测定深度选得太浅，压力变化会低于真实值，井的性能会被高估。

因为所有的不确定性因素是由流体随温度的变化引起的，评估最适合的分析深度，首先要计算出总的注水率，再根据详细的分析、排放测试等所得的新数据加以改善。分析中的关键元素是生产率或注水率(PI，II)(Craft et al，1959)，即

$$II, PI = W/(P_f - P_w) \tag{7.1}$$

该指数假设流速保持不变，并在许多给水井的应用中证明有效。在两相补给带中，经验指出该线性关系不总是适用，因为其随着两相混合物流动黏度的热焓而变化(见附录 1)。

7.2.1 注水试验

对于总渗透率较低和在注水时整个裸井深度上存在过压的井，一旦确定了主

要漏失带，就可以很容易计算出注水指数。一般在注入冷水时井中的压力梯度明显高于热的储层，因此注水指数的估值应尽可能取在接近最高注水率的层位，由于井孔与地层中的压力差随着深度而上升，因此此层可能并不与主要漏失带为同一深度，应该更深。对于裸孔段长的井(大于 1 000 m)，这一点尤为重要。渗透率较低的井，注水试验结束后井中压力和地层压力的平衡过程可能会需要几小时甚至几天，检查用于评价压力测试的零压力匹配注水之后温度恢复数周后所测的稳定压力时要特别小心。对于低渗透性的井，即使是相对较小的注水速率(小到 10 L/s)，地层也很容易处于过压状态，由于井孔压力足以刺激开放性断裂的天然岩石渗透率，因此会获得误导性的渗透率。

在注水时上面部分有一定流入量的高渗透井(因为在裸井的上部井孔压力低于地层压力)，其总渗透率值不一定很有意义，因为该值会取决于测量压力的深度，而可能不计额外流入井中的流体。在某些情况下，流入的速度会大于地表注水速度，所以将井底压力变化与地表注水速率做对比可能不太现实。

尽管不同流速下的稳定压力是用来确定注水量的，但是最好检查在注入水流速度改变后测得的压力瞬态是否有不规律迹象，即回弹、循环、剧烈的抽水噪声以及最重要的无法记录的泵速改变(例如，由于钻井泵阀门的故障导致排量难以确定，因为排量通常通过计算冲击速率来确定，且假设每一冲击为固定量)。如果在抽水试验中观测到这种不规律性，则注水量资料精度较差或完全无效。在套管井内每一个涡轮剖面的顶端可以测得涡轮测流数据，通过这些数据可以确定流体速度，注入流体速度则可以用这个流体速度交叉检查。

7.2.2　低渗透井

图 7.3 为完井测试曲线，而图 7.4 显示了 RK18 井的第二支 RK18L2 在两个注水速率下的温度和解译流速剖面，分别为 25 L/s 和 35 L/s，第一支在测试时堵塞了。

由涡轮测流记录确定的流体速度曲线显示了明显的不规律性(见图 7.4)，这两个曲线具有相似的形状，有同样的极大值和极小值。1 700 m 以上流速的变化取决于井孔直径的变化，如果因为注入水流导致速度上升，则温度也会上升，在这里并没有显示。值得注意的是最大速度都同样出现在 1 300 m 和 1 670 m 之间，这就证实了在此深度速度下降是由于井孔扩大造成的，速度最大点与具有相同流体速度紧挨套管的井孔相符合，从而拥有相同的流速。7 英寸套管内的理论流量为 35 L/s，实际的最大值要大 15%，经验显示涡轮测流工具所得的流体速度有 10% 的误差是正常的，因此这是一致的(在涡轮测流解译中的明显误差经常取决于流量测量的误差而不是涡轮本身的误差，这也强调了拥有井孔套管部位涡轮流量数据的必要性)。第一个清晰的漏失带位于 1 885～1 915 m，在 1 885 m 速度剧烈下降，而温度梯度没有明显的变化，直到在 2 000 m 的第二个漏失带同时出现了速度减小和温度梯度增大现象。1 690 m 速度减小的原因可能是存在一个漏失带，但是，更可能是具有环形空间的孔的长度相对不足，速度减小反映了一部分流量进入环形区域。1 885～1 915 m 速度减小肯定了其为漏失带，因为除非环形区域很大，否则速度降低值不足以用进入环形区域的流量来解释。另外，在 2 200 m 附近还存在第三个比较小的漏失带。

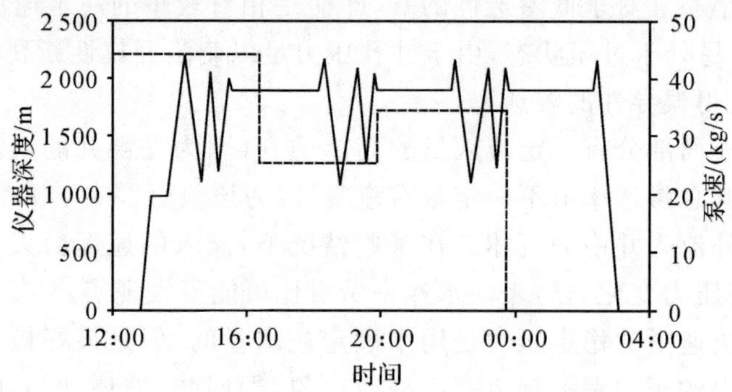

图 7.3 RK18L2 井完井测试曲线

引自：Rotokawa Joint Venture，个人通信。

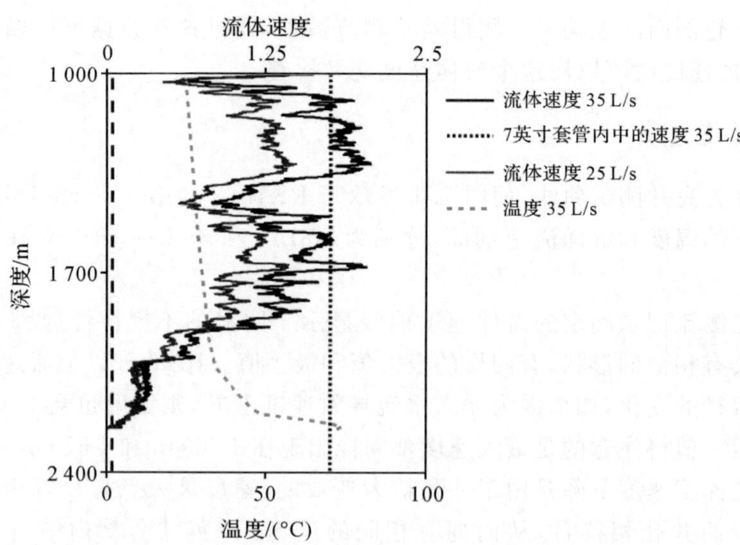

图 7.4 RK18L2 井分别以 25 L/s 和 35 L/s 速率注水的剖面

引自：Rotokawa Joint Venture，个人通信。

图 7.5 表示了 1 900 m 进行压力测量的注水曲线，这是一个很好的压力-流速

线性平面图，注水量为 2.5 kg/(s · bar)。不同流速之间的压力瞬变相当有规律，少量的不规则点是由于泵速的变化而不是发生了逆转。图 7.6 为最终的衰减曲线，梯度轻微的变化(箭头处)表明了在该时间尚存在少许流动并最终停止，趋势上的偏离在半对数曲线上更明显。根据补给带的最终温度，2.5 kg/(s · bar)的注水量表明这是一个中等开采量的井。注水曲线显示零流量下的压力是150.8 bar，因此可以认为这是 1 900 m 处的储层压力。在一个低渗透井中，钻探期间水的注入可能造成钻孔在整个试验期间处于过压状态，因此储层压力需要由温度恢复期间的压力来确定。

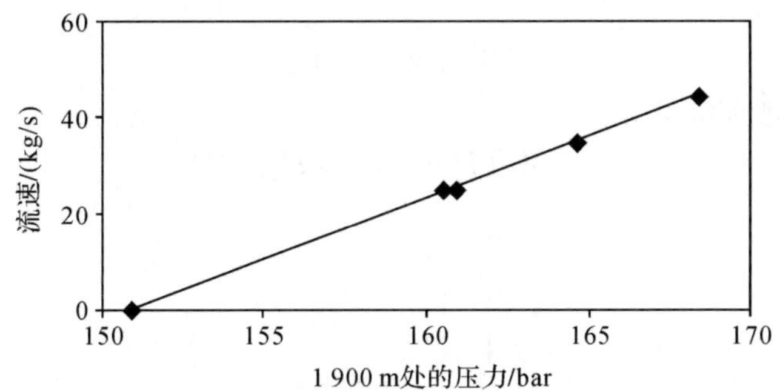

图 7.5　RK18 井注水试验中 1 900 m 处压力-流速曲线

引自：Rotokawa Joint Venture，个人通信。

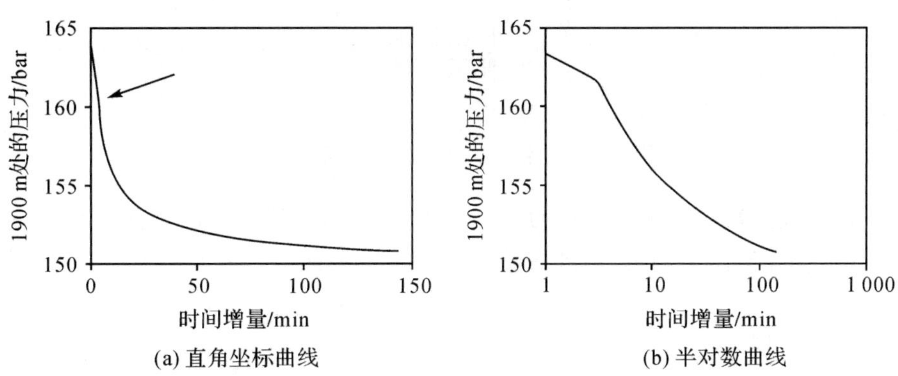

图 7.6　压力衰减曲线

注：(a)中箭头所指为趋势突变点。

引自：Rotokawa Joint Venture，个人通信。

7.2.3　高渗透井

对于高渗透的具有多个补给带的钻井，在注入冷水期间出现水流进入，各种补给带和漏失带可以结合热焓平衡法、井孔流速曲线以及生产率/注水率概念评估。

当在冷水注入期间出现热流(水或蒸气)的进入,通常会存在很明显的阶梯式温度曲线(见图 7.1),此阶梯并不一定会像图 7.1 显示的那样陡峭,但是在阶梯下边的等温面通常会证实有水流进入。对于水流进入的诊断方法如下:如果注水速率减小,则在推测的进水点下面的等温部分的温度会升高。如果进水温度(热焓)是已知的,则进水速度可以通过热和质量平衡计算,因为地表注水速率、进水点上下的温度都是已知的。

用图 7.7 中的符号表示,在上部进水带的热焓平衡是

$$W_i H_i + W_{f1} H_{f1} = W_2 H_2 \tag{7.2}$$

质量平衡是

$$W_i + W_{f1} = W_2$$

替代并整理求解 W_{f1}

$$W_{f1} = W_i (H_2 - H_i)/(H_{f1} - H_2) \tag{7.3}$$

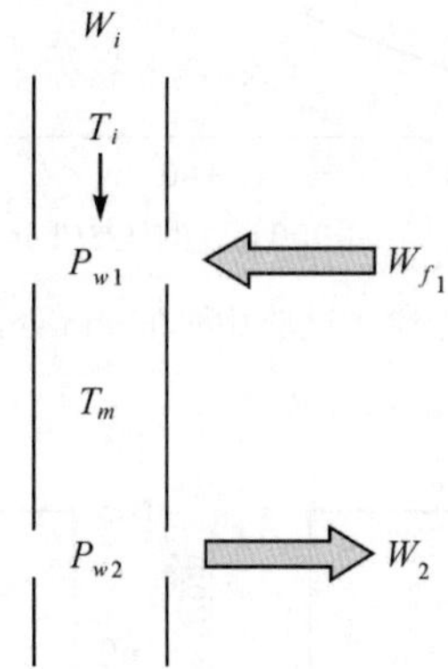

图 7.7 注水过程中水量评估概念模型

一旦得知地层中的流速,且地层压力梯度也已知,就可以应用注水率/生产率的概念,结合井下压力测量值,计算给定生产率下的地层压力或是个别补给带的生产率。

上部流入层

$$PI_1 = \pm \frac{\mathrm{d}W}{\mathrm{d}P} = \frac{W_{f1}}{P_{f1} - P_{w1}} \tag{7.4}$$

下部流出层

$$II_1 = \pm \frac{\mathrm{d}W}{\mathrm{d}P} = \frac{W_2}{P_{w2} - P_{f2}} \tag{7.5}$$

地层压力和压力梯度通常从其他井获得,因此合适的生产率-注水率平均值是从多速率测试中得到的,即使注水率/生产率和地层压力都未知,利用三速测试也可能提供充足的数据解该方程式。

在实际操作中该方法也是有局限性的，主要因为数据的准确性和可靠性。如果用手工操作井下仪器，温度的精度不会高过±2℃和±0.5 bar，现代电子仪器的精度比旧式机械仪器几乎高一个数量级。测试显示野外数据实际上可能会不稳定，尤其在完井测试时期，进水温度并不是常数(Bixley et al,1981)，可以通过开展不同注水速率试验提供校核数据，从而减小可能的误差。但是，总的结果必须结合其他有效数据来考虑。另外，该方法为工程师提供了另一种更可靠的解译热田信息的方法，而并非决定性方法。

参考以下实例，图 7.8 显示了 RK27 井在完井测试期间测得的温度曲线。在接近 1 100 m 处存在一个水流流入，通过对温度曲线的详细检查确定了位于 1 114 m 的进水带，而在 1 830～2 000 m 处流体是从井孔中流失的，较低的漏失带是通过温度梯度的变化来指示的，从 1 830 m 开始，2 000 m 处明显的梯度变化标志了漏失带的底部。2 000 m 以下渗透率很小，因为温度随着时间变化而轻微下降，但是在 2 400 m 以下是不渗透的，因为此处温度没有变化。

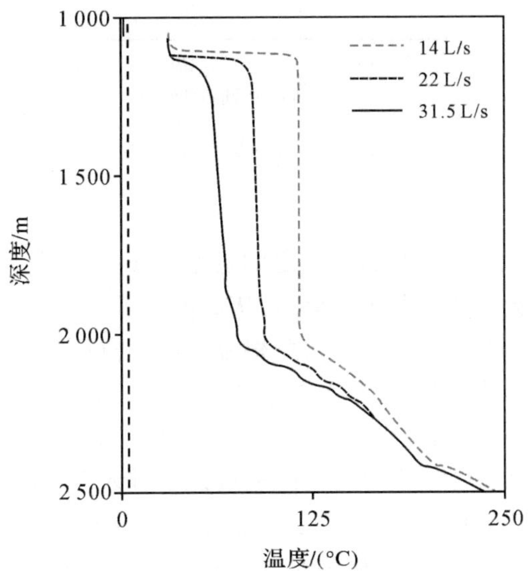

图 7.8　RK27 井在注水过程中的温度剖面

引自：Rotokawa Joint Venture，个人通信。

在 1 114 m 做了压力测量，因此这个深度用来估算进水量。1 114 m 的进水速率可以假定水的温度不变以进行计算，在该例中进水温度假定为 225℃，该温度是停止注水 1.5 小时后测得的该深度的温度。1 114 m 处进水量的计算如表 7.1所示。

图 7.9 为计算的相对于压力的进水速率图，表明上层增加的生产率是 1.3 kg/(s•bar)。运用注水期间测得数据，推测零流量处的压力为 102.2 bar，此压力可以看作该深度的储层压力，由于注水率曲线被外推到相当长的距离，此值不可靠。

表 7.1 上部层位进水量分析

泵速 L/s	T_i	T_2	H_i /(kJ/kg)	H_2 /(kJ/kg)	W_{f1} /(L/s)	1 114 m 的压力/bar(表压)
14	30.4	116	127	487	10.55	94.04
22	30.4	86.6	127	362	8.61	95.31
31.5	30.4	86.6	127	290	7.63	94.04

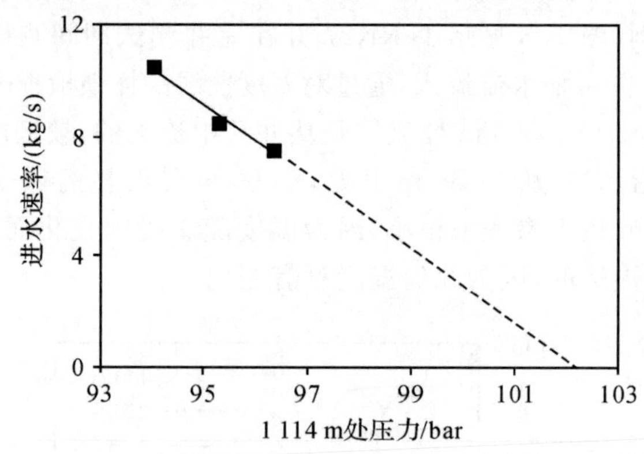

图 7.9 上部层位生产率

引自:Rotokawa Joint Venture,个人通信。

生产率和计算的储层压力都对假定的进水温度很敏感。如果进水温度较低,则进水量肯定相对较大以产生适度热焓,从而增加了这个层位估算的生产率;也有可能这个深度的储层的其他地方存在两相流,从而使得进水量有过剩的热量。

注意到在该例中,进水速率随着泵速的变化而变化,下部层位损失的总流量是泵的流量和计算的进水量的总和,正是这些速率可以用来正确地评估下部层位的注水率。图 7.10 为下部层位注水率与泵的流量以及进入下部层位的总流量的关系曲线,测量值的压力为 1 981 m。由于进水量随着泵速的上升而减少,因此下部层位实际增加的流量少于泵速的上升。用泵速计算的下部层位注水率是 3.3 kg/(s · bar),而用总的流量来计算的话,则是 2.8 kg/(s · bar)。注水率曲线不是一个完全的直线,因此外推零流量以获取储层压力不可靠。

由于实际热田资料的不确定性,这些方法更适合于用电子表格进行分析,这样可以快速确定未知因素,在特定热田中可以根据实践经验利用逐次逼近法分析结果对于不同野外试验数据的敏感性。对比井中计算或者测量所得流量与涡轮测量结果也很有用。经常会出现这种情况,某一层位具有很高的渗透性以至于压力不随流量的变化而变化,这时候就需要细致而精确的测量以确定其渗透率。

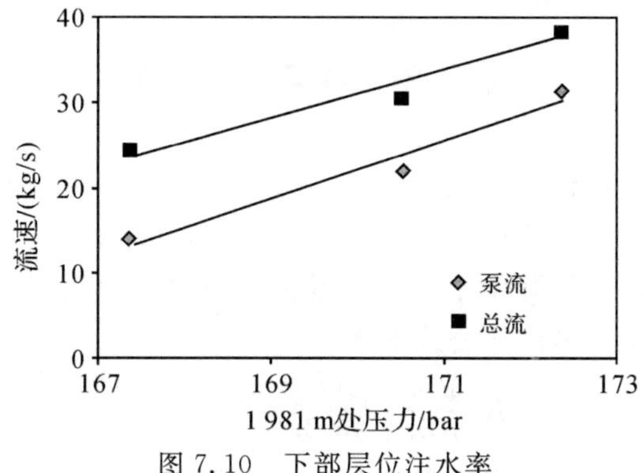

图 7.10　下部层位注水率

引自：Rotokawa Joint Venture，个人通信。

也可能发生的情况是，随着泵速的变化进水量并没有改变，这是因为处于高流速的下部层位压力的上升会被两层间冷水层密度的上升所抵消。在这种情况下，上部层位的生产率可取相邻井的相关测量所确定的储层压力，或是当温度或涡轮测流结果显示井中停止流动时，由升温期间测试井中测量的压力来确定。

如果井具有很强的带间流动效应，这种效应就很难停止。如果注水期间上层流入高焓流体，停止抽水后由于井孔迅速充满蒸气和非凝气体，井会很快处于减压状态。如果下部层位处于相对压力不足和渗透状态，则当单独对其进行抽水时不可能使上层停止流动，在全流速下上部层位持续流动，下部层位接受所有流体。

7.2.4　生产量估算

测量所得的井的注水率可以用来估算预期的生产量。图 7.11 显示了 8 英寸套管的标准井中注水率与预期最大排放量之间的关系，该关系取决于主要补给带的温度并假定储层处于正常压力状态。这个关系是近似的，精度为 50%。确定生产试验设备的尺寸，可以对井的生产潜力进行初步的评估。

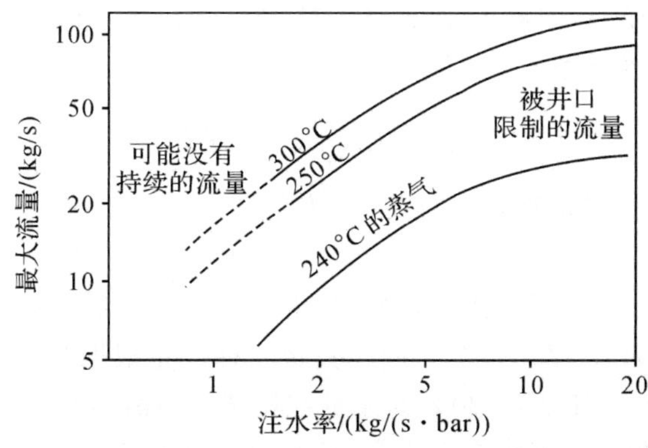

图 7.11　8 英寸套管井中注水率与预期最大排放量的关系曲线

§7.3 井孔热传递

热储层中主要的热传递方法是对流，一些热量也通过传导来传递。流体通过井管或是不渗透岩石向上或向下流入井中，就会有热量通过岩石传递到井孔中，当流体注入到井中时也加热井中水体。这种传递可以通过假定热流完全垂直于井轴来估算(Ramey，1962)，热传导公式如下

$$K\frac{1}{r}\frac{\partial}{\partial r}\left(r\frac{\partial T}{\partial r}\right)=\rho_f C_f\frac{\partial T}{\partial t} \tag{7.6}$$

远处的温度是未扰动的储层温度 T_r，而在井壁则是井中的流体温度 T_w，井孔单位长度传递的传导热是

$$Q=2\pi r_w K\left(\frac{\partial T}{\partial r}\right)_{r_w} \tag{7.7}$$

时间大于 1 周时，则变为

$$Q=2\pi K(T_r-T_w)/f(t) \tag{7.8}$$

$$f(t)=\ln(2\sqrt{\kappa t/r_w})-0.29 \tag{7.9}$$

式中，κ 是岩石的热扩散率，假定井中没有管道或其他热阻来源，热储岩体的热力学性质变化不大，则典型值取

$$K=0.2\ \mathrm{W/(m\cdot K)},\quad \kappa=0.1\ \mathrm{m^2/d}$$

考虑一些典型取值，假设井中和储层间有 150℃的温度差，井半径为 0.1 m，时间为 1 周，则

$$f(t)=\ln(2\sqrt{0.1\times7/0.1})-0.29=2.35$$

$$Q=2\times3.14\times0.2\times150/2.35=80\ (\mathrm{W/m})$$

1 000 m 长的井管获得的热量将为 80 kW，这与标准热井的产热量相比很小。在一种情况下需要注意这种热传递，即在注水期间，尤其在低速注水时。如果水注入到井中某段且没有流入或是流出，其通过传导仅会获得很小的热量。水通过传导通量获得的热量计算公式为

$$\frac{\mathrm{d}T_w}{\mathrm{d}z}=\frac{2\pi K(T_r-T_w)}{WC_w f(t)} \tag{7.10}$$

温度梯度与流速是成反比的，因此梯度的增大表示了流量的减少，也就是存在一个漏失带。

图 7.12 就是一个例子。注入水后，1 000 m 以上流体速率和极低的温度梯度显示在 1 000～1 050 m 存在一个大的漏失带。梯度是根据相距 3 m 的数据点资料计算所得。1 050 m 以下大约 20％的流量在持续，该深度以下，速率和温度梯度间存在负相关性。1 350 m 开始存在进一步的损失，速率下降而梯度增大。

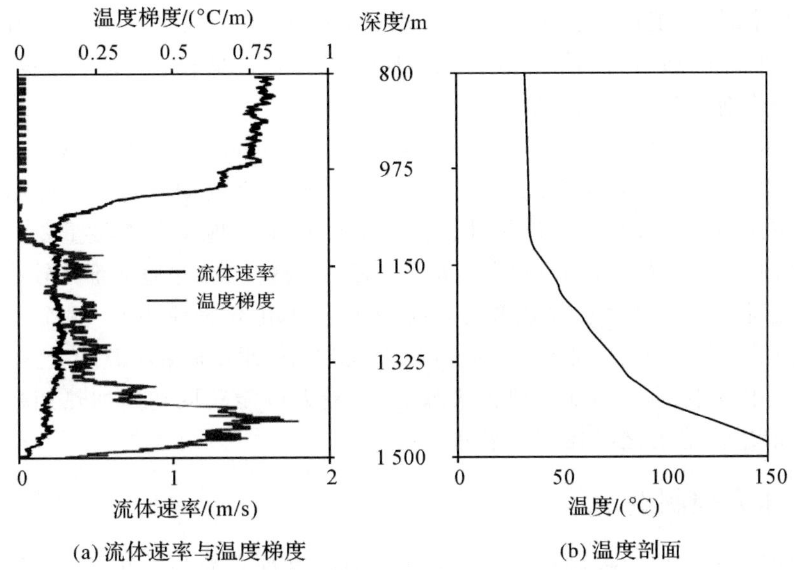

(a) 流体速率与温度梯度　(b) 温度剖面

图 7.12　注水过程中流体速率与温度梯度

引自：Lihir Gold Ltd.，个人通信。

§7.4　温度恢复

7.4.1　测　量

钻探结束后开始的井下测量程序主要由所用钻探技术和储层特征决定。对于液相或两相热储，它们具有较高的渗透性并发育有强烈的带间流，在最初几天内钻孔升温很快，然后随着时间推移缓慢变化（在井中不受带间流影响的部分）。低渗透井则通常升温缓慢，甚至超过两三个月，有时，达到稳定温度需要超过一年时间。大部分热田都拥有特定的钻孔温度恢复模式，应选择最合适的时间段收集相关资料优化地下探测计划。

钻探完成后温度恢复期能够获得钻孔在其他任何时候都无法获取的数据，这些信息只有采取合适的测量方法才能记录下来，尤其是井中套管隔离部分的浅层温度数据，该部分很容易被蒸气所充填。温度恢复过程中的测量包括停止注水后扩展时间间隔的温度-压力剖面。当采用 PTS 测井时，应在温度恢复过程中开展涡轮测流，因为这可以以最小的投入获得井孔中的流体运动情况（用基本的 0.5 m/s的速度进行上下 PTS 测井，若需精确确定流速则需以不同速度进行多次测量）。勘探井中开展温度恢复过程调查的时间顺序通常是 1 小时、2 小时、

7 小时、28 小时，可能的话会大于 60 天(井完全关闭)。一般来说，对于存在强烈的带间流的勘探井(通常为高渗透井)，在钻探结束后应立即采集大量的数据，而对于低渗透井，长期的观测数据更适用。

在实际工作中，由于钻井目的不同，温度恢复期可能为几个小时或几个月。理想情况是，为了获得大量信息最少需要一个月的温度恢复期。对于一个新的热田的第一个勘探井，在开采以前确保井充分恢复到稳定的地层条件很重要。对于新的生产井，通常需要尽快洗井以证实其生产潜力。洗井后，井通常维持较小的流量而处于保温状态(通过多重加热和冷却循环来最小化套管应力)。这个过程结束后，井孔内的浅层温度(可能是 1 000 m 以内)将会达到深部储层温度，已不可能再获得井孔外的实际地层温度。理想状态是，在最大可能获取初始加热期相关热储信息与获取生产能力之间找到一平衡点。

7.4.2 压力控制点

压力枢纽或是压力控制点的概念对于理解温度恢复期井的性能至关重要。当井充满流体时，井内的压力梯度由流体温度控制。理想状态下拥有单个补给带的井，其补给带深度的井中压力受控于或等于地层压力。因此，温度恢复时当井孔流体温度改变时，流体密度也会改变，但是补给带压力由地层压力确定，因此井中观察到的压力剖面在补给深度周围会形成枢纽。对于这种类型的井，剖面枢纽能唯一地确定此深度。有两三个补给带的井，剖面枢纽位于不同补给带之间，即不同补给带深度对于注水率/生产率指数的加权平均。对于这些井，由于井孔内存在压力差通常会形成内部流。

图 7.13 是 RK17 井的温度恢复剖面。由注水曲线所确定的两个补给带之间，在1 400～1 500 m 时压力形成一个枢轴，在 1 100 m 和 1 750 m 存在渗透带。在温度恢复时，上部层位进水向下流入下层。这个内部流动使井很快恢复，17 小时后 1 100 m处井恢复至 260℃，两周时底层出现一个很小的上升流，同时深部生产层完全恢复。最深层补给带以下的井孔剩下部分则保持缓慢温度恢复状态。

在有几个补给带的井中，在井的不同补给带间会形成一个枢纽。由于下层补给带接受上层补给带产出，任一补给带的注水率经常比其生产率大几倍。接受流体的下层补给带对枢纽形成所做的贡献要远大于其补给作用。

已经有很多文章讨论过注水率和生产率间的关系。有的发现注水率和生产率在很大范围内近似相等(Grant，1982；Combs et al，2000；Elmi et al，2009)，有的则指出在两相流热田中注水率大于生产率一个数量级(Garg et al，1998)，还有的指出在高温热田中二者不存在明显的关系(Axelsson et al，2009)。新西兰最近的钻井显示注水率大于生产率 3～5 倍，再次显示出分散的特点。

当没有其他信息可利用时，枢纽点的深度和压力是具有多层补给带的钻井中地层压力的最好指示。增温期间井孔中测得的温度和压力，反映了由于井孔中和地层裂隙网络中的流体压力之差所造成的内部流动和静止状态。

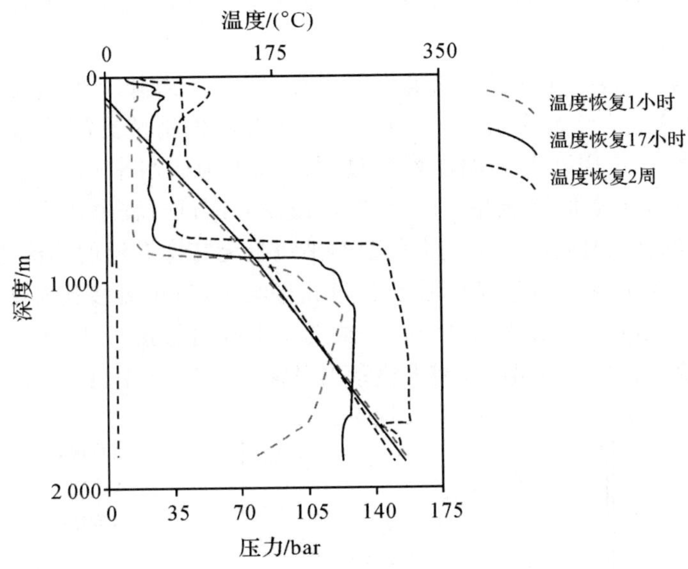

图 7.13　RK17 井的温度恢复剖面

引自：Rotokawa Joint Venture，个人通信。

7.4.3　温　度

钻探和注水试验结束之后，井孔周围地层温度相对较低，低渗透带(及无套管段)已通过传导作用冷却，而渗透带也因接纳了水和钻进液而冷却。井中的流体温度会通过与周围地层的传导作用、经套管进入井中的流体、井中对流以及通过单个渗透带井孔周边的水体流动而恢复。通常情况下，就热传递的意义来说，对流作用远胜过传导作用。因此，低渗透井通常温度恢复缓慢，有时需要好几个月才会达到完全稳定，而有很强内部流动的渗透井，几个小时内某些部分就会完全恢复。

以下几个关键特征能够提供关于补给带位置和实际地层温度的信息：

(1)持续的温度逆增带，与钻探时钻进液的损失有关(通常接近裸孔段的底部)。

(2)快速温度恢复带，与流体进入相关。

(3)持续等温的或近等温的地段，表明在任意线性剖面末端进入和离开井孔。

(4)沸点温度曲线。

(5)缓慢的部分，传导增温。

井中下套管部分，也有一些能够提供关于储层信息的特征：

(1)线性(传导)梯度。

(2)温度峰值和倒转。

(3)沸点温度曲线(对于套管外的储层压力)。

为了获得数据的最佳解译,必须将这些温度特征与地质、钻探和压力信息联系起来。

图 7.14 表示的是 PK5 井的温度恢复过程,图 7.2 为其注水剖面。温度恢复压力枢纽正好在 1 500 m 下边,与 1 500 m 的主要漏失带及更深的低渗透层相一致。图 7.15 表示了 PK1 井的温度恢复过程。PK1 为注水率 0.7 kg/(s·bar)的低渗透井,正如大多数低渗透井一样,在钻探或完井测试过程中几乎没有循环液流失到地层中。温度恢复过程显示其为典型的平缓且无特殊升温的非渗透井,除了正好在 1 200 m 上方有梯度的急剧变化之外,这正好与 1 175 m 处多孔衬管的顶部相对应。通常在这种多孔衬管顶部安装有一个或两个无孔衬管接头,因此常在此形成一个对流环,不然就会在平滑温度曲线上显示出异常。图 7.13 中也能看出这种效应。

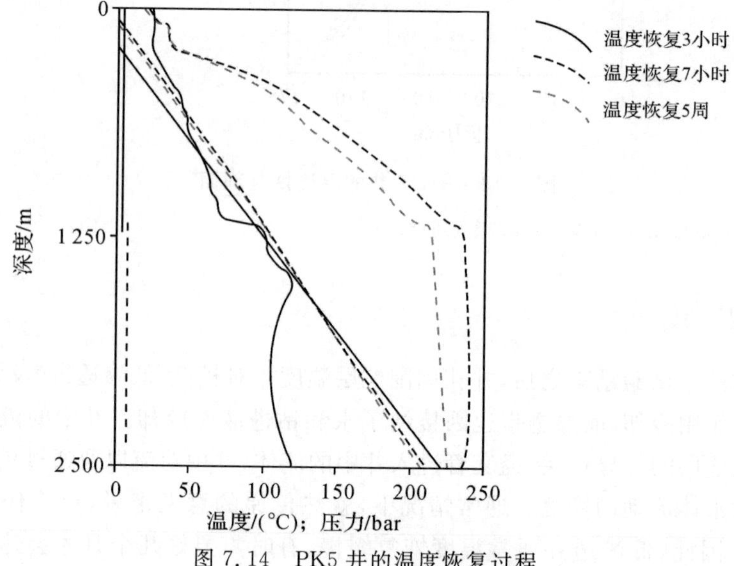

图 7.14 PK5 井的温度恢复过程

引自:Rotokawa Joint Venture,个人通信。

1.气压累积

在一些井中,当井关闭时,非凝气体在无套管部分迅速积聚,该气体柱的压力有时可用于定位最上层的补给带,因为气体柱仅可以延伸到井下这个层位,气体进一步积聚就会泄漏到地层中。因此,井孔中的气体与液体界面可以确定此层位的深度和压力。在井温度恢复或是开展井底温度-压力测量期间,当井口没有漏气时,可以在气柱中测得可靠的地层温度。有时在液体和气柱中测得的温度是相同的,这可以保证测得井孔外地层的真实温度。

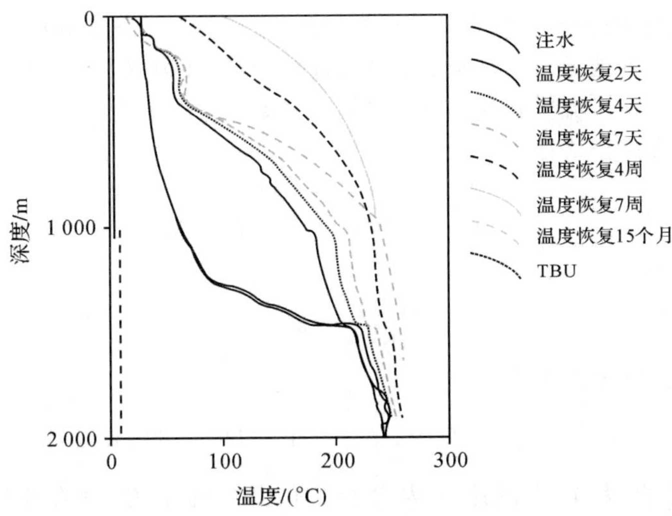

图 7.15　PK1 井温度恢复过程

引自：Rotokawa Joint Venture，个人通信。

2. 蒸气井

位于蒸气带的井，钻探结束时蒸气会迅速充满套管，无法确定实际的地层温度。井孔中的热传递远大于侧向的热传导，在附近浅井可以发现多个浅层温度构成的地区，在井中可以观测到线性的"传导"剖面。如果需要蒸气带之上实际地层条件的数据，必须进行阶段性的钻探。生产套管在某段被灌入水泥后，套管靴处会被水泥密封，管中会充满水体并得以增温。经过两三天或更长时间，等井中水体与周围岩层接近平衡条件时进行温度恢复测量以获得实际地层温度。

3. 对流环

对流环主要由井中套管和衬管的结构所控制（Allis et al，1981）。连续的温度剖面和流量计测定值说明平面衬管包含在一系列其他多孔衬管中时，会在平面衬管周围形成对流环，流体在衬管内部朝一个方向流动且在环面处返还。多孔衬管的顶部经常可以观测到这些现象，该处通常安装有一两个长度的平面衬管（见图 7.13）。可能的话，应尽量避免在其他多孔衬管间配置平面衬管，如果用了这些配置，温度数据的解译就必须尽可能地针对所产生的循环体进行修正。衬管外井孔直径的变化，甚至是穿孔的密度也会导致循环体的出现。正如衬管内所测，对流环是表面等温的。

§7.5　注水性能

之前主要讨论的是热井产生流体的潜力，但对于开发地热资源来说，注水井的性能或许更重要，因为对于现今几乎所有的资源，大部分地热在利用其能量后剩下的流体需要回灌到地下。一旦确定了补给深度、地层压力以及注水率，就能得出给定流体温度下的注入流量和井口压力之间的关系。

井中压力梯度公式如下

$$\frac{\mathrm{d}P}{\mathrm{d}z}=\left(\frac{\mathrm{d}P}{\mathrm{d}z}\right)_{静}+\left(\frac{\mathrm{d}P}{\mathrm{d}z}\right)_{摩} \tag{7.11}$$

静止梯度为

$$\left(\frac{\mathrm{d}P}{\mathrm{d}z}\right)_{静}=\rho_{wg} \tag{7.12}$$

经验定义的摩擦损失为

$$\left(\frac{\mathrm{d}P}{\mathrm{d}l}\right)_{摩}=\frac{1}{2}f_M\rho_w V^2/D=\frac{1}{2}f_M W^2/\pi^2\rho_w D r^4=8f_M W^2/\pi^2\rho_w D^5 \tag{7.13}$$

式中，D 为井孔直径；V 为流速；l 为沿着井孔测量的距离（垂直井的 z）；f_M 为 Moody 摩擦系数，是无量纲数（注意还有一个可供选择的 Fanning 摩擦系数，是 Moody 系数的 1/4）。摩擦系数取决于井管的相对粗糙度 ε/D，ε 是管线的粗糙度，接近流体的雷诺数 R_e

$$R_e=\frac{VD}{v_w} \tag{7.14}$$

对于紊流（$R_e>4\,000$），摩擦系数由隐式的 Colebrook 关系式给出（Colebrook，1939）

$$\frac{1}{\sqrt{f_M}}=-2\lg\left(\frac{\varepsilon/D}{3.7}+\frac{2.51}{R_e\sqrt{f_M}}\right) \tag{7.15}$$

式(7.14)可以用迭代法近似求解，给定 f_M 的初始猜想值，将该值用于式(7.14)右边计算出一个修订值，然后迭代 2～3 次。雷诺数比较大的情况下，式(7.14)不再受雷诺数支配，变为

$$f_M=1/[1.14-0.86\ln(\varepsilon/D)]^2 \tag{7.16}$$

在典型的地热开发条件下，摩擦系数为 0.008～0.025。由于管道表面可能存在腐蚀或沉淀物造成管道粗糙度的不确定性，摩擦系数经常会根据观察结果加以调整。实际工作中，摩擦系数可以根据已知套管规格的钻井在生产或注水试验期间开展不同流速测井所得的压力-温度剖面确定。对于真正的注水井，摩擦系数会随着井中 SiO_2 的沉淀而发生戏剧性的变化。在确定合适的摩擦系数以及知道计划的注入流体温度、补给带详情以及套管规格之后，便可以计算注水井的井口压力。井中补给深度的流动压力 P_{wf} 为

$$P_{wf}=P_r+W/II \tag{7.17}$$

式中，P_r 为储层压力。对于套管或衬管的任一部分，井中压力下降为

$$\Delta P=\rho_w g\,\Delta z+8\Delta l f_M W^2/\pi^2\rho_w D^5 \tag{7.18}$$

将套管的不同部分的贡献进行叠加

$$WHP = P_r - \rho_w g z + W/II + CW^2 \tag{7.19}$$

其中

$$C = \frac{8}{\pi^2 \rho_w} \sum l_i f_{M_i} / D_i^5 \tag{7.20}$$

总和超过了套管和衬管的不同长度。

例如,某井 1 000 m 以内为垂直的 9.625 英寸套管,1 000 m 以下至测量距离 1 900 m、真垂向井深 1 700 m 的渗透带为偏离了垂直线的 7 英寸多孔衬管。这个深度的储层压力为 140 bar,该井注水率为 10 kg/(s·bar)。套管内径为 0.221 m,粗糙度为 0.000 046 m 得 $f_M=0.023$。注入水的温度为 85℃,密度为 968 kg/m³。可计算得

$$C = [8/(\pi^2 \times 968)] \times (1\,000 \times 0.014/0.221^5 + 900 \times 0.023/0.16^5)$$
$$= 188[\mathrm{Pa} \cdot (\mathrm{kg/s})^{-2}] = 1.88 \times 10^{-3}[\mathrm{bar} \cdot (\mathrm{kg/s})^{-2}]$$

$$\rho_w g z = 968 \times 9.81 \times 1\,700 = 1.61 \times 10^7(\mathrm{Pa}) = 161(\mathrm{bar})$$

然后

$$WHP = 140 - 161 + W/10 + 1.88 \times 10^{-3} \times W^2 - 1$$
$$= -22 + W/10 + 1.88 \times 10^{-3} \times W^2 (\mathrm{bar})(\text{表压})$$

图 7.16 为该注水性能计算的示意图。计算的井口压力为负数的地方实际井口压力为 0,井中存在一个水位线,注水时,流体由井口的两相流降落至水位线。此次计算用的是新管的粗糙度,由于存在腐蚀和沉淀,它会随着套管和衬管变粗糙而增大。对于渗透性好的井,套管摩擦力削减了流速,这就意味着注水井的最大流量取决于套管直径:对于 9.625 英寸的 1 km 套管,流量最大值实际限定为125～150 L/s。

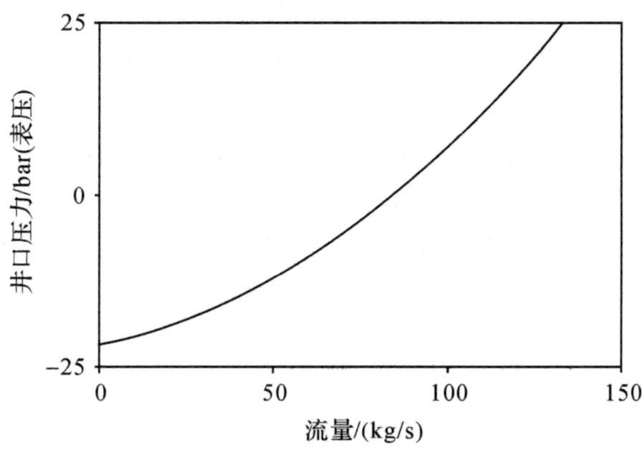

图 7.16　典型井注水性能计算

§7.6 蒸气为主系统

蒸气为主储层与液态为主储层差异不大，除了能观察到过热状态的出现或本应充满蒸气的井中还存在水体以外，观察不到多少特征现象。

在钻探、完井以及温度恢复期间井的特性取决于钻探方法。如果用清水或是充气泡沫钻进，在钻探结束时井温度较低(或是井孔的一部分温度较低)，而温度恢复期间的变化本质上与液态为主储层的井相似。如果仅用空气钻进，井不会冷却。一旦知道了渗透率，就可以在控制蒸气排放量的同时继续进行钻探。这样就可以对渗透性直接进行观测，因为每个入口流量的增量就是渗透带的流量。结合井下的流动压力(不论是测量的还是估算的)，还可以估算补给带的生产率。

当用水或是泡沫钻进时，钻探结束时井温度较低，而且井中至少有一部分会出现水柱。与液态为主储层一样，注水量可以由泵入的冷水来测定。当井温度恢复时，水柱通常会下降且蒸气进入井中，井的渗透性越大，水位下降越快，水柱可能会消失或趋于稳定。

在 Larderello 热田的周缘，井中水位似乎是储层特定层位存在持续液相的表现(Barelli et al,1977)。在补给带，井中水压必须降低到低于蒸气储压力以便蒸气进入井中。这种井会在好几年内保持一个被动的水柱，直到水压下降到足够允许排放。在 Larderello 的其他地方，有时热储井井底会有一个稳定水柱，汽-水界面的高程随意分布。这并不是储层的水面。当然，这种井中水面以下补给带的压力与该深度的流动蒸气是平衡的，水面的位置由补给带的高程控制，而不是由储层中的水位控制(Barelli et al,1977;Celati et al,1978;Truesdell et al,1981)。

图 7.17 为印度尼西亚 Kamojang 热田 KMJ14 井的温度恢复过程。漏失试验显示主要渗透带在 700～740 m，而次一级的渗透带接近 900 m。当水位在740 m以上时，水柱中的压力与主要补给带的储层压力相平衡。在井升温之后，水面下降到 900 m 的稳定位置。这种状态下，井中蒸气压力与 700～740 m 的储层压力相平衡，而井中的水与 910 m 的储层压力相平衡。温度数据表明具有循环效应，主要补给带的快速恢复是因为蒸气在 740 m 进入、700 m 流出，相反，井底的热传导则要慢很多。开采井中会有饱和蒸气或过热蒸气甚至有水流入，而压力-温度剖面可能会明显偏离描述蒸气沿井孔上升的简单等焓膨胀模型。

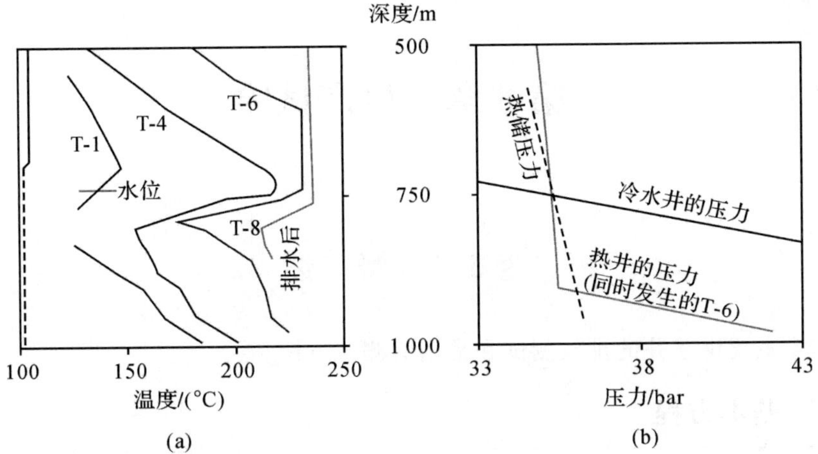

图 7.17　KMJ14 井温度恢复过程中的温度-压力剖面

引自：Pertamina，个人通信。

第 8 章　生产试验

§8.1　概　述

本章主要讲述井的排放测试和常用的测流方法。

8.1.1　基本方程

多数情况下，在开展地热生产试验时人们常假定在当地的大气压下蒸气和水均处于饱和状态。在有大量非凝气体存在的地方，还必须考虑它们的影响（见附录 2）。在一些生产“干”蒸气的井中可能存在过热条件，应当在蒸气温度和压力条件下对蒸气性质进行评价。为了充分地描述一口井的流动特性，需要知道以下定量数据：

(1)分离出的蒸气流量 W_s，kg/s。

(2)分离出的水的流量 W_w，kg/s。

(3)总流量 W，kg/s。

(4)流体热焓 H，J/kg。

(5)热流量 Q，MW。

(6)干度 X。

(7)非凝气体 f，重量百分数。

在饱和状态下，如果已知上面提到的任何两种变量（非凝气体除外），其余的变量可通过计算获得。这些变量之间的关系如下所示

$$Q=WH \tag{8.1}$$

在分离压力 P_{sep} 下，

$$W=W_w+W_s \tag{8.2}$$

$$W_s=WX \tag{8.3}$$

$$X=\frac{H-H_w}{H_{sw}} \tag{8.4}$$

例 1　EX12 井生产的两相流体进入分离器中，分离的蒸气和水的流量分别为 7.5 kg/s和 48 kg/s，分离压力为 9.2 bar（表压），大气压力为 1 bar。计算质量流量和流体热焓。

解：本题中分离出的蒸气和水的流量都是在相同的压力下测得，9.2 bar 表压

(10.2 bar 绝对压力)，因此可以通过二者相加来获得总质量流量：

(1)用式(8.2)计算质量流量

$$W=W_w(10.2)+W_s(10.2)=55.5\ (\text{kg/s})$$

(2)计算流体热焓，首先利用式(8.3)计算干度

$$X(10.2)=\frac{7.5}{55.5}=0.136$$

然后对式(8.4)进行推导，并查出 10.2 bar 绝对压力下对应的蒸气表的值

$$H=0.136\times 2\,018+766=1\,040\ (\text{kJ/kg})$$

(3)通过式(8.1)计算热流量

$$Q=1.04\times 10^6\times 55.5=57\ (\text{MW})(0℃以上)$$

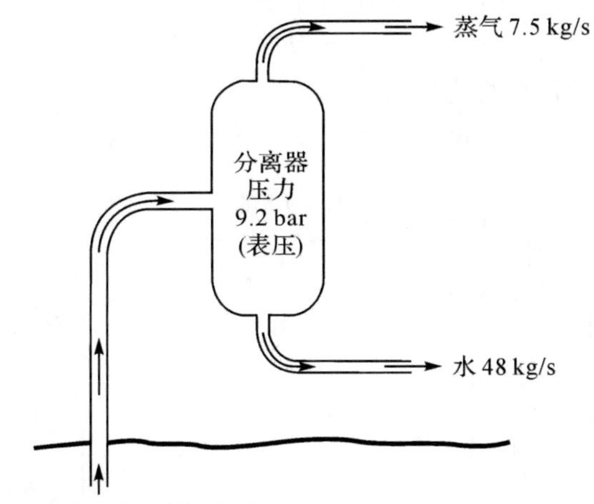

图 8.1　例 1 中汽-水分离器中流量和所用压力示意

8.1.2　闪蒸校正系数

这种计算常用于使用分离器的流量测试中，目的是修正在大气压下测得的水流到更高分离压力的水流，即在较高的压力 P_{ref} 下蒸气和水分离后，分离的水再次闪蒸到大气中，这些二次蒸发后水的流量用堰板测量。如果在大气压下测得的水的流量 W'_w 对于在分离器压力和大气压间闪蒸出来的蒸气需要修正，那么

$$W'_w=W_{wsep}\times(1-X')$$

式中，X'为二次蒸发后的干度，表示为

$$X'=\frac{H_w(P_{ref})-H_w(atm)}{H_{sw}(atm)}$$

其中，$H_w(P_{ref})$为在 P_{ref} 下分离时水的热焓。

闪蒸修正系数(flash correction factor，FCF)可表示为

$$W_{wsep}=W'_{W}FCF \tag{8.5}$$

$$FCF=\frac{1}{1-X'}=\frac{H'_{sw}}{H'_{s}-H_{w}(P_{sep})} \tag{8.6}$$

而 $P'=1$ bar 时

$$FCF=\frac{2\,258}{2\,675-H_{w}(P_{sep})} \tag{8.7}$$

例 2　闪蒸修正系数最常用在分离器测试中，当蒸气流量在分离气压下测得，而水的流量在闪蒸到大气压后测得。在这种情况下，计算质量流量和热焓之前，分离的水的流量必须针对分离压力重新计算。如图 8.2 所示，在大气压下水的流量为 46.5 kg/s，计算在分离压力下水的流量；大气压力为 1 bar。

解：由式(8.5)或式(8.7)计算闪蒸修正系数

$$FCF=1.182$$

因此，通过分离器后水的流量为

$$W_{wsep}=46.5\times1.182=55\ (\text{kg/s})$$

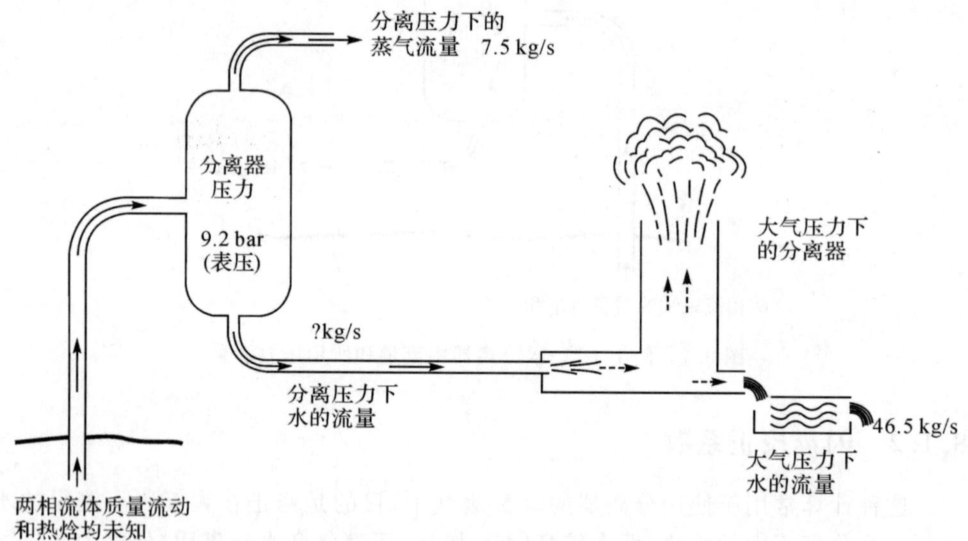

图 8.2　例 2 中使用的压力及空气分离器中流量示意

§8.2　引　喷

流量测试的第一步就是开始井的排放。对于多数的井来说，这步工作并不困难，因为它们在天然状态下具有足够的压力，不管是冷的气体还是蒸气，只要打开控制阀就会开始流动。但是对于一些井来说很难开始流动，甚至随着钻探完成并温度恢复数周后，在井口仍没有压力产生，当控制阀门开启时，井也不会发生自流。这种现象在存在负压或是井孔上部温度较低的热田中很普遍。

将井中液体看作液柱就可以理解其很难开始流动的原因。图 8.3 为抽水时和闭井时的压力曲线，当井正在流动时，它包含了在井口上部的也可能是整个深度上的沸水柱，这个动态的流体柱同静态的相比具有较低的压力梯度。因此，即使补给带水面下降，在井口处仍具有压力。

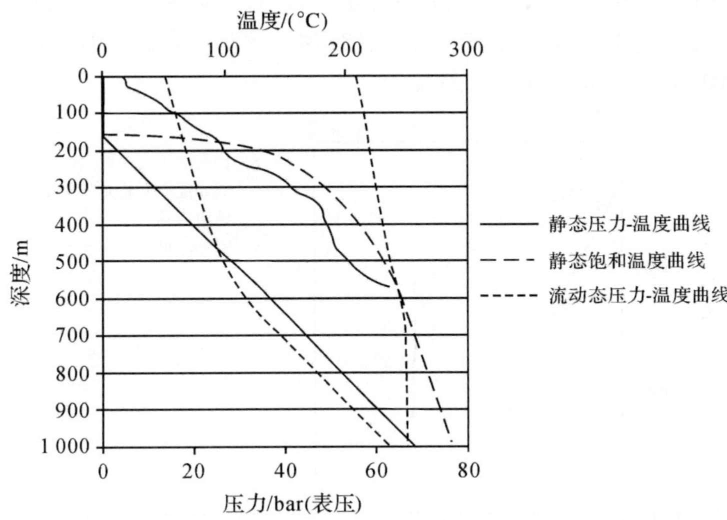

图 8.3　有液体补给和井孔中存在闪蒸条件下井中排水压力曲线

如果井不能自流，在井口以下有一段距离将会存在一个水面，且水柱的上部会“冷却”(在沸点以下)。当井孔中为沸腾的流体时，井才能开始排放，所以要开始排放必须将冷水移出，并由热水取代。有时一口井可能处于休眠状态，表面上看是“死的”，但其含有一个处于沸点状态的水柱，水位位于井口以下并不太远的位置。在这种情况下一个微小的扰动(如向井中投放一个物体)就有可能使液体开始沸腾并开始自流，类似于引喷一个间歇泉。可是，这种情况很少见，对于多数的休眠井来说，有如下可能引喷的方法：

(1)对井进行加压。

(2)气举。

(3)注入蒸气或两相流。

(4)检查或重做。

通常，在很难开始自流的高温热田中，一旦井被加热并开始排放，保持非常少的蒸气或两相流体排放(自喷)就能维持井的“生命力”。

当选择合适的方法进行引喷时，必须考虑温度的突然变化导致套管上应力的减少,这对于高温热储(约 280℃)和使用长的完全用水泥固结套管柱(约 1 000 m)的地方尤其重要。对于这两种类型的井,注入两相流和蒸气使其温度逐渐恢复是使它们开始流动的优选方法。

8.2.1 加 压

在气体与水的界面被压到一定的水平面,使得该水平面的沸点深度曲线同稳定井下温度曲线相交时,可以使用这种方法。图 8.4 为井在加压下的剖面图。通过向井内泵入空气或气体(如氮气)对井进行加压,当井口阀门关闭时,一些井由于气体压力的积聚会产生自身加压现象。

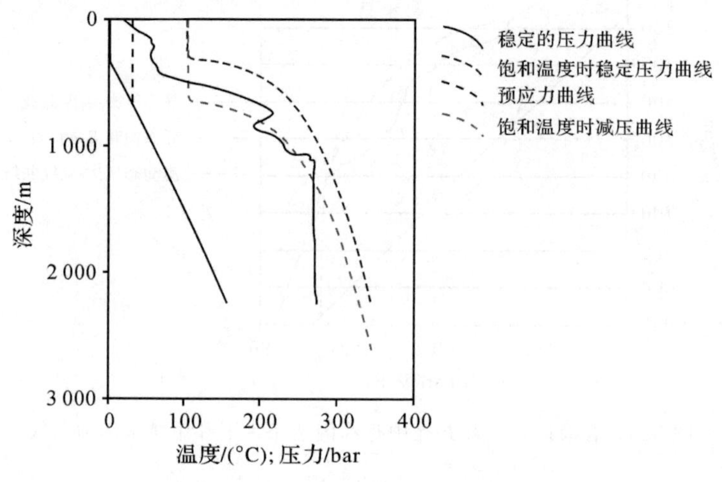

图 8.4 BR65 井在加压下的剖面

引自:Contact Energy,个人通信。

井被加压数小时后水柱温度逐渐恢复,然后井口的阀门迅速打开,如果这个操作成功的话,井中的流体就会沸腾并且开始排放。图 8.4 显示了该机理。无论何处,稳定的闭井温度曲线总是在沸点压力曲线之下。当井进行加压时,井中的水位向下推移,水通过补给带向地层中漏失。在井加压完成后,由于上部温度较低的水被向下推移进入较热的地层中,故需要等待一段时间井孔中的水温才能再次恢复。当压力释放后,沸点曲线(如图 8.4 饱和温度时减压曲线)从水面降到静水压力状态,在这样较低的压力下,在温度高于沸点的任何区间,液体都会沸腾。图 8.4的例子说明,水将在 600～800 m 和 1 000～1 100 m 的区间内发生沸腾。如果温度足够高或沸腾的地段足够长,沸腾的液体会不断扩展并且将水柱提举到井口并喷出沸腾的液体,这样排放就开始了。当井孔中的流体流出后,新的(热的)流体就会通过补给带流入到井中来维持这种作用。该方法的最低要求是,水平面被下压得足够深，这样当压力释放后大部分水柱都会产生沸腾。实际上，当压力突然释放时，会引起一定量的向上的流体动量，这有助于从井孔中喷出流体。这可能还不足以使井加压到初始流的状态，因为可用的压力受到泵的性能限制，而且通常条件下水平面难以被下压到远低于套管的深度，或至少低于最浅的补给带。

伴随任何热排放的突然激发，突然增温都会对套管产生热冲击，并且这种方法不适于高温井（>280℃）。在持续水位低于地面以下不足 200 m 时，这种方法通常很成功。对于更深的水位来说，井孔中液体向周围温度较冷的地层传递了过量的热量损失，因此，其他激发流量的方法会更适用。

8.2.2　气　举

气举是从水井和油井的长期实践中确认的使井中液体产生流动的一种方法。热井同冷水井相比，由于沸腾中产生的蒸气产生了额外的升举，一般对气与水的比率要求较低。通常要在气体注入管中插入一个修井机或连续油管作业机，流体开始流动并处于压力状态时再将其取出。

一次成功气举的结果，一开始就要在井口产生气体与水的混合物。由于温度较低的流体要靠气举从井中移出，并由补给带的热水流取代，假定该流体温度足够高，它在井孔中的向上流动过程中会产生沸腾，由此造成持续的排放。如果在生产带的上部有冷水的补给，那么由于气举可以很容易地把更多的冷水带入井中而不干扰较深的热流体，故排放难以维持。

8.2.3　蒸气注入

如果在井孔的顶部有一大段温度较低（>500 m），那么通过加压（不管天然的或人工的）激发的排放不会持续，因为井孔内沸腾的流体会向周围温度较低的地层散失过多的热量或者由于水位太深不能进行加压或气举。在这种情况下，通过注入温度较高的热流体来使其排放可能是最佳的方法（Brodie et al，1981；Siega et al，2005）。热流体可能来自蒸气发生器、其他井的蒸气或两相流。在已开发的热田中，蒸气或两相流的生产管道在开始排放前通常被用作“反馈井”。

在另一种情况下效果相同，即套管增温，井中充满热流体。另外，井中压力增大到沸泉或两相流供水的压力。当停止注入且打开流量控制阀门时，井口压力突然减小使井口水体产生沸腾，如果成功的话，流体会喷出井口，较深补给带中温度更高的流体也会参与喷出并持续进行。这种方法最大的优点就是可以对套管的增温进行控制，避免了高压气体的突然释放而造成严重的热冲击。

引喷一口井是很困难的，但这并不意味着其生产能力差。在 Palinpinon 的 OK-5 井中，使用了加压或气举的方法都不能使其排放，最后通过蒸气注入才开始排放，其流量高达 30 kg/s，热量达 2 000 kJ/kg。Menzies 等（1995）对 Cerro Prieto

的深井进行了模拟，它的上部很长（1.5～2 km）一段温度较低。一些井需要几天时间用气举法激发使其流量达到 300 kg/s，井孔才能被充分增温并持续排放。即使是补给带渗透性很好且有较高的温度，在较低流速的气举作用下，井也很难开始排放。

8.2.4 维修作业

对于有一些井，尽管在其深部有足够的热流体和很好的渗透性，但无论采取何种方法都难以使其开始排放，这可能是由于在井的部分区域存在渗透性较好的冷水补给带。如果井中裸孔上部存在冷水补给带，那么尽管在井的深部存在热流体和较高的渗透性，它也不可能排放。当气举完成后，仅有来自浅部补给带的温度较低的水流，较深的热水补给带不会流动。想让这种类型的井持续流动，必须在浅层冷水补给带安装套管将其隔开。如果这些冷水带与特定的地层或断裂带有关且可能预测的话，那么就可以重新设计其他井的套管方案以便把这些区隔离开来。

§8.3 生产试验方法

进行测井时，设备的类型和大小取决于预期的生产率、压力和流体的类型。在选择设备时，考虑的因素包括可用的设备、试验持续时间和所需的精度。根据附近井的试验和井下调查的信息，可以获得预期的流体热焓。可以根据完井时所做的渗透率测试估计预期的生产率。

在环境允许的地方，通过采用端压法，向大气进行短期的垂向排放可以对长期生产潜力进行初步评价，并可确定进行长时间试验所需的最合适的仪器设备。在垂向排放中，可通过观测排放水柱、流体化学特征和排放前补给带井下条件，估算流体的热焓。垂向排放也有助于清理井中的岩屑。

进行热井流量测试的主要方法包括：

(1)单相测量法（利用标准孔板或堰测量单相的蒸气或流体的流量）。

(2)总流量热量计法。

(3)分离器法。

(4)詹姆士(James)端压法。

(5)示踪稀释法。

§8.4 单相流

当井中是单相流时，不管是液态的水还是干蒸气，由于排除了流体热焓的不确定性，测试过程相对简单。

8.4.1　低焓井

流动地热流体的温度可在液态条件下测量时，流体的热焓可直接从蒸气表中查找获得。进入井中流体的热焓，可通过在井中流体沸腾深度面以下测量液体温度获得。取决于流体的温度，该沸腾面可能位于井中闪蒸点以下或者由于热焓很低向大气排放后位于水面处(低于当地大气压力下的沸点)。这个信息仅适用于较小的流量，且井中压力足够高而不发生沸腾的情况。井下温度测量对于多补给源的井特别适用，因为不同补给带的温度是不同的。如果用流动的井下温度获取流体的热焓，需要假设井底处没有热量损失或热量损失远小于温度测量的精度。对于实际情况来说，温度/热焓测量的精确度范围一般为±10 kJ/kg 量级，正常生产效率的流量模型(大于 5 kg/s)表明井孔的热量损失略小于该值，可以被忽略。

如果不发生沸腾的话，质量流量可使用标准的孔板(ISO 5167)或堰(ISO 1438/1)直接测得，热焓可通过井口温度计算。而流体热焓较大可以引起沸腾的地方，总质量流量可通过液体的温度(在补给带的井底测得)和在大气压下分离的水流，利用闪蒸修正系数(式(8.6))进行计算，式中以 H(基于井口排放的热焓或补给带的温度)代替 $H_w(P_{sep})$。已经测得分离后大气压力下水的流量时，可求得总质量流量为

$$W=W'_w\frac{H'_{sw}}{H_s^- - H}$$

则热流量

$$Q=WH$$

例 3　通过井孔温度和压力测量，已知热井的流体补给温度为 200℃。当井流动时，蒸气闪蒸，在大气压下测得的分离出的水的流量为 10 kg/s。大气压为 1 bar。求排放的热焓、总质量流量和热流量为多少?

解:通过查蒸气表知，在 200℃时流体的热焓为 852 kJ/kg，则质量流量为

$$W_{wsep}=W'_W FCF=10\times\frac{2\ 258}{2\ 675-852}=12.4\ (\text{kg/s})$$

则热流量为

$$Q=12.4\times852\times10^3=10.5\ (\text{MW})$$

8.4.2　高焓(蒸气)井

低焓“热水”井的另一极端情况是那些生产饱和或过热蒸气的高焓井，确定其实际的流量和热焓通常也很简单，流量测量要求使用标准的孔板(ISO 5167)或其他的设备，如皮托管(如 Annubar、Flobar 等)和利用温度测量技术。蒸气中非凝气体的含量很少(约小于 2%，以重量计)并且有轻微的过热现象时，流动的热焓可

以通过在 Mollier 图[①]上标绘出蒸气的压力-温度条件而获得。若蒸气稍微有些“湿”的话，可使用节流热量表进行测量，这样可以将压力约束在饱和压力条件下(电站性能试验规程，ASME PTC)，该方法的前提是从管道中可以采集到具有代表性的流体样。如果蒸气是真正“干”的话(即过热状态)，那么就像位于排放管中一样是透明的，要测定热焓必须测定温度和压力。

§8.5 两相流

正常条件下井口地热流体为两相流，这就要求测量汽-水混合物的热焓、汽-水比率以及总质量流量。有很多种测量方法，但没有一种方法是完美的，每种都有局限性。

8.5.1 总流量热量计法

热量计是测定流量和热焓的最佳设备，但其应用受到限制，要求流量相对较小。便携式的热量计容量达 1.5 m^3，可用轻型的拖车在场地间轻松移动，根据排放的热焓(800～2 000 kJ/kg)，其总质量流量测试的最大值为 10 kg/s。大容量的热量计使用起来比较困难，因为在操作时不易携带，并且有较大的热损耗及环境问题。

使用热量计开展测井时，将井流迅速排入热量计的水箱中。在测试前后，井流必须被转移到其他地方(如在标准大气压下的分离器/消音器)。在热量计中，两相流井排放物凝结后与热量计中的冷水混合，利用热量计中液体的体积和热量的变化计算整个测试期间的质量流量和热焓。这种方法的不足之处就是不能进行连续的测量。

在 Wairakei 热田勘探初期，开发了一个取样热量计(对整个井的部分流量进行采样)进行较大的两相流井测试。但是，由于从两相流的排水管中很难获得代表性的样品，与端压或分离器法相比，该方法不是很可靠(Bixley et al，1998)。

根据采样期间采样容器中热含量的变化，可以确定质量流和热流的变化，这样就能进行流速的测量

$$W=\frac{\rho_2 V_2-\rho_1 V_1}{\Delta t}=\frac{V_2/v_2-V_1/v_2}{\Delta t} \tag{8.8}$$

$$Q=\frac{\rho_2 V_2 H_{w2}-\rho_1 V_1 H_{w1}}{\Delta t} \tag{8.9}$$

流动热焓为 $H=Q/W$，见式(8.1)。

例 4 当用热量计(体积单位为升)进行测试时，EX3 井的井口压力为 4 bar(表压)，试验结果如下(见表 8.1)：

运行 1a，$V_1=400$ L，$T_1=21$℃，$V_2=511$ L，$T_2=53$℃，$t=20$ s。

解：计算总质量流量和流体热焓的步骤如下：

① 通常把焓-熵图称为 Mollier 图，以纪念原作者而得名，图中包含了许多在过程热力学分析中所必需的数据和资料，广泛用于许多热力设备和热力循环的计算和分析。——译者注

表 8.1　EX3 井的热量计测试数据

运行	进口压力 /bar(表压)	V_1 /L	T_1 /(℃)	V_2 /L	T_2 /(℃)	Δt /s	H /(kJ/kg)	W /(kg/s)
1a	4.0	400	21	511	53	20	731.1	5.25
1b	4.0	400	21	510	53	20	736.1	5.20
1c	4.0	400	20	512	53	20	742.3	5.29
1	4.0	平均					737	5.25
2	4.0	平均					692	2.22
3	3.0	平均					688.5	0.68

(1)运行 1a 的数据:在 21℃时,水的比容 v_1 为 1.002 1 L/kg;在 53℃时,v_2 为 1.013 5 L/kg,使用式(8.8),则质量流量为

$$W=\frac{511/1.0135-400/1.0021}{20}=5.25\ (\text{kg/s})$$

(2)在 21℃时 $h_w=88$ kJ/kg 和在 53℃时 $h_w=222$ kJ/kg;使用式(8.9)得

$$Q=\frac{511\times 222/1.0135-400\times 88/1.0021}{20}=3\,840\ (\text{kJ/s})=3.84\ (\text{MW})$$

(3)使用式(8.1)计算流体热焓

$$H=Q/W=3\,840/5.25=731\ (\text{kJ/kg})$$

(4)在同样节流的条件下,利用第一组的三个测量值(运行 1a 至 1c)进行重复计算,并在不同的节流条件下,用其他组的测量数据也来进行重复的计算,结果如表 8.1 所示。可绘制平均流量、热焓与井口压力的关系定义井的特征产流(产能)曲线,如图 8.5 所示。

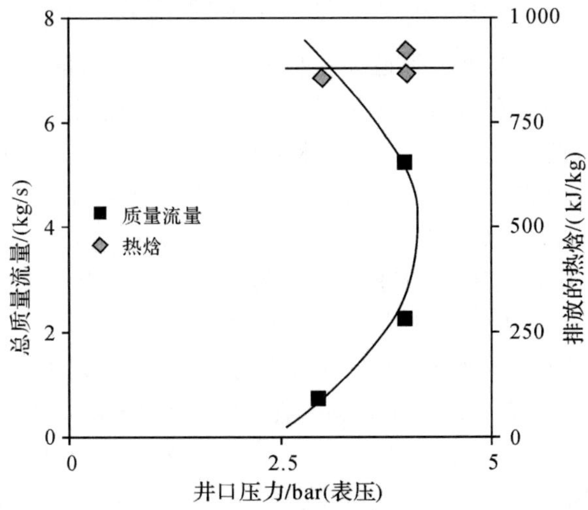

图 8.5　RX1 井使用热量计测试数据的质量流量和热焓图

注:该例中,在接近最大排放压力时对井进行测试,部分产能曲线位于曲线底部。

8.5.2 汽-水分离器法

测量热井两相流最精确的方法是使用一个高效的旋风分离器(Bangma，1961)，它可以将蒸气(含非凝气体)和水相分离开来，并且可以通过传统的方法对它们分别进行测量。在使用合理设计的和校正过的分离器时，分离的效率通常会超过 99.9%，所以精度取决于单个的蒸气和液态水流量测量系统以及井流的稳定性。在一些流动条件下，可能存在不稳定的井流，也可能由于蒸气和液体水组分的分离造成了两相流的“猛烈撞击”，这样的蒸气和液态水流分离整体精度一般不会高于±2%，但仍可利用其他方法进行交叉检查，例如对于液态井来说弄清补给带的温度，就可能提高整体结果的可靠性。

在用标准的孔板测量液相的流量时，由于水从分离器流出时为饱和的温度-压力条件，当水穿越孔板时需要小心避免过度的闪蒸。通过提高分离器的水平面和标准孔板之间的高差或是在测量前对水进行冷却，就可能达到目的。分离器的液态水流量控制阀门必须位于流量测量设备的下游。由于水面上的闪蒸或是来自分离器的蒸气的残留物，在分离的水面内可能会存在蒸气，可以通过在测量孔板上大而迅速的差压波动而确定。

计算流过孔板的流量通用公式为

$$W=C\in\sqrt{\frac{\Delta p}{v_{流}}} \tag{8.10}$$

式中，蒸气的膨胀率∈为

$$\in=1-(0.41+0.35\beta^4)\frac{\Delta P}{1.3P} \tag{8.11}$$

式中，C 为孔板常数，它取决于管道和孔板的形状和取压口的配置；∈为可压缩气体的膨胀率；ΔP 为通过孔板后的压力差；$v_{流}$ 为通过孔板的流体的比容；β 为测量孔板和蒸气管线的直径比(d/D)。对于水来说∈=1。对于蒸气流来说，在测井常用压力下(5～15 bar(表压))，如果通过孔板后的压力差小于 0.3 bar，修正后的膨胀率很小(小于 4%)，可以忽略。尽管如此，在压力差较大($\Delta P>0.3$ bar)或管道压力较低时($P<3$ bar(表压))，膨胀率就变得尤为重要。为了简化，在例 5 中假设∈为 1，利用式(8.1)至式(8.4)计算井的流量和热焓。

例 5 EX12 井的观测结果如下：在井口压力为 20.9 bar(表压)时，测量分离蒸气的孔板两侧的压力差 $\Delta P=42\sim49$ mbar，蒸气压力为 10.2 bar(表压)；测量水流量的孔板两侧的压力差 $\Delta P=63\sim71$ mbar，水温为 182℃，大气压力为 1.0 bar。

解：(1)蒸气的流量

$$W_s=10.525\sqrt{\frac{\Delta P}{v_s}}$$

式中，ΔP 单位为 mbar，v_s 单位为 cm^3/gm。

$$W_s = 10.525 \times \sqrt{\frac{45}{174}} = 5.4\ (kg/s)（误差范围为 5.17\sim5.59 或 \pm4\%）$$

(2)水的流量

$$W_w = 5.69\sqrt{\frac{\Delta P}{v_w}} = 5.69 \times \sqrt{\frac{67}{1.130}} = 44\ (kg/s)（误差范围为 42.5\sim45.1 或 \pm3\%）$$

(3)质量流量

$$W = W_w + W_s = 5.4 + 44 = 49\ (kg/s)$$

(4)热焓

$$H = (H_w W_w + H_s W_s)/W = (785 \times 44 + 2\,781 \times 5.4)/49 = 1\,002\ (kJ/kg)$$

(5)热流量

$$Q = W\frac{H}{1\,000} = 1\,002 \times \frac{49}{1\,000} = 49\ (MW)$$

综上，得到 EX12 井在井口压力为 20.9 bar(表压)时，生产的总质量流量为 49 kg/s，释放的热焓为 1 002 kJ/kg，热流量为 49 MW。

当使用分离器测试两相流井时，蒸气流量是在分离器的压力下测得，水的流量是在大气压力下发生闪蒸后用形边堰进行测量(而不是用分离器附近的孔板)。在这种情况下，针对分离器压力与大气压力之间闪蒸掉的蒸气，必须使用闪蒸修正系数对液态水的流量进行校正(见例 3 中的“闪蒸修正系数”)。

例 6　对 WK207 井使用分离器进行了流量测试，测试结果如表 8.2 所示，计算释放的热焓和总质量流量。点绘出井口压力下的热焓和质量流的曲线图，并计算在整个测试范围内(7～15 bar(表压))，分离压力为 7.0 bar(表压)时的蒸气流量。计算分离的蒸气和液态水流量的方程如下：

解：(1)蒸气流量

$$W_s = 4.89 \in \sqrt{\frac{\Delta P}{v_s}}$$

在这个例子中，测量孔板和蒸气管道的直径比($\beta = d/D$)为 0.7，因此进行蒸气流量计算的膨胀率(式(8.10))为

$$\in = 1 - \frac{0.49\Delta P}{1.3P}$$

(2)液态水的流量

$$W_w = 2.23\sqrt{\frac{\Delta P}{v_w}}$$

表 8.2 WK207 井分离器测试数据

日期	井口压力 /bar(表压)	分离器压力 /bar(表压)	蒸气压力 /bar(表压)	蒸气 ΔP /mbar	水的温度 /(℃)	水的 ΔP /mbar
3 月 26 日	7.0	6.6	6.2	1 688	168	536
3 月 19 日	7.2	6.6	6.2	1 546	168	519
3 月 19 日	8.7	8.6	8.3	674	178	416
3 月 20 日	10.7	10.5	10.5	290	186	275
3 月 23 日	12.7	11.9	11.9	161	191	202
3 月 24 日	14.1	13.8	13.7	69	197	111
3 月 24 日	15.4	15.2	15.2	28	202	40

引自：Contact Energy，个人通信。

解：使用 3 月 19 日的数据，在井口压力为 8.7 bar(表压)时：

(1)蒸气的流量为

$$\in = 1 - \frac{0.49 \times 0.67}{1.3 \times 9.3} = 0.97$$

$$W_s = 4.89 \in \sqrt{\frac{\Delta P}{v_s}} = 4.89 \times 0.97 \times \sqrt{\frac{674}{209}} = 8.5 \text{ (kg/s)}$$

在这个例子中，修正的蒸气膨胀率同野外数据的精度是一致的(例如，$\varepsilon = 0.97$，数据的精确度约为 5%)。这里常伴有大的压力差和较低的静水压力，因此进行这个校正变得至关重要。

(2)液态水的流量：对于非压缩性的流体膨胀率为 1，因此

$$W_w = 2.23 \sqrt{\frac{\Delta P}{v_w}} = 2.23 \times \sqrt{\frac{419}{1.125}} = 43 \text{ (kg/s)}$$

(3)质量流量

$$W = 8.5 + 43 = 51.5 \text{ (kg/s)}$$

(4)热焓：利用式(8.3)中的蒸气流量和总质量流量计算分离压力下的干度，然后利用在分离压力下的蒸气表的值，用式(8.4)计算两相流的热焓

$$X = W_s / (W_w + W_s) = 8.5/51.5 = 0.165$$

$$H = XH_{ws} = 0.165 \times 2\,022 + 755 = 1\,089 \text{ (kJ/kg)}$$

用其他测试数据重复进行上述计算，给出质量流和热焓的产流或产能曲线(见图 8.6)。

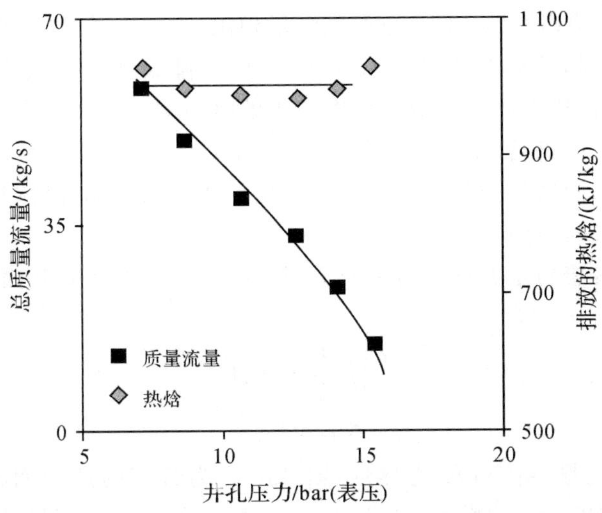

图 8.6　表 8.2 中所示 WK207 井测试数据的产能曲线图

对于多数井来说，质量流量和热焓将会落在平滑的曲线上，其偏离平滑曲线的程度可用来指示测试数据的准确性和井的稳定性。在这个例子中，井具有分离的液态与蒸气补给带，在较高的压力条件下，相对于液体的补给，蒸气补给的贡献被抑制，使得总热焓相应增加(见 8.9.4 的进一步讨论)。对于一些井来说，尤其是低渗透井和两相流井，在改变节流阀参数后一到两天内流速和流体热焓会达到稳定状态。

有时井的特性是用相对于井下压力而不是井口压力的流量描绘，这条曲线称作流入性能曲线，参考 Aragón 等(2009)提供的实例。

8.5.3　詹姆士端压法

这种方法基于 James(1966)提出的一个经验公式，对于高产的两相流热井来说，詹姆士端压法是最万能和最经济的测试方法。尽管同分离器法相比不十分精确，但端压法有构件和测试设备轻便的优点，并且可以用较廉价的测试装置测试较大的流量。对于很多井来说在测试的初期(在流量测试开始的几天或数周)，质量流量(和热焓)可能不很稳定，当要求预测长期生产趋势时，分离器法的额外精确度同端压法相比就没有优势，并且可以在对热储条件进一步了解后对热焓的长期变化进行评估。对这些存在短期波动或循环流的井来说，分离器法不一定比端压法更可靠。

通常利用分离器法和端压法的测试结果进行相互检查(有时同时利用两种技术)，并且将从地表测量推导的热焓和井下勘探的结果相比较，通过对比这些不同的方法，质量流量和热焓的误差能控制在 5%以内。Karamaraker 和 Chen(1980)的理论研究表明，同一元两相临界流理论预测的结果相比，端压法误差在8%以内。

应用端压法时，试验井生产的汽-水混合物被排放到一个大气压力分离器中(或“消音器”，设计用来降低排放过程中产生的噪声水平)，在混合物进入“消音器”时，在排放管的末端进行“端压”的测量，其从“消音器”中流出的分离的液态水流量用三角堰板测量，而蒸气排放到大气中。根据上述两项观测，流体热焓和总质量流量用詹姆士方程进行计算。

公式的推导：詹姆士方程与质量流量、热焓、排放管的有效截面积有关，“端压”计算如下

$$\frac{GH^{1.102}}{P^{0.96}}=184 \qquad (8.12^{*}[①])$$

$$G=W/A$$

式中，W 为质量流量，kg/s；H 为热焓，kJ/kg；A 为管道的截面面积，cm^2；P 为端压，bar。注意式(8.12)右侧等式为常数，是无量纲单位。当测量流量单位为 t/h，热焓量单位为 kJ/kg 时，其关系式为

$$\frac{GH^{1.102}}{P^{0.96}}=663 \qquad (8.13^{*})$$

分离出的液态水的流量 W_w 是在大气压下从总流量中分离出的水量，其热焓为 H，因此

$$W'_w=\frac{WH'_{sw}}{H'_s-H} \qquad (8.14)$$

式中，带“′”的热焓为大气压力下的估值。

将式(8.14)带入式(8.12)中，得

$$\frac{W'_w}{AP_{lip}^{0.96}}=\frac{194}{H^{1.102}}\frac{H'_s-H}{H'_{sw}} \qquad (8.15)$$

在1 bar的大气压进行分离的特殊情况下，式中，$H'_s=2\ 675$，$H'_{sw}=2\ 258$

$$\frac{W'_w}{AP_{lip}^{0.96}}=Y=\frac{0.081\ 5(2\ 675-H)}{H^{1.102}} \qquad (8.16)$$

或者当流量单位为 t/h 时

$$\frac{W'_w}{AP_{lip}^{0.96}}=Y=\frac{0.293(2\ 675-H)}{H^{1.102}} \qquad (8.16^{*})$$

图8.7为 Y 和热焓之间关系的示意图。

热焓在800～2 200 kJ/kg范围时，下面给出精度为1.5%的 Y 与热焓的关系

$$H=\frac{2\ 675+3\ 329Y}{1+28.3Y} \qquad (8.17)$$

① 本书中所有带“*”的公式表示其使用了非国际单位。

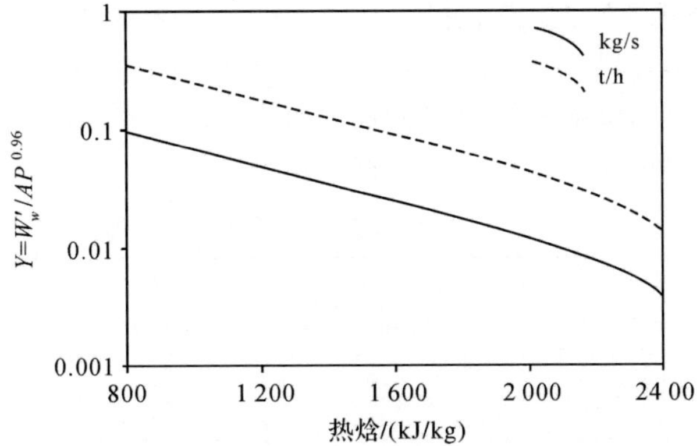

图 8.7　排放热焓和端压、水流量和排水管截面积关系

或流量单位为 t/h 时

$$H=\frac{2\,675+925Y}{1+7.85Y} \tag{8.17*}$$

获得流体热焓后，使用闪蒸修正系数就可以计算质量流量

$$W=\frac{W'_w H'_{us}}{H'_s-H} \tag{8.18}$$

式中，大气压为 1 bar

$$W=\frac{2\,258W'_w}{2\,675-H} \tag{8.18*}$$

因此，通过端压和水的流量测量来计算井的产能，解题步骤是一个很简单的过程：

(1)利用式(8.16)计算 Y 值。

(2)利用式(8.17)计算热焓 H。

(3)利用式(8.18)计算质量流量 W。

例 7　井口压力为 5.5 bar(表压)，端压为 3.0 bar(表压)，大气压下测得的液体水流量为 210 t/h，计算热焓和质量流量，大气压为 1 bar，端压管直径为 200 mm。

解：(1)利用式(8.16*)计算 Y

$$Y=\frac{W'_w}{AP_{lip}^{0.96}}=\frac{210}{\pi\times(200/20)^2\times4.0^{0.96}}=0.177$$

(2)利用式(8.17*)计算 H

$$H=\frac{2\,675+925Y}{1+7.85Y}=\frac{2\,675+925\times0.177}{1+7.85\times0.177}=1\,188(\text{kJ/kg})$$

(3)利用式(8.18)计算质量流量

$$W=\frac{2\,258W'_w}{2\,675-H}=\frac{2\,258\times210}{2\,675-1\,188}=319\ \text{t/h}$$

例 8 BR20 井使用詹姆士端压法进行测试，表 8.3 为测试结果。该井通过一个端压管流入到一个消音器/大气压分离器，使用三角堰测量从消音器排放出的分离的液体水流量。计算总质量流量、热焓和成果曲线。计算测量的分离压力为7.0 bar（表压）时蒸气的流量，图 8.8 为测试数据计算的成果图。

表 8.3 例 8 中 BR20 井的产能测试数据

日期	井口压力 /bar(表压)	端压管直径 /mm	端压 /bar(表压)	水的流量 /(t/h)
9 月 10 日	10.5	203	3.81	233
9 月 11 日	12.4	203	3.71	227
9 月 12 日	14.5	203	3.57	216
9 月 13 日	16.9	203	3.34	207
9 月 14 日	19.7	203	3.1	198
9 月 15 日	21.7	203	2.95	188
9 月 16 日	24.5	203	2.74	180
9 月 17 日	28.3	203	2.40	161
9 月 18 日	32.1	203	1.81	142
9 月 19 日	33.4	203	1.41	124
9 月 20 日	36.6	203	0.68	89
	37.9	150	0.79	53

注：测得最大流量时井口压力(MDP)为 38.6 bar(表压)。

引自：Contact Energy，个人通信。

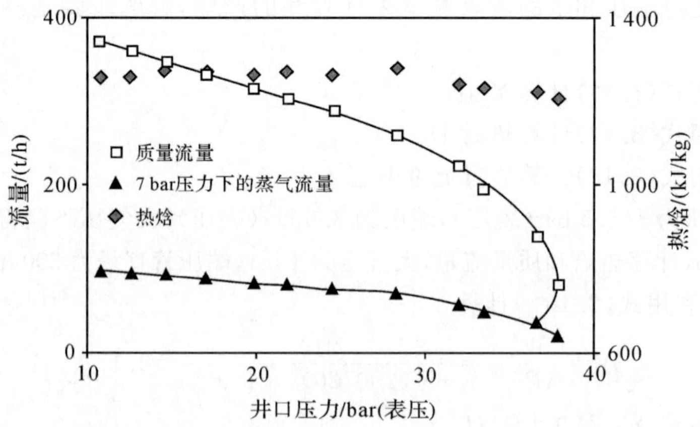

图 8.8 根据表 8.3 数据计算的 BR20 井的热焓和质量流量曲线

注：这是个典型的具有较高生产率的液体补给井(8.625 英寸的套管)的产能测试曲线。

引自：Contact Energy，个人通信。

8.5.4　垂向排放法

这是詹姆士端压法的另一种形式。在环境条件允许的情况下，进行成本较小的、利用硬件设备较少的垂向排放测试，可以对井的生产能力进行初步估算。在完井和温度恢复不久后，通常用一个简单的垂向排放进行初始的流量测试。尽管这个测试通常不能取得非常稳定的流量，但能够对热井潜力给出一个初步评价，并确定实施长期测试所需的仪器，从这一点上看还是很有用的。

从式(8.12)的詹姆士方程得到

$$\frac{WH^{1.102}}{AP^{0.96}}=184$$

$$Q=HW=\frac{0.184AP^{0.96}}{H^{0.102}} \tag{8.19*}$$

当热焓单位为 kJ/kg，热流量单位为 MW 时，式(8.19*)是正确的，其中的比例因子从 184 调整为 0.184。一般遇到的井的热焓范围为 800～2 800 kJ/kg，$H^{0.102}$ 变化很小，因此，可通过估算的流体热焓来确定热流量 Q。实际上，结合排放前补给带的井下温度，连同特定热田的经验和排放时目测的产出蒸气和水的流量，计算的热焓误差在±300 kJ/kg 之内。

例 9　利用例 7 中的数据，测量的井口压力为 5.5 bar(表压)时，端压为 3.0 bar(表压)，端压管的直径为 200 mm，水的流量未知。另外，在井排放前主要补给带的温度为 275℃。

解：从蒸气表估计可能的流体热焓；275℃水的显热为 1 211 kJ/kg，为计算方便其舍入为 1 200 kJ/kg。利用式(8.19)得

$$Q=\frac{0.184\times\pi\times(200/20)^2\times4^{0.96}}{1\,200^{0.102}}=106\ (\text{MW})(\text{温度在 0℃以上})$$

利用例 7 的计算结果，质量流量为 319 t/h 和热焓为 1 188 kJ/kg，因此热流量为

$$Q=HW=319/3.6\times1\,188=105\ (\text{MW})$$

这个结果在野外数据的精度范围之内，与用“近似”式(8.19)计算的结果相同。

8.5.5　示踪稀释法

利用这种方法，通过向两相流体中注入示踪剂，测量分离的蒸气和液相中的示踪剂稀释度，确定两相流的热焓和质量流量。在示踪剂完全混入到两相流之后，在示踪剂注入点的下游分别对分离的蒸气和液态水进行采样，这样就能计算蒸气和液态水的质量流量，知道管线的压力时，并可获得流体热焓。稀释法在 Coso 热田的使用中被完善(Hirtz et al，1993；Hirtz et al，1995)，但对大多数两相流系统都是适用的。该方法需要在两相流的管线上设置专门的注入和采样点，同时需要精确

的泵速注入示踪剂以及方便的样品收集设备，以便进行准确的分析。当进行正式生产的两相流管线中无蒸气损失，且常规测试及其他测试方法不能用时，可采用这种方法，例如为多口井供给一个分离器的情况。

该技术要求液态水和蒸气相的示踪剂应分别准确地注入流体中，每个相的样品均在注入点的下游进行采集。经过化学分析后，蒸气和液相的质量流量可通过每个示踪剂的浓度和注射量确定。为了使示踪剂和两相流体充分混合，采样点必须离注入点足够远。

液相的质量流量和蒸气相的流量可通过下列公式得到

$$W_w=\frac{W_T}{C_{Tw}-C_{Bw}} \tag{8.20}$$

$$W_v=\frac{W_T}{C_{Tv}-C_{Bv}} \tag{8.21}$$

式中，W_w 为液相质量流量；W_T 为示踪剂的质量流量；W_v 为蒸气相的质量流量；C_{Tw} 为液相中示踪剂的重量浓度；C_{Tv} 为蒸气相中示踪剂的重量浓度；C_{Bw} 为液相中示踪剂的背景浓度；C_{Bv} 为蒸气相中示踪剂的背景浓度。

采样点处的压力已知，该压力下两相流的干度用下面的公式进行计算

$$X=\frac{W_v}{W_v+W_w}$$

然后，考虑取样压力下所有的热力学变量，利用蒸气表可计算流体热焓

$$H=\frac{W_v}{W_v+W_w}H_{ws}+H_w$$

使用这种方法时，优先选用满足于如下准则的示踪剂：

(1)液体和蒸气的示踪剂应当完全区分进入各自的相或者应该准确地知道在各相中的分布。

(2)在注入/采样条件下，示踪剂必须在化学上和热学上是稳定的。

(3)具有在较大的浓度范围下的精确分析方法。

(4)示踪剂的天然背景水平一定要保证较低且为常数。

(5)注入和采样需要的仪器应当简易和牢固。

例 10 液相和蒸气相的示踪剂注入到两相流的管线中，液相示踪剂的背景浓度为 4.6 g/t，液相示踪剂注入量为 710 g/h，下游示踪剂的浓度为 9.8 g/t；对于蒸气相示踪剂，背景浓度为 0，示踪剂注入量为 1 750 g/h，下游浓度为 75 g/t。管道压力为 6.6 bar，计算两相流的总质量流量和热焓。

解：对于液相来说

$$W_w=\frac{W_T}{C_{Tw}-C_{Bw}}=\frac{710}{9.8-4.6}=137\ \text{t/h}(\text{压力为 6.6 bar})$$

对于蒸气相来说

$$W_v = \frac{W_T}{C_{Tv} - C_{Bv}} = \frac{1\,750}{75} = 23 \text{ t/h}(\text{压力为 } 6.6 \text{ bar})$$

因为对于两相的分离压力相同，总的质量流量为蒸气流量及液体流量之和

$$W = 137 + 23 = 160 \ (\text{t/h})$$

两相流的热焓

$$H = \frac{W_v}{W_v + W_w} H_{ws} + H_w = \frac{23}{137+23} \times 2\,074 + 687$$
$$= 985 \ (\text{kJ/kg})$$

在多数获得两相流井补给的公共蒸气分离站，这项技术现已成为进行生产监测的优选方法。

8.5.6　其他方法

在阀门或孔板后压力降大的地方，利用非凝气体（蒸气-气相）或氯化物（液相）的浓度变化，能测定干度的变化。假设在液体采样点之间没有热损耗（对于气体方法所有气体归入蒸气-气相），利用浓度和采样压力的变化能够计算热焓（Ellis et al，1977；Blair et al，1983；Marini et al，1985）。

在蒸气-气相中，非凝气体的摩尔百分数为

$$n = \frac{\text{气体摩尔数}}{\text{蒸气摩尔数}}$$

在上游采样点水-蒸气-气混合物中，非凝气体的摩尔百分数为

$$n_t = n_{s1} X_1$$

在下游采样点为

$$n_t = n_{s2} X_2$$

沿管线的总的气体流量同两处采样点处相同，并假设在两采样点之间流体热焓没有变化，由于干度随压力而变化，在蒸气相中气体的浓度也发生变化。因此

$$n_{s1} X_1 = n_{s2} X_2$$

$$n_{s1} \frac{H - H_{w1}}{H_{ws1}} = n_{s2} \frac{H - H_{w2}}{H_{ws2}}$$

如果

$$R = \frac{n_{s1}}{n_{s2}} \quad \text{且} \quad r = \frac{H_{ws1}}{H_{ws2}}$$

然后代入重新整理得

$$H = \frac{R H_{w1} - r H_{w2}}{R - r} \tag{8.22}$$

例 11　一个热井通过两相管线进行排放，并使用节流孔板进行流量控制，上游压力为 20 bar，非凝气体含量为 25.0 mmol/mol（每摩尔冷凝蒸气中含非凝气体的毫

摩尔数),下游控制孔板的管线压力为 15 bar,蒸气中二次气体样的非凝气体为 22.1 mmol/mol,计算两相流的热焓。

解:上游采样点处,管线压力为 20 bar,非凝气体的分压为 20.0×0.025=0.5(bar),蒸气压力为 19.5 bar。在 19.5 bar 时查蒸气表得 $H_w=902$ kJ/kg,$H_{us}=1\,896$ kJ/kg。在下游采样点处,管线压力为 15 bar,气体分压为 0.3 bar。蒸气压力为 14.7 bar,$h_f=841$ kJ/kg,$h_{fg}=1\,951$ kJ/kg。

$$R=\frac{n_1}{n_2}=\frac{25.0}{22.1}=1.131$$

$$r=\frac{H_{us1}}{H_{us2}}=\frac{1\,896}{1\,951}=0.972$$

$$H=\frac{RH_{w1}-rH_{w2}}{R-r}=\frac{1\,131\times902-0.972\times841}{1.131-0.972}=1\,275\ (\text{kJ/kg})$$

在多数情况下,由于分析的精确度以及压力测量通常不能满足精度要求,这个方法用来估算的井的热焓为近似值(误差至多±50 kJ/kg)。

8.5.7 过热状态

对“干”蒸气井进行试验时,确定流体实际上的干度或饱和状态很重要。应该对测量点处的温度和压力进行同步测量,在考虑到非凝气体作用的前提下,应对温度与饱和温度进行对比。可以通过观察采样点的排放确定过热状态。从采样点排出的饱和蒸气起初为透明的,几分钟后膨胀、冷却并形成水滴雾,产生正常的“蒸气云”。距排放点一定距离内,过热的蒸气是透明的,在多数情况下观测不到冷凝蒸气的云雾,而湿润的“蒸气”流中会伴有不透明的部分,出气口处气柱为半透明的。

§8.6 循环井

在稳定状态下,一些井不会发生流动,但在流量控制阀门全都处于常态条件下,可能存在规律的或不规律的循环过程,其质量流量、热焓和井口压力等会发生周期性变化。可能会存在平稳的循环过程或者在多数时间内井运行比较稳定,但会被突发的喷射所破坏。这个变化的流量就是通常所谓的“循环”,可导致钻井控制和流量测量的困难。当井关闭后尽管没有了生产管理的问题,但有些井仍存在这样的循环。

一般情况下循环是由于存在两个重要的补给带造成的,它们具有不同的热焓和渗透性,其中一个补给带的渗透性较差不能维持连续的流动。图 8.9 为常见循环的一个实例。这个例子中,热储有一个蒸气帽,液态为主带上覆有蒸气为主带,在每个补给带井都获得补给。液体补给带渗透性相对较差,图 8.9 为井中循环的三个阶段压力曲线，图 8.10 为每个补给带压力和流量的历史曲线。

循环的(a)阶段中，两个补给带都发生流动，下面的补给带发生缩减，两个补给带之间的两相流柱也发生坍塌，这样就开始了(b)阶段，只在上面的补给带排放，排放的为干蒸气。直到(c)阶段水位上升到上层补给带，下层补给带的压力才能恢复。然后水体参与排放，下层补给带开始排放，井孔中的液体柱产生闪蒸，井孔卸荷，循环继续。在部分循环过程中，井排放的为干蒸气，当下层补给带开始流动时，水体注入，因此在排放蒸气过程中伴随有周期性的水团。驱动整个循环的机制是，井孔中液柱和闪蒸的两相流柱之间存在压力梯度波动，其与补给带的水流波动是耦合的。在渗透性较低的补给带流动才能停止，如果两个补给带渗透性都较高，两个补给带就会产生持续的排放。控制井的方法不同，循环的形式也各不相同。

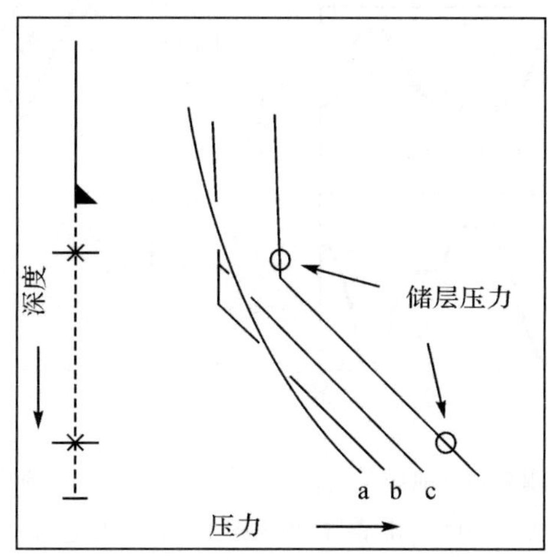

图 8.9　循环井中的压力曲线

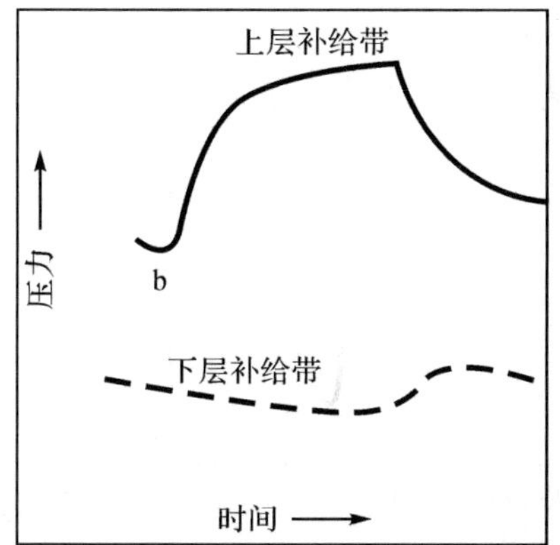

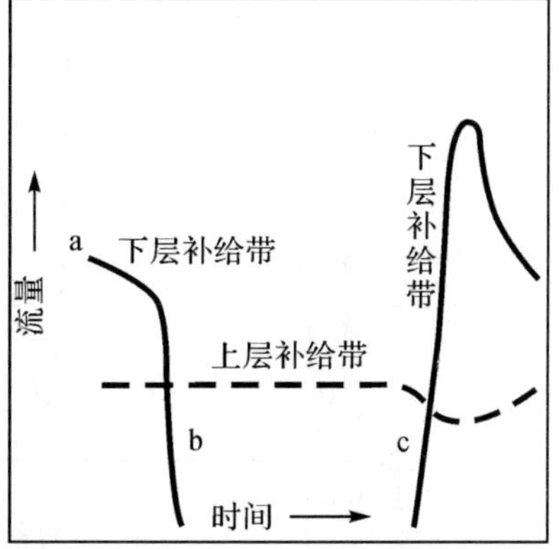

图 8.10　循环井中上层和下层补给带的压力及流量曲线

在没有蒸气带存在时,循环也可能发生。例如,一口钻入液态为主热储层的井,其埋藏深、热焓高、渗透性低且间歇性排放,图 8.11 显示了其在流动过程中及关井后一定时期内的循环过程。该图描述了该井的循环形式,闭井后测量的压力曲线显示了该循环的两个不同阶段。关闭 1 小时后,井中为水体,但关闭 2.5 小时后,井中为两相流柱。图 8.12 为当井中可能有来自深处、高热焓、低渗透性的补给带的间歇性上升流时,闭井后的循环过程。这里注意到,因为补给带的停止和开始是连续的,压力记录看起来像是一个压力恢复和下降的接续发生过程。

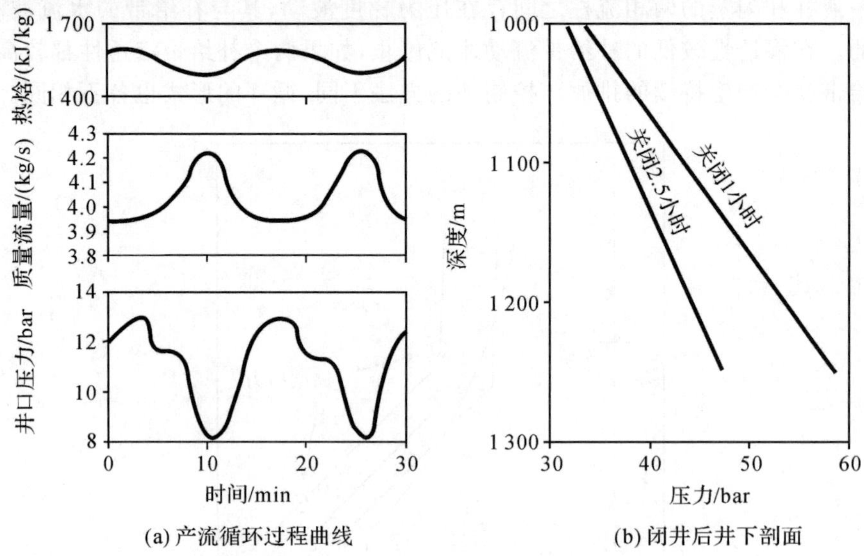

图 8.11 Ohaaki 热田 BR14 井的循环过程

引自:Contact Energy,个人通信。

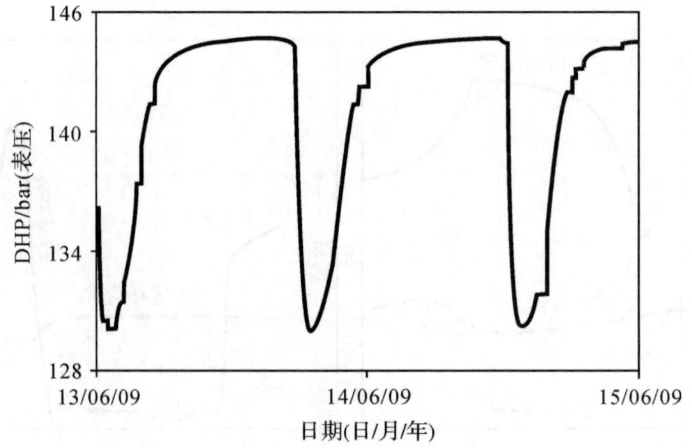

图 8.12 闭井后井下压力循环过程曲线

§8.7　流量测量精度

通过进行测井获取精确、可靠的数据，更像是一门艺术而不仅是一套标准的工程实践方法。例如，测试完成后可能得到准确的数据，但如果在不稳定的井流条件下进行测试，那么在评价井的特性时这些测试数据就没有多少利用价值。流量测试的准确性和可靠性受到很多因素的影响，最重要的是测试的方法、测试装置的设计、测试设备、测试步骤和井的特性。这些影响因素中，一部分可以在工程意义上进行评估，如测试仪器的校正和主要测量设备的设计，而其他因素则很难被量化。为了建立一个可追踪的测量数据集，在现场检查表格中要求列出所有测试点的压力-温度-流量的值和仪器校正记录及测试前（也可能是测试过程中）和测试后现场的条件。为了测试后进行检查发现数据中不一致之处，在测试期间需要留意所有流量和测试设备调整的次数，以及所有仪器变化情况。

8.7.1　测试设备

在多数热田的周围环境中存在重要的气体，特别是 H_2S，还有蒸气冷凝后的湿气和氯化物水，因此，为了获取可靠的测试数据需要高质量的测试设备及良好的操作维护。大多数的测试设备包括压力和压力差表（和蒸气生产井的温度），机械压力表应当至少保持 ANSI B40.1M 的标准，达到 2A 级（±0.5%），最好为 4A 级（±0.1%），压力差传感器的精度应当优于±1%。由于两相流测试中，压力几乎总是有一定程度的短期波动，因此，通常不需要更高的精度。大规模的测井前后，应该对所有的测试设备进行校正检查。每个仪器的校正记录一定要保存好，一旦测试完成后，可通过检查基础的野外数据找出问题。

8.7.2　测试步骤

测井步骤的设计对测试数据的可靠性影响很大。按照惯例，测试的周期越长，测试数据越可靠。尽管如此，由于紧张的环境和时间限制，较长的测试周期不可能做到，因此只能通过仅持续几天或甚至数小时的简单流量测试确定井的特征参数。热井通常分为以下两类：

(1)改变流动条件时，具有液体补给、较高渗透性的井在数小时内达到稳定状态。

(2)具有较低渗透性、生产两相流和蒸气的井，可能永远也达不到稳定流量状态。

一般来说，在测试期间通过将井口节流阀调节到足够小而使其达到稳定（恒定的流量或稳定的水位下降）状态时开展测试，并且可以同时通过 4～5 个不同的节流设置提供更多的流量-压力的分布数据。其他的流体化学样、非凝气体和井下测试的基本数据,都要纳入测试项目中,以便对井和当地热储进行全面测试。如果可以用来维持连续井流的时间非常有限(因为环境或其他时间等限制),最好在合适的稳定井口压力下,获取一整套可靠的生产数据,包括PTS曲线,然后通过利用井孔模拟计算在其他流速条件下井的性能。

8.7.3 其他测试方法

测井时,如果采取谨慎的设计和正确的操作,就有可能获得精确的结果。通常要对测试数据进行一定程度的自检。例如,在液体补给的井中,伴随井流的井下温度和压力数据可用来确定补给流体的温度以及沸腾开始时的压力,井口的流体热焓也可用这些值进行检验。化学数据也可用来对补给带的温度和流体热焓进行交互检查,尤其是对于液体补给的井。开展过产能/产流测试的井,其流量和井口压力(WHP)值通常会落在一个平滑的曲线上(见图8.8),上面任何明显的偏差都说明存在不稳定的状态(通常没有足够的时间等待调整节流后达到稳定的井流状态)。对于流体的热焓也是如此,对于液体补给的井来说,其热焓通常为常数。事实上,对于液体补给的井,不同流量-压力组合数据范围内热焓的变化可以对测试数据精确性和可靠性提供一个实用的指标;而对于两相流和多源补给的井来说这是不适用的。基于在新西兰开展的各种测井方法的经验,表8.4给出了对其精确度的评估。

表 8.4 流量测量的精确性

方法	良好的测试控制		一般的测试控制	
	H 的误差/(kJ/kg)	W/(%)	H	W/(%)
单相孔板		3		10
形边堰		3		10
端压法	20	5	50	10
分离器	10	3	30	5
热量计	10	3	30	5
示踪剂	20	5		

§8.8 井性能评价

如果每个开采区的地理位置、热储压力、流体热焓和生产率均为已知,生产井的性能就能通过计算得到。井中流体为单相和常态是两种简单的情况,较为复杂的情况是,在流动期间整个或部分的井孔存在两相流体。在下面两节中给出了单一补给的单相井压力下降的简明公式。多源补给的也能计算，但通常使用井孔模拟器进行简化。

8.8.1　单相液态

如果井中的流体为液体，并且没有达到沸点，则其压力下降的计算公式同注水井一样，仅符号有适当的变化。这个公式源于低温的自流井或井口有液体的抽水井。对于抽水井，泵应该放置在足够深的位置以防止井流动时发生沸腾。下面给出单一补给井中水泵处压力的公式

$$P=P_r-\rho_w gz-W/PI-CW^2 \tag{8.23}$$

式中，P 为水泵处的压力；z 为水泵到补给带的深度，并且

$$C=\frac{8}{\pi^2\rho_w}\sum l_i f_{M_i}/D_i^5 \tag{8.24}$$

式中，对不同套管的位置进行求和，起始位置从水泵的深度计。

8.8.2　单相蒸气

除了扣除蒸气密度随压力的变化，这种情况同单相水非常相似。注意到唯一的要求是井孔中有单相的蒸气。只要在排放中没有相当数量的液体，那么热储流体就有可能为两相的，则压力梯度的公式为

$$\frac{dP}{dz}=\left(\frac{dP}{dz}\right)_{静}+\left(\frac{dP}{dz}\right)_{摩} \tag{8.25}$$

$$=\rho_s g+8f_M W^2/\pi^2\rho_s D^5 \tag{8.26}$$

蒸气的密度可由非理想气体定律确定，可写为

$$\begin{aligned}P&=K\rho_s\\K&=ZR(T+273)/M_s\end{aligned} \tag{8.27}$$

其中，K 对于饱和蒸气来说近似为常数，在 240℃ 时为 2×10^5 Pa · m³/kg。式(8.26)乘以 P 获得 P^2 的微分方程，求积分为

$$P_{wf}^2+A=(P_{WH}^2+A)e^{az} \tag{8.28}$$

$$A=8Kf_M W^2/\pi^2 D^5 \tag{8.29}$$

$$\alpha=2g/K=2gM_s/[ZR(T+273)]\approx10^{-4}\text{m}^{-1} \tag{8.30}$$

式中，P_{wf} 为蒸气入口的井下压力。如果没有流量的话，静态压力曲线为

$$P=P_{WH}e^{az/2} \tag{8.31}$$

Acuña(2008)、Acuña 和 Pasaribu(2010)以及 Peter 和 Acuña(2010)提出的方法中包含了水位下降的影响。假设水位下降为稳定状态，按照压力平方来描述，则水位下降为

$$W=PI'(P_f^2-P_{wf}^2) \tag{8.32}$$

式中，$PI'=2PI/P_f$。然后，联立这些方程并且观察到 αz 值很小，得

$$P_{WHO}^2-P_{WH}^2=W/PI'+C'W^2 \tag{8.33}$$

$$C'=16g\sum l_i f_{M_i}/\pi^2 D_i^5 \tag{8.34}$$

式中，对不同长度的套管进行求和。这个方程在形式上类似于单相压力下降的方程(式(8.23))，它利用了压力平方而不是压力。

蒸气井的特性可用经验公式来表达(Sanyal et al,2000)

$$W=C(P_{WHO}^2-P_{WH}^2)^n \tag{8.35}$$

式中，n 为常数，通常在 0.5～1。当生产率较低时，式(8.33)中相应的 $n=1$；当生产率较高且钻孔摩擦力占主导时，对应的 $n=0.5$。实际上，这两种方法的结果相当接近。图 8.13 所示为 Wairakei 的 WK216 井的流量曲线，它从蒸气帽中生产干蒸气，适用于两个公式。各自的适合程度是

$$P_{WH}^2=453-2.40W^2-0.087W$$

$$W=0.85(453-P_{WH}^2)^{0.704}$$

在描述实际的性能时，两者结果相当接近，由于式(8.33)的参数与可测量的物理参数相关，故推荐使用式(8.33)。实际上，流入量并不是完全稳定的，而是随时间慢慢地改变，长时间流量的瞬态变化可用来推测导水系数(Enedy,1987)。

8.8.3 两相流体

由于高温流体流动，在整个热井或部分井孔中包含两相的蒸气、气体和水混合物。从核反应堆、锅炉到石油和地垫井，在许多情况下管道中通常会有两相流。对于管线中的两相流目前没有精确的数学模型，但是已经发展出一系列的经验关系。

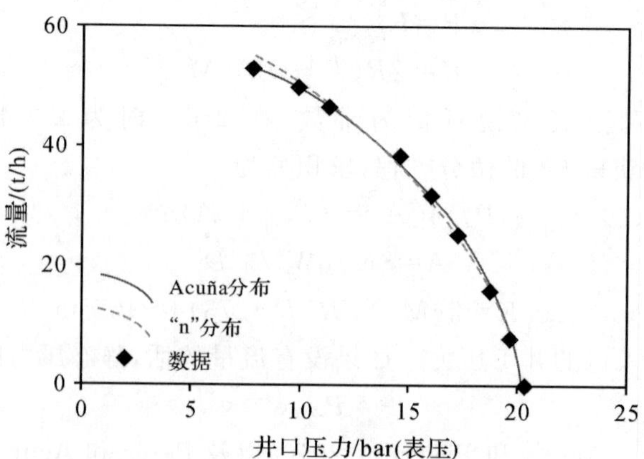

图 8.13 Wairakei 热田 WK216 井的流量曲线

引自：Contact Energy，个人通信。

根据蒸气和液体流量比及流速比，在不同的“流动体系”内流体混合物的自身分布各不相同。对于仅有少量蒸气的，在液柱中通常存在蒸气泡。随着蒸气比例的增加，会逐渐出现蒸气夹栓和液体流，然后转变为雾化和环流等最终流态，管道的中心会出现伴有雾化液滴的蒸气，并且在管线壁上附着有连续的水相。

在这个体系范围内的结论之一就是在负压热储中需要有一个最小的流量来维持持续的排放。如果通过节流阀逐渐减少钻井流量，井口压力上升、流速下降直到达到最大排放压力(maximum discharging pressure, MDP)为止。进一步减少井流量，会导致更低的井口压力并且可能引起井停止排放。一般来说，在这种状态下，井孔中蒸气流量的上升仅仅足够维持蒸气和水的混合。如果流量进一步减少，流动状态改变为一个连续的水柱夹带有分布于其中的蒸气泡，压力梯度也变化为液态水的压力梯度，流体柱的整体密度增加，流体不再流出地表。图 8.5 说明了 RX1 井中的这个情况，图中所示为输出曲线的“下半支”。

在井中两相流动形式的另一种结论是井的性能对排放的热焓很敏感。热焓的增加意味着井孔中的两相柱中有较高的蒸气比例，这样沿着井上升就有一个较低的压力梯度及较高的井口压力。流体中气体的含量能对井的性能有明显的影响，因为气体可导致在较高的压力下产生沸腾，即在井较深部位，并且在两相流中提供更高的蒸气比例，这基本上是一些气举排放导致的。

计算两相流体的排放压力曲线最好使用井孔模拟器，其中包括压力梯度的经验近似值。许多模型可以利用，例如 HOLA-GWELL(Aunzo et al，1991)、WELLSIM(Gunn et al，1991)、GEOFLOW(Acuña，2008)、WELBOR(Pritchett，1985)和 SIMU000(Upton，2000)。一个井孔模拟器应该能够代表一口井，它具有许多特定补给深度的流入量和流出量以及指定流入量的流体温度或质量。这些模型通常也用来计算井孔的热传递。图 8.14 所示为一个典型的拟合图，该井为 9.625英寸的套管和 7.625 英寸的衬管。通过对流量曲线和产能曲线进行拟合，获得了井的性能评估。该井有四个补给带，从温度曲线中可看出明显的三个补给带，在套管靴处的第四个补给带非常小。值得注意的是在各带之间温度曲线并不是完全等温的，但水在上升过程中冷却得却很慢，这是因为在井孔上升时流体是绝热(等焓)膨胀，由于井孔的温度很接近于热储温度，故没有井孔的热传递冷却流体。拟合后，如果已经具有一个大口径的钻孔，那么就可以利用井孔模拟评价井的性能。井孔模拟的最常用之处就是评价不同完井设计的优缺点。

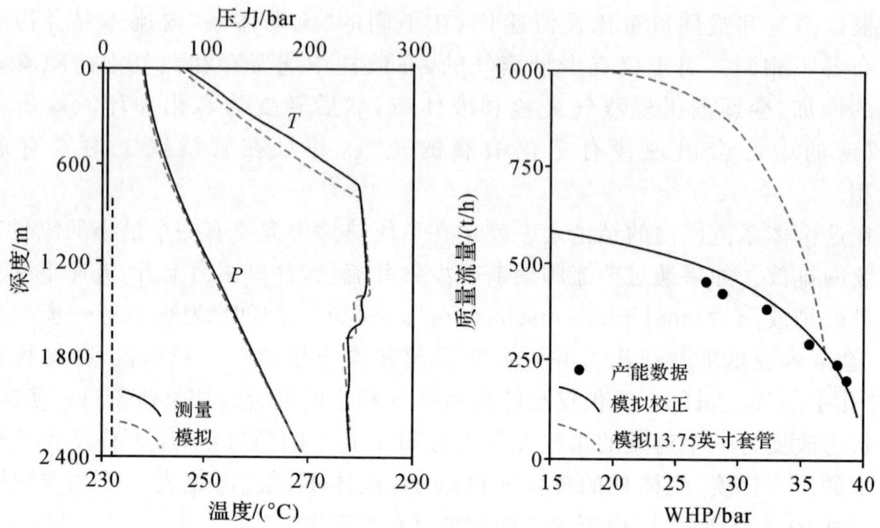

图 8.14 井孔模拟的流量和产能曲线拟合

引自：Aunzo Z，Rotokawa Joint Venture，个人通信。

§8.9 产能数据解译

8.9.1 概 述

在流量测试完成后，可以通过一系列的井口压力数据评估稳定或准稳定状态下井的性能，有时候或许用到一些流量瞬变数据。通过质量流量、热焓和可能随井口压力变化的化学数据等方法，可以得出有关热储的一些推论。在恒定的温度和气体含量条件下，液态水热储产能的变化仅受控于井口和热储中的压力变化，与干蒸气井很相似。在其他情况下，井的性能对热焓很敏感，必须统一考虑质量流量和热焓的变化。

8.9.2 最大排放压力

井流取决于压力和热焓。在较低的流速下，热储内和井孔内流体的阻力相对不太重要，井流仅仅取决于进入井中的流体压力和热焓。在正常压力下，温度成为唯一的变量。

最大排放压力为井的最大压力值，可通过井口处的井流获得。如果利用节流阀控制从较大的流量逐渐减少，井口压力会不断增加直到最大值且保持一定流量，进一步地减少流量会导致压力和质量流量均不断降低，要维持井中两相流柱充分混合需要一个最小的流量。观测表明最大排放压力和热储层中热液流体补给处的温度呈简单的相关关系，该处压力是从地面高程算起的近似静水压力(James，1970，1980a，1980c)

$$T=100P^{0.283} \tag{8.36}$$

式中，温度单位为℃，压力单位为 bar。

8.9.3　质量流量

图 8.15 为部分质量流同井口压力的关系，其产能曲线呈现相同的变化。在这些实例中，假设热焓和气体含量随井口压力的变化不大。曲线 A 为基准曲线，代表高渗透的以水补给为主的井的成果曲线，最大排放压力可通过补给温度确定，最大流量由井的设计决定——即多孔衬管和套管中的摩擦力。曲线 B 为储层压力的下降效应，曲线 C 为储层压力的上升作用。曲线 D 为井中的规模效应，曲线 E 所示为低渗透性的作用。在这两种情况下，在流量较小时其影响很小(较高的井口压力)，但是在较高流量时附加阻力影响很大。附加阻力的规模效应同流量的平方成正比，而由于低渗透性引起的阻力则是线性的。曲线 F 为两相补给的成果曲线(同曲线 A 中的压力相同)，在较小的流量下，较高的热焓导致较高的压力，但在较大的流量下更大的比容能提供更大的摩擦力。

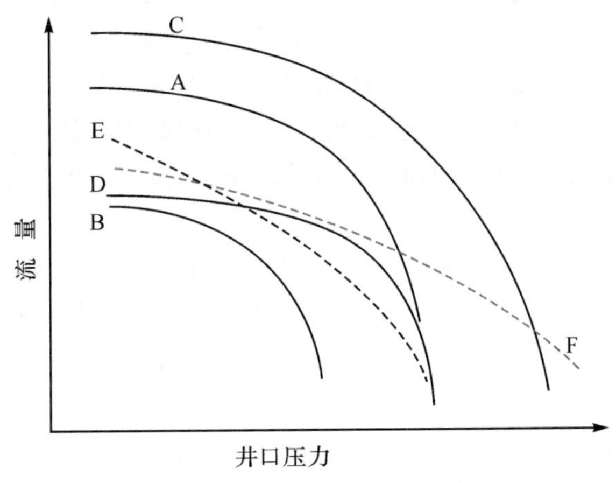

图 8.15　产能曲线

注：质量流随井口压力变化的形式。

8.9.4　热焓变化

流体热焓及其随流量或井口压力的任何变化可以确定补给井的流体类型。图 8.16所示为热焓与井口压力的可能性变化，即对应于饱和水、饱和蒸气和主要的补给点的热焓范围。

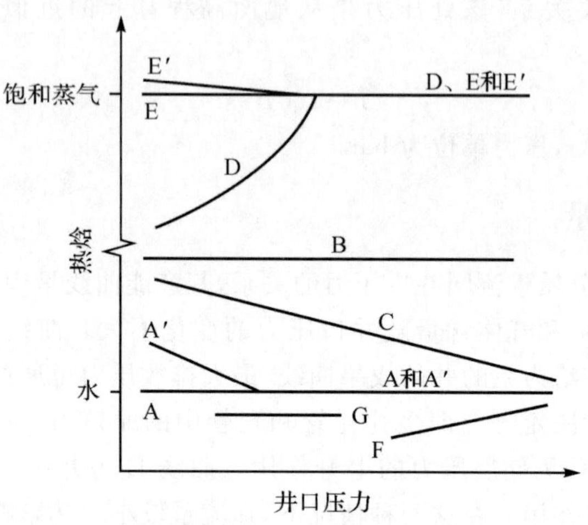

图 8.16 产能曲线

注:热焓随井口压力变化的形式。

曲线 A 最简单,是液态水热焓,在恒定温度及全流速下,液态水进入到井中。这相当于恒温下液态水的补给。曲线 A′也相当于液态水的补给,但在一些流速下,水位下降够大时地层中开始出现闪蒸并获得一些额外的热焓。

曲线 E 同样为平直的。在全流速条件下,干饱和蒸气进入井中,热储中含有蒸气和静止的水。当井达到“干透”的状态时得到曲线 E′,在干透的情况下进入井中的蒸气为过热蒸气,为了准确地确定过热的条件,需要考虑井孔中的热量传递和其沿井孔向上的膨胀。

曲线 B 相当于高渗透的两相热储,进入井的流体为全流速的两相流,在测试热储的条件下,其热焓高于液态水。曲线 C 更常见,它相当于较低渗透性的两相流热储,在较高的流速下水位下降也越大,这就导致一些热量从岩石向流体中转移。

曲线 D 表示有两个进口的井,一个为以蒸气为主的蒸气入口,另一个为较深部的液体入口。在高井口压力下,井的上部区域排放的仅为蒸气。当井口降低、流速增大后就会产生更大的水位下降,来自较低层的水会参与排放。在靠近井中首次进入排放的地方是不稳定的。

曲线 F 和曲线 G 说明具有隐藏的冷水入口。根据曲线 G 识别出的井底温度是错误的,生产液体来自较冷的区域,因此井中的流动也许掩盖了热储真实的温度。曲线 F 是井在低流速下生产了预期温度的水,但是在较高的流速下,混入到排放物中的冷水量增加,因此除了预期的热水补给外还有隐藏的冷水补给。

例 12　图 8.17 为对 WK215 井的测试结果，为典型的曲线 D，仅在井口压力超过 22 bar 时生产蒸气。压力在超过 18 bar 时无法对质量流进行测量，但通过观察发现蒸气是干的。注意到，仅针对单一的排放类型，质量流的变化很平稳。图中列出了一些井下测试结果，压力曲线 P_2 为静态的曲线和推测的热储压力。由于蒸气盖层的存在，P_3 是井口压力为 22 bar、井流仅为蒸气时的一个示意曲线。井中水位为 530 m，降低井口压力后可以排放水体，因此，可以把 530 m 确定为蒸气补给的底板。在完井测试中进行注水获得温度曲线 T_1，显示在 425～550 m 和 800 m 处有明显的渗透性，425～530 m 的上部以蒸气为主，在 800 m 以下以液态为主。

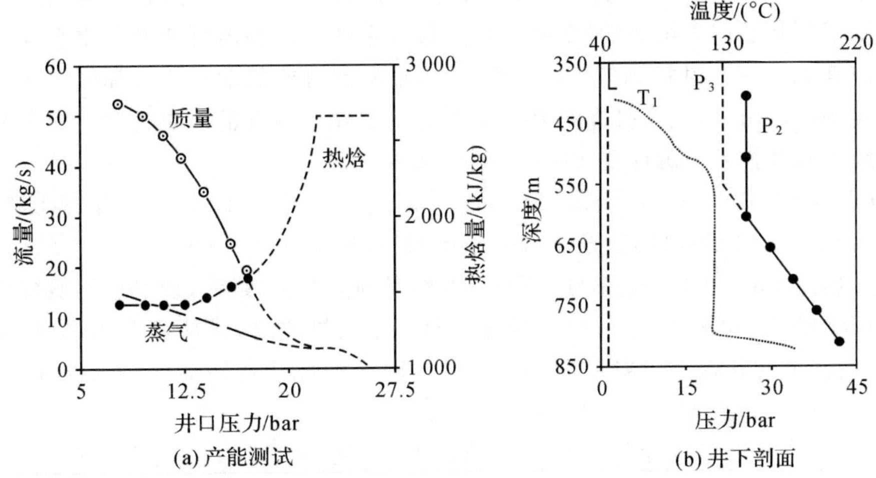

图 8.17　Wairakei 热田 WK215 井测试结果

引自：Contact Energy，个人通信。

第9章 实例研究:Ohaaki热田的BR2热井

§9.1 概 述

本章选择BR2热井作为热井钻井、测量、排放及数据分析解译等的实例。该井展示了热井的许多可能的(多种)动态模式,在其生产期内所获得的排水及测井数据使其成为一个很好的实例。当然,并不是所有可能的动态模式都能用这一简单的实例展示出来,也不打算将BR2热井作为典型。该井的历史是对前面章节中所介绍的测井技术及解译在实际应用中的阐述。

Ohaaki热田位于Wairakei北部20 km,处于新西兰的Taupo火山地带内。Clotworthy等(1989,1995)及Newson和O'Sullivan(2001)曾介绍过它的历史。第一口热井BR1位于电阻率异常中心,虽然遇到高温,但是渗透性低,不能持续排放。BR2钻于1966年,是一口发现井。BR2首次排放时,便具有14 MW的电能潜力,使其成为新西兰当时最大的生产井。BR2的成功运转促成Ohaaki地区进一步的勘探钻井和测井,1966—1971年,该区已完成23口井。1971年后,来自Maui地区的天然气成为新的受青睐的发电源,新西兰所有的地热开发被终止,Ohaaki热井被封存。

1968—1971年,BR2热井及其他生产井在完井时开展过持续的流量排放测试,结果显示该热田西部的产能等效于30 MW(Hitchcock et al,1975)。该产能测试导致了热田西部区域压力的下降,到热田封闭时,西部的热储压力下降高达17 bar。

随着20世纪70年代中期能源危机的到来,地热资源的开发才得以恢复。在Ohaaki,热井钻进和试验在1974年重新启动。整个1988年,流量测试以较低速率相继进行,在这段时间里,深部储存压力已恢复到低于原始值7 bar的水平(见图9.1)。在1988年,Ohaaki地区110 MW地热发电站开始发电。1988—1996年,BR2作为一口生产井被连接到蒸气收集系统,到1996年BR2热井由于冷却和废弃停止生产。图9.2显示了Ohaaki西岸的BR2热井及附近热井的位置。

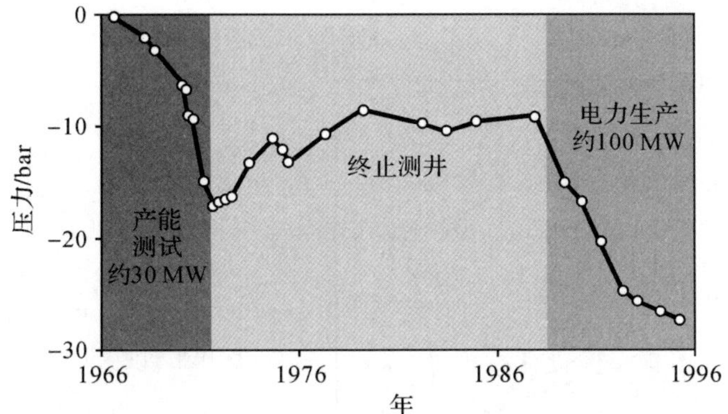

图 9.1 1966—1995 年 Ohaaki 热田深部液相热储的压力变化

引自:Contact Energy,个人通信。

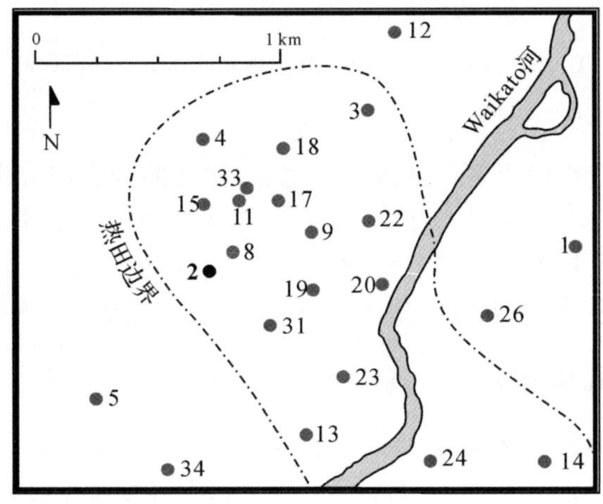

图 9.2 Ohaaki 热田

引自:Contact Energy,个人通信。

§9.2 钻进及试验期(1966 年 5 月—1966 年 8 月)

图 9.3 为 1966 年 5 月至 1966 年 8 月 BR2 井温度恢复的温度-压力测井记录。在 301 m 用锚套管固井以后,用凝胶塞封闭循环液漏失带,钻进到 560 m。在 300~560 m,存在几个漏失带:430 m 临时漏失,用凝胶插头和水泥封住;440 m 井壁打破 0.3 m,临时循环液漏失;500 m 临时漏失;510 m 部分循环液漏失。在这个阶段,决定在这些漏失带安装生产套管,然后在井里充满凝胶,水泥塞安装在 420 m,8.625 英寸生产套管固定在 417 m。当钻进超过 417 m 的套管靴和之前提到的 560 m

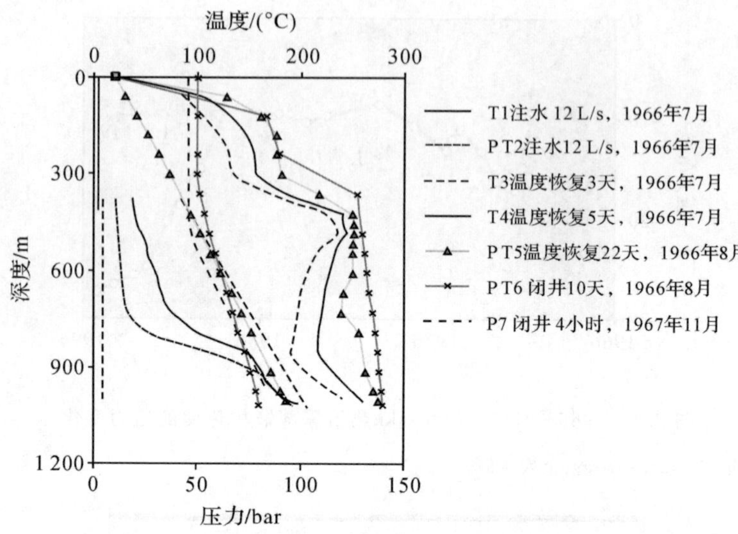

图 9.3　1966—1967 年 BR2 热井的压力-温度剖面

引自：Contact Energy，个人通信。

之间的凝胶段后，就再没出现循环液漏失迹象，钻孔的剩余部分用泥浆钻进直达井底，总深度为 1 034 m。560 m 以下，在 660 m、780 m 和 810 m 等处出现局部循环液漏失，并且返回含大量絮凝物和气侵的泥浆。在底部安装多孔衬管之后，泥浆流出洞外，在这个过程中，伴随着水的循环，井中的压力一直低于 5～6 bar(表压)。

9.2.1　完井测试及测井

完井测试表明井中仅有适度的渗漏。在 24 kg/s 的注水速率下，井口压力增加到 13 bar，即注水率为 1.8 kg/(s・bar)。完井测试和温度恢复过程中的温度-压力剖面如图 9.3 所示。在以 12 kg/s 的速率下注入冷水时，测得两个温度曲线，T1 和 T2，表明主要渗透带在 800 m 以上，900 m 以下只有微小渗透性，T1 和 T2 的温度(分别测量了 3 个小时)表明在这个深度以下存在细微的差别。完井后温度恢复 22 天(测量了 T3、T4、T5)，显示在 450～600 m 达到峰值，T5 显示在 420～610 m 有带间流存在。

在开展冷水注水试验期间，井口压力稳定在 4～5 bar(表压)之间，在图 9.3上绘制的 PT2 压力曲线图在计算井口稳定压力和测量 T2 温度后获得。在初始阶段，井内依然完全充满液体，井口压力在 10 bar(表压)左右，如图上 PT5 所示。一个月以后，井口压力突然在两天内从之前的 10 bar(表压)左右上升到 50 bar(表压)左右。当时没有开展任何井下操作，几天后该口井首次投入运行。

9.2.2　首次排放

该井首次排放的涌水量很大。在完全开启的垂向排放情况下，井口压力一直持续超过 10 bar。据估计，在 2 小时内，该井喷出 5 m^3 的岩石碎屑。通常，热井第一次喷出的钻屑小于 1 m^3，根据岩石鉴定结果，本次喷出物含有石英和片状方解石，它们来自于 420～510 m 深处的裂隙岩石。这些喷出物有助于解释由注水试验所揭示的弱渗透性。开展注水试验时主要补给带的裂隙被钻探产生的废渣所填堵，完井测试中 1.8 kg/(s·bar)的注水率反映了破坏状态下井的性能。

第一次排放后，闭井后的井口压力维持在 50 bar 左右。10 天后，井下测量(PT6)表明存在一个带间两相流在井孔内向上流动，从 380 m 到井底为低密度流体，380 m 以上为气体(该段内的温度远低于在这一区段所测得压力下的饱和温度，在钻孔中的流体应为气体而不是蒸气)。井中套管部分迅速积累的气体表明 380 m 以下向上流动的沸腾流体中含有大量非凝气体。尽管 800 m 以下渗透性差，但低密度的流体柱也一直延伸到井底，这意味着井底处存在一小股内流，与分散的带间流一起向 800 m 以上驱动。

9.2.3　早期测井解译

井温恢复时井口压力突然上升，可以考虑用深部井孔流体的变化解释。井的温度相对较低时，流体柱中的压力梯度高于岩层压力梯度，水只能向下流动。排放之前测得的温度曲线 T3、T4 显示流体从 450 m 向下流向 850 m。当流体温度充分恢复后，井中的流体压力相对于井孔下部岩层压力达到平衡或者稍欠平衡，上升流将会产生，如图中 PT6 所示。一旦产生上升流，较热流体在深部补给带产生，当流到井口时，随着压力降低这些流体就会沸腾。沸腾进一步降低了上升流体柱的密度，使得井孔与地层间的压力差增加，由此带动了带间流的强烈向上流动，于是沸腾的上升流便会掩盖整个井中的热储温度(对下面的说法提出异议：1 000 m 处地层的实际温度肯定稍高于或远高于测量所得的 280℃)。经过 22 天温度恢复后在带间流开始前进行最后一次温度测量获得的 T5 剖面说明，在 450 m 处最高温度为 252℃，上部补给带的稳定温度很有可能接近 252℃。

到目前为止，井中进行的测量揭示了在 450～600 m 以及 800 m 附近的渗透性。P5 压力曲线可能接近 400～1 000 m 的热储曲线，并首次反映了实际地层压力。自该时起(1966 年 8 月)到 1971 年 5 月的 P11 压力曲线(见图 9.8)显示带间流掩盖了真正的地层压力和温度。许多其他的压力-温度曲线在这一时期获得，几乎所有的曲线都显示两相沸腾升流的情况，这里不再赘述。对比井内充满液相的 P5 与有带间流存在的 P6，可以看出深部补给带的下降类似于上部层位的超压状态，也就是说，深部补给带流体流入井孔需要一定的压力降，其值等于通过井口将水体注入上层补给带需要的压力，因此，这两个带具有类似的渗透性。带间流表明热储中较低的补给带为两相流。虽然在 450 m 处实测的最高温度为 252℃，已经接近当时热储压力下的沸腾状态，但到目前为止，还是不能确定上层补给带流体属性。1 000 m 处的岩层温度至少有 280℃。

9.2.4 产能测试

在 1966 年 8 月及 11 月，使用取样热量计开展了两次产能测试以对该井的性能进行测量，在测量误差允许范围内获得了两次测试的流量和热焓数据（作为一次简单的测试描绘在图 9.4 上）。测量获得的最大流量超过 100 kg/s，通过节流阀改变流量后井会快速稳定。排放热焓为 1 200～1 270 kJ/kg，这与 270～285℃液态水的热焓相等。实际上，这些温度虽在井中取得，但只是在上部渗透带下方温度大约为 250℃的区域取得的，下部已知是两相，上部很可能也是两相的，因为热焓始终明显高于上部流体的温度。

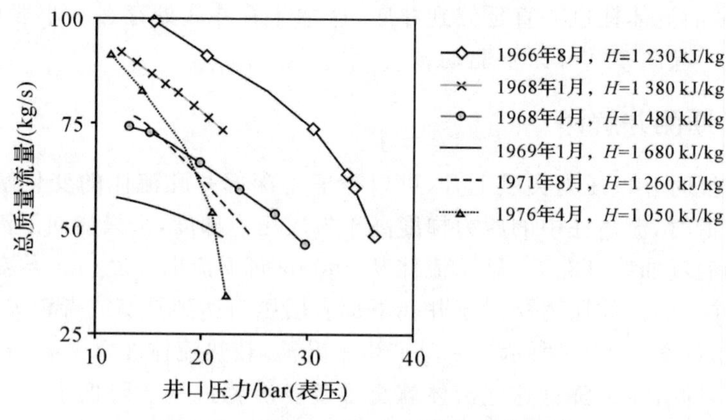

图 9.4 1966—1976 年进行的产能测试

引自：Contact Energy，个人通信。

根据测量的平均热焓 1 230 kJ/kg 及流量 100 kg/s 可知，分离的蒸气流几乎达到 30 kg/s，发电能力大约为 14 MW。尽管存在两相流补给，井压和流量的迅速稳定也揭示了热储的强渗透性。在这些测试中，热焓以及井中随流速变化而显示的循环现象均显示稳定。焓变的缺失说明超额焓是由于未受干扰的热储中的两相流状态造成的，而不是水位下降导致井附近的水产生沸腾而造成的。在该例中，由于补给带水流的涨落，超额焓预计将增加。

§9.3 排放期(1966—1971 年)

BR2 井的排放期为 1966—1971 年。在 BR2 测井期间，Wairakei 热田已经投入生产好几年了，在一些生产井中已观察到热焓显著增加。针对这种变化曾经提出过一个无法实行的“热水方案”，旨在从废弃的分离水中回收额外的蒸气（Thain et al，2009）。同样，得到关注的还有 BR2 井中相对高的非凝气体含量，这种气体对地热电站的潜在影响以及可能的方解石结垢对井孔性能的潜在效应。然而在 Wairakei 热田，并没有一个重要的井口出现井孔结垢，而在另一个热田则存在严重的结垢现象，即在当时已勘探的 Waiotapu 热田。这使人们认识到可靠的热焓预估是开展 Ohaaki 热田复合闪蒸蒸气收集系统设计的关键步骤。基于此，1967—1971 年在 BR2 井和其他可利用的热井中开展了持续的产能测试，1968—1971 年其总产率大约等同于 30 MWe。

对于现代地热的开发，可靠的生产热焓预测对于高效率蒸气田电站的设计和分离水回灌系统设计很重要，因为很小的生产流体平均热焓的变化就会导致很大的分离水量变化，这些分离的水必须要回灌。例如，如果平均生产热焓从 1 200 kJ/kg 变为 1 600 kJ/kg，假定分离压力是 5 bar(表压)，那么对于同样的分离蒸气流其分离出来的用于回灌的水的比例就由 75%变为 55%，这就影响着回灌系统设计，包括需求井的数量，管线尺寸和回灌系统内氧化硅结垢的最小滞留时间等。

图 9.5 给出了 BR2 井 1966—1971 年的排放历史。从 1966 年 8 月至 1971 年 6 月，BR2 井获得的所有压力曲线都几乎显示出类似于 PT6 的具有明显带间流的两相条件(见图 9.3)。这个时期的深部热储压力变化(见图 9.1)是根据附近只有液相的热井推导出来的(由于许多井钻进后在温度完全恢复以后就会发展出带间流，因此这些井只在完井后几周内为液相)。

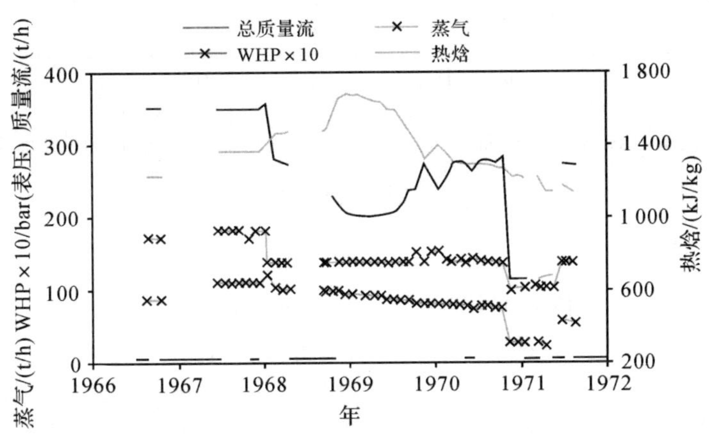

图 9.5　1966—1976 年 BR2 井的排放历史曲线

9.3.1　后期产能测试

为了从 BR2 获得可靠与精确的生产资料，在 1967 年安装了一台分离器，并且在 1968 年 1 月又开展了另一项产能测试。这项测试显示出其热焓已接近1 400 kJ/kg，明显高于液态水的热焓。该热焓随流量变化无明显变化，因此在测试时期内的增加量应归因于热储延伸区内蒸气组分的增加而不仅是热井周边蒸气的变化。质量流的减少则主要是由于热焓的升高及其引起的更大的排放流体比容。这种现象现在已经在很多获得接近沸点的热储流体补给的生产井中观察到。分离蒸气流仍保持恒定或者有时轻微上升，而分离的水流随着总生产流体的热焓增加而减少。在这时热储压力显示其变化不大(见图 9.1)，但是周围其他井的流体热焓仍然在增加。

早在 1968 年，人们就对 BR2 井和周围的井进行了一系列排放测试和井下测量。1968 年 4 月 BR2 井的产能测试显示其热焓进一步上升到了 1 480 kJ/kg，质量流进一步下降。在该次测试中，在接近井底的 1 021 m 处(而不是接近在450 m 的主补给带)也记录到了一些压力瞬态。图 9.6 给出了部分解译结果，(a)为流量 46 kg/s 时的最大排放热焓下降曲线，(b)为流速达 61 kg/s 时，闭井后的 Horner 恢复曲线。压力记录表的记录相当清楚，可以看出其压力随着热井的打开或关闭存在小的波动，但流量并不增加。

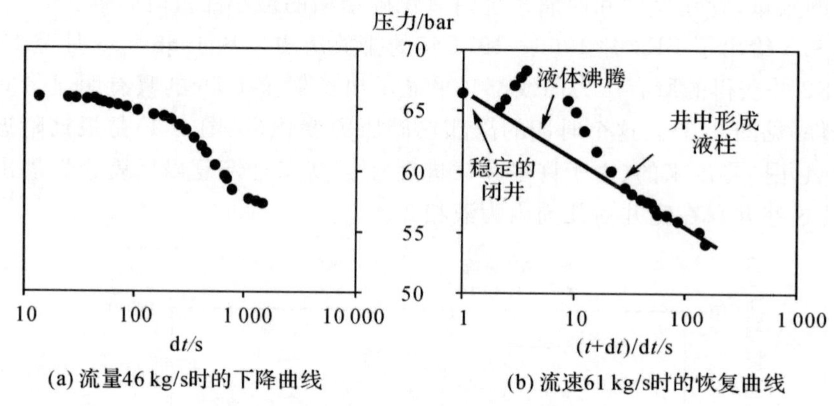

(a) 流量46 kg/s时的下降曲线　(b) 流速61 kg/s时的恢复曲线

图 9.6　后期产能测试解译结果

引自：Contact Energy，个人通信。

在恢复阶段有严重的隆起，如图 9.6(b)所示，井中的剖面给出了发生的原因。尽管当井长期关闭和在排放期间，井孔中的低密度两相流柱处于稳态，但是在闭井之后液柱会短期存在。这在图 9.3 中的 P7 剖面得到了清楚的体现，图中显示了 500 m 以下液体的密度梯度，并与当时测量的更正常的"闭井"后的两相曲线呈明显对比，如 P6。在 Horner 恢复曲线上，开始的部分为线性的，它表明该井在这个深度上向稳定的闭井压力方向发展。一般认为该直线较为有用，单位循环的斜率为5.3 bar，考虑到井中流体柱的密度改变，500 m 深处单位循环的斜率将为4.3 bar，这暗示

$$kh/v_t=2.6\times10^{-5}\,\mathrm{m}\cdot\mathrm{s}$$

产能测试中，在全流速下测得的热焓为 1 480 kJ/kg。如果生产流体来自浅处补给，该处将会用到 250℃的未受干扰温度

$$\rho_t=80\ \mathrm{kg/m^3}$$

因此

$$kh/\mu_t = 3.3 \times 10^{-7}\ \mathrm{m^3/(Pa \cdot s)}$$

给定裂隙流的相对渗透性,则有

$$v_t = 0.31 \times 10^{-6}\ \mathrm{m^2/s}$$

$$kh = 8\ \mathrm{dm}$$

如果采用 Corey 相对渗透性,则有

$$v_t = 1.3 \times 10^{-6}\ \mathrm{m^2/s}$$

$$kh = 34\ \mathrm{dm}$$

由于渗透性或热储构造变化造成的井孔中的密度变化,其效果难以进行鉴别,故不可能对井下的结果做清楚的解释。

9.3.2　干扰试验

1968 年,距 BR2 井 145 m 的 BR8 井完井。BP8 井一投入使用 BR2 井便被关闭了,BR2 井中测得的井下压力保持稳定。当 BR8 井关闭后,在 BR2 中有反映。图 9.7(b)给出了 BR2 井中 500 m 与 800 m 处的 MDH 压力恢复曲线。

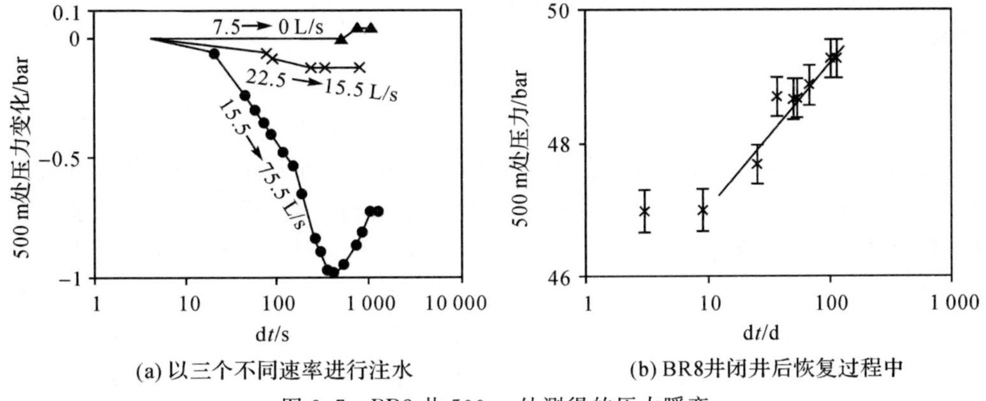

图 9.7　BR2 井 500 m 处测得的压力瞬变

注:误差棒反映测量误差为 0.3 bar。

引自:Contact Energy,个人通信。

BR8 井主要补给带的深度类似于 BR2 井:其主要补给带位于近 500 m 处,这两个井有可能在该深度处有联系,也正是 500 m 处的恢复曲线很好地说明了热储压力由于传送给了 BR2 井而发生了变化。BR2 井中其他深度处的变化反映出,井中压力的改变是由于液柱下面主要的补给区引起的。对其恢复的观察一直到附近的另一口井 BR11 完井 80 天后才停止。BR8 井的排放引起了 BR2 井中的压力下降,但测量结果难以对此作出定量的解释。

将 500 m 深处的恢复作为热储反应的最佳指示,可以在曲线上作出一斜率为

2.7 bar/圈的直线，如图 9.7(b)所示。假定在重复测量之间存在一定误差，则绘出不同的线有一定的变化范围。BR8 流量稳定在 50 kg/s 时，尽管排放热焓随流速而变化，但也大约为 1 600 kJ/kg。如使用 BR2 井的试验中同样的热储参数，由 2.3 bar/圈的斜率可得

$$kh/v_t = 3.9\times10^{-5}\ \text{m}\cdot\text{s}$$

$$kh/\mu_t = 5.7\times10^{-7}\ \text{m}^3/(\text{Pa}\cdot\text{s})$$

据相关的渗透性函数，渗透性-厚度为 50 dm(Corey)或 15 dm(断裂带系统)，假定在作直线时存在不确定性且排放的热焓不同于 BR8 井，则这些结果就与早期的 BR2 井试验分析相吻合。据直线所处位置，可获得储水率为

$$\varphi c_t h = 3.5\times10^{-5}\ \text{m/Pa}$$

该值对于校正直线中的不确定性比较敏感，总压缩率值 c_t 取决于两相混合物的组分及纯度，由于 BR2 井和 BR8 井都排放大量的非凝气体，其相关性也应该考虑。如 BR2 井中一样，BR8 井中实际的热储压力与温度在此时被带间流所掩盖。在井下压力-温度测量条件下，浅部补给带的 CO_2 分压多达 10 bar。假定分压为 5 bar和补给温度 250°C，则有

$$c_t = 5.5\times10^{-7}\ \text{Pa}^{-1}$$

可得

$$\varphi h = 60\ \text{m}$$

由岩芯数据给出的孔隙度范围为 0.2～0.4，其平均值可能为 0.25。假定 φ、φch 不太确定，这些结果说明连接 BR2 井及 BR8 井的含水层的“水力的”厚度大约为 200～300 m。因此，尽管这些井从不同的裂隙得到补给，通过这些裂隙及其延伸，它们都能通往储存在 200～300 m 厚的含水层中的流体。尽管其中有些裂隙在井排放时水位会下降，但总的来看，含水层是均质的。相反，在 1977 年进行的注水试验、示踪试验显示，示踪物以很快的速度从浅注水井 BR33 优先返回到 BR8 井与 BR11 井(McCabe et al,1977)，这些井的位置标在图 9.2 中，此时，连接浅部注水含水层与深层生产含水层的断裂带已经冷却并充满水体。

9.3.3 1968—1971 年

自 1968 至 1971 年，继续进行地热开发钻探，新井完井，开采量大幅增加。这段时间内 BR2 井附近的热储压力下降到 17 bar，并在地下接近沸点的地方产生了沸腾，如图 9.1 所示。BR2 井中的排放热焓有了实质性的变化，热焓上升，到 1968 年达到顶峰，以后稳定下降，如图 9.5 所示。这种“驼峰热焓”对于两相流热储的生产井是普遍的。对于典型的井，由于排放降低了压力，井周围沸腾增加，导致初始热焓上升，但是，最后热井必须从远处得到补给，故其排放热焓会朝补给热焓倾斜下降。在 1969 年 1 月进行的产能测试中，BR2 井以其峰值热焓进行排放并

且持续测试，其趋势为：由于热焓较高，质量流下降，并且热储压力也有所下降，但是由于热井中存在低密度的液体，井口压力依然保持在较高的状态。

从 1968 年开始，开始对排放物的气体含量进行了有规律地测量。当时气体含量相对较高而且随着时间变化，其变化趋势一般随着热焓的变化而变化，并且在 1969 年 1 月达到峰值，为总释放量重量百分比的 4%。生产历史（见图 9.5）显示在 1970 年 10 月质量流陡降，而井口压力或热焓没有相应的变化。这时的急剧变化显示井在 510 m 处发生了堵塞，移去钙垢的修理工作在 1971 年 5 月完工。维修工作中收集的结垢物样本证实，方解石垢是流量急剧下降的原因。

维修工作完成后井重新开始运行，后来的产能测试结果显示其排放热焓下降到了 1 260 kJ/kg（见图 9.4，1971 年 8 月），并且现在已经接近 1966 年第一次测试的水平（1 230 kJ/kg）。低热焓使得最大排放压力下降，而由于热焓降低以及相应的两相流柱中更高的密度流体，最大涌水量已经升高到前期测试的水平。即使 1971 年的流动热焓已经接近原始流量测试水平，但由于深部压力为 17bar 左右，低于 1966 年对 BR2 井的第一次测试结果，总流量也变得相对较小。

排放 50 天后井被关闭，在一次常规的井下测量时发现井孔在 550 m 处已经完全被堵塞。第二次除垢维修工作在 1971 年 9 月展开，随之进行了一次完井测试，当时注水率差不多达到 30 kg/(s・bar)，其温度曲线（见图 9.8，T10）为一条阶梯状曲线，指示在 420～500 m 处存在流入流，该段以下的等温线说明流体通过各种途径流入了孔底附近较深的补给带。在完井测试中，该分析被所测得的试验涡轮剖面所证实。

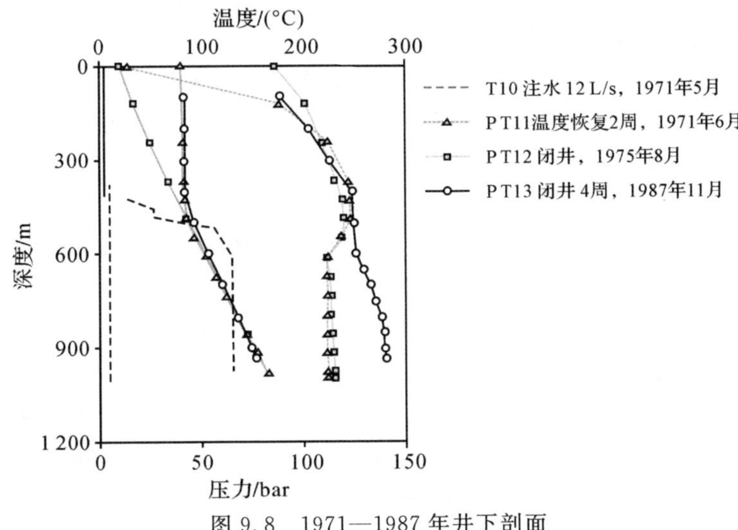

图 9.8　1971—1987 年井下剖面

引自：Contact Energy，个人通信。

§9.4 停止运转及压力恢复(1971 年 8 月—1980 年 11 月)

在 1971 年 8 月,Ohaaki 所有井都被关闭。此后几年内,在 BR2 井及其周围井的压力曲线反映压力在逐渐恢复,平均每年约 2 bar。在该压力恢复期内,对 BR2 井中一些定量及定性的变化进行了测量。1971 年以前,热田停止运转后的第一次压力剖面显示关停的井中在水柱上方有蒸气柱存在(见图 9.8,PT11),汽-水界面位于低于 420 m 的补给点,表明 420 m 处的补给带是以蒸气为主带。"蒸气帽"剖面表明连接 420 m 处补给带的部分热储中存在或正在形成一蒸气带。如果不是附近其他井在当时也有类似的动态,并且其中的 BR19 井短期内还排放了大量干蒸气,在 BR2 井中进行的这次测量还不会显得如此重要。这样,一个蒸气带就在热田这一角开始形成并向 BR2 井延伸。此后在 BR2 井中获得的压力数据都说明水泥套管以下的井段充满了水,这就说明由于排放深部流体压力得以恢复,并且较冷的水体流入沸腾带使其骤冷,正在发展的蒸气带在迅速消失。

第二个影响到这口井的变化,是由一个以前不太明显的"新"的补给带造成的。温度曲线上(见图 9.8,T11)存在一个从 600～1 000 m 的等温区,显示这口井现存在一个下降流,600 m 深处 220℃的水进入井中,下降到 1 000 m 以下更深的补给带。就像刚才讨论的,具有两相流条件的高温水存留在 420 m 的补给带,不受 600 m深处较冷水进入的影响。这是在深部热储中存在温度相对较低的流体的第一个证据。

在 1976 年,又进行了更进一步的产能测试。热焓为常量 1 050 kJ/kg,这正与 420 m 补给处的 250℃液态水温度相当,显著高于 600 m 处 220℃的流入水体。事实上,600 m 深处的补给没有多少参与排放仅说明在该深处渗透率较小,尽管该段水流是井下温度剖面的主要影响因素。1979 年,井中取样分析说明 590～900 m的化学性质类似于以前该井在流动过程中所收集的样品,在 500 m 深处样品表明,井所含流体的氯化物含量正常,但硫酸盐含量很高(Henley,1979),这说明有蒸气加热的地表水流入。从 1971 年持续至 1979 年的下降流和这一时期测得的涡轮剖面肯定了井中 600～1 000 m 深处等温线解译的 5 kg/s 的下降流。1979 年 8 月该下降流消失,代之为一上升流,温度剖面又恢复为典型的沸点剖面,这说明井中的两相流状况一直延伸到井底(见图 9.8,P13)。尽管在 1987 年 11 月对 P13 进行过测量,其与 1979 年的曲线基本上是相同的。两相流压力梯度(P13)和液相压力梯度(P12)之间的压力差较小表明,1979 年发育的上升流并不如从 1966 年持续至 1970 年的带间流活跃。

§9.5　生　产(1988—1997 年)

1988—1996 年,BR2 井为 Ohaaki 发电站供应蒸气。因为这一时期用管子向井中注入钙垢抑制剂,只有少量的井做了井下测量,并且由于 BR2 井和其他井联合向一个共同的分离器输送两相流,该井没有继续进行有效的流量测量。1988 年开始生产之前,完成了一个"基准"产能测试,紧接着是在未来几年中进一步的测试。在这生产期间的主要特征是液相补给带逐渐冷却,流体热焓从 1988 年的 1 150 kJ/kg(263℃)下降到了 1993 年的 890 kJ/kg(209℃)(见图 9.10)。与此同时,氯含量的减少与硫酸盐的增加表明,冷却流体的来源是稀释的浅部蒸气加热的水体。1988—1994 年生产期间的产能曲线如图 9.9 所示,产能曲线受补给水温度下降与储层压力下降控制。

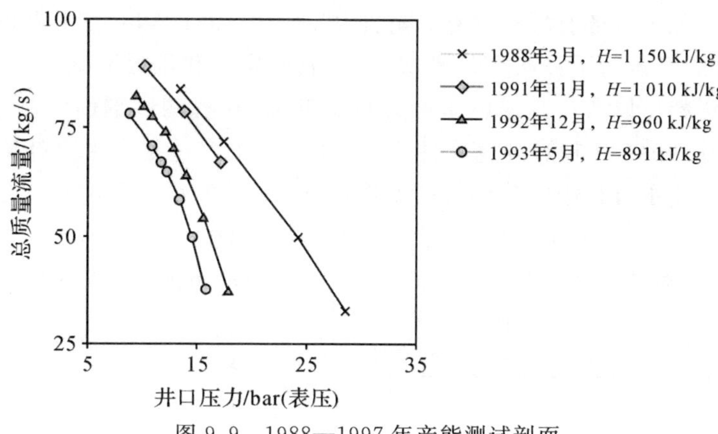

图 9.9　1988—1997 年产能测试剖面

引自:Contact Energy,个人通信。

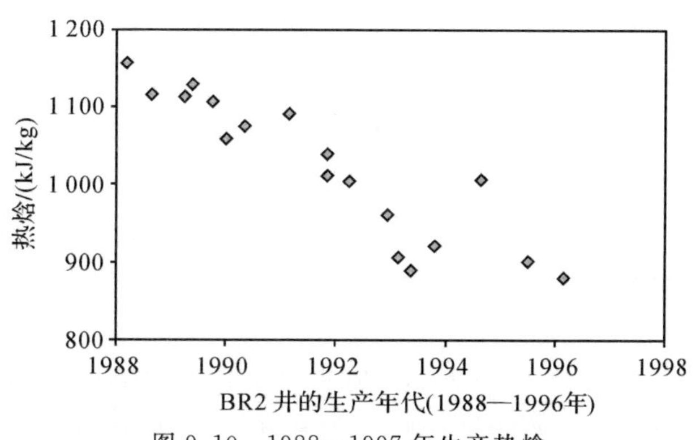

图 9.10　1988—1997 年生产热焓

引自:Contact Energy,个人通信。

在 1988 年生产周期刚开始的时候，补给带温度和排放热焓已恢复到 1 150 kJ/kg，只比 1966 年首次进行测试的值低 80 kJ/kg。与此同时，随着深部热储区压力恢复，两相流的带间上升流已重新稳定并达到初始状态（见图 9.8，T13）。然而，一旦开始大范围生产，深部热储压力就会迅速下降，到 1988 年，400 m 深处的温度-压力条件已不再接近沸腾状态。尽管一开始储层压力快速下降（见图 9.1），浅部的两相流带不再发展。曾经假定热储层上部存在渗透率低的"盖岩"（Huka 瀑布群的泥岩建造、粉砂岩和凝灰岩），会把深部高温流体与冷的、浅部地下水隔开，仅靠一些已知的断层和断裂带进行有限的联系，然而，一旦深层压力开始下降，热储层上部的低温流体并不会与深部的热储层完全分离，一个低温的侵入层会在热储层上部形成，影响 BR2 井。值得注意的是，对于 BR2 井，示踪试验显示少量示踪剂从卤水注入井中返回，补给带冷却完全是由于浅的冷流体覆盖在热储层之上造成的。

通过向井下注入抑制剂控制钙垢并不完全有效，井会随着时间推移快速破旧，需要大量工作除去方解石垢和修复管道抑制剂。在 1991 年后，随着井的修复和方解石垢的移除，又进行了一次完井测试，包括温度恢复和排放测试。这时候，井下更多的详细资料可以通过高温电子测井设备获取，这些测试剖面绘制于图 9.11。现在以低于 50 kg/(s • bar)的速率注水，在注水和生产过程中主要补给带较小的压力变化以及注水过程中的阶梯状的温度曲线（见图 9.11，PT15）证实了储层的高渗透率，它们是具有高渗透性和多补给带的井所特有的。温度阶梯位于 410～420 m 和 500～510 m 有热水流入带，深部的流出带在 1 000 m 附近（如前期测试所示，

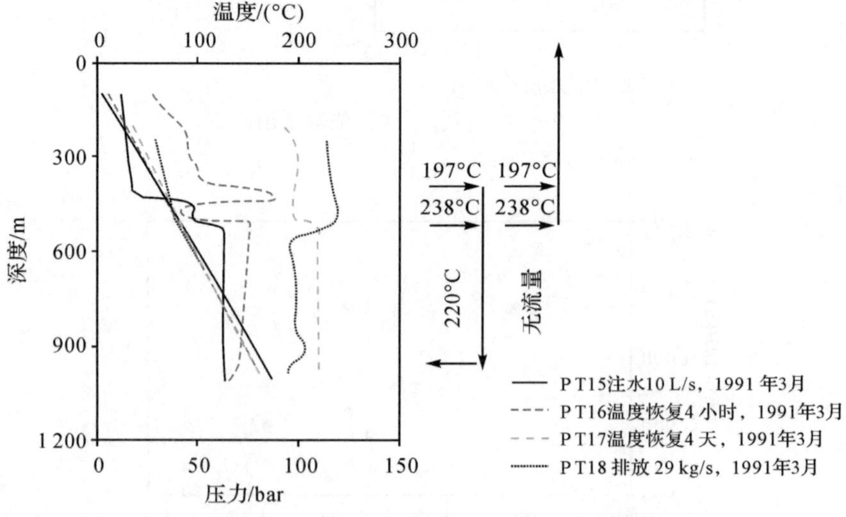

图 9.11 1991 年 BR2 井的压力-温度剖面

注：剖面右侧的流程图为 T17（闭井后）与 T18（排放中）温度剖面可能的混合模型示意。

引自：Contact Energy，个人通信。

700～800 m 仍然是补给带，但是 1991 年进行的注水试验并没有显示)。经过 1 小时的温度恢复,温度显示 430 m 有一个 178℃的温度峰值,500 m 的补给带有一个 152℃的下降流。根据 430～500 m 冷却孔段判断,500 m 以上液柱似乎停滞。经过 4 天的温度恢复,在 500 m 的补给带似乎出现了一股温度为 220℃的下降流流至1 000 m深处(PT17)。几天以后,随着井的流动,500 m 的补给带产生了 238℃的水(PT18)。对这些变化最好的解释可能是 4 天的温度恢复剖面(PT17)是一个混合剖面,430 m 的 197℃进入流流向 500 m,遇到 500 m 的 238℃较热的进入流,两者混合成 220℃的热流。这些温度曲线解译并不确定,缺乏离心测量数据,很难开发一个一致的流量模型解译所有的情况,有时更详细的信息不一定会得出更合理的解释。到 1996 年,BR2 井排放热焓已下降到低于 900 kJ/kg,无法维持生产所需要的井口压力。到 1998 年,BR2 井终于被废弃。

§9.6　结　论

在以液态为主的两相流的 Ohaaki 热田上,其热井案例说明了以下几点：

(1)各种测井技术在新西兰很多热田得到了应用并产生了一些影响。

(2)地下条件的改变会使一定时期内单井的生产性能发生变化。

(3)单井的利用能够给出某一地区热储的特性和热储中所发生变化的典型描述。

这里不以任何方式意图表明 BR2 井的历史既是典型的又能代表生产井的性能。相反,数据的可靠程度、自然属性的变化以及已经做过的广泛测试,使得 BR2 井成为一个应用各种解译方法了解由于流体生产干扰使得深部热储条件发生变化的理想范例。

第 10 章　概念模型

§10.1　概　述

概念模型是用简洁的图形和文字描述热储的方式，包括决定其形成、开发效应的相关构造与过程，通常被表示成横剖面或地图，或者两者的结合。图 10.1 (Cumming，2009)为一个常见的具有明显地形起伏的高温系统，其在高海拔地区有蒸气增温带和低海拔地区有氯泉这一特点，能确定液相上升流到达地表的点位且该点的高程低于蒸气排放点。等温线的模式、水热蚀变、地表显示是自然流动的结果。作为对比，图 10.2 给出了德国 Landau 低温系统的概念模型。这个例子说明，储层定义为含水层，唯一重要的信息是从地质学角度确定其深度和随深度而增加的温度。

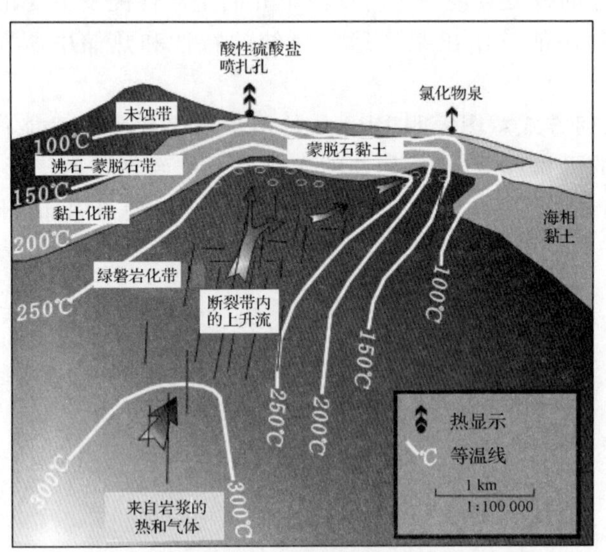

图 10.1　概念剖面

概念模型汇集了几门地球科学学科的有效资料，并将所有资料集合成一个相容的解释。这样一个概念模型能为靶井、热田开发，更甚者，为试验提供清晰的理论基础。根据勘探结果，模型可以支持、修改或被否定。一个好的概念模型有许多特性：

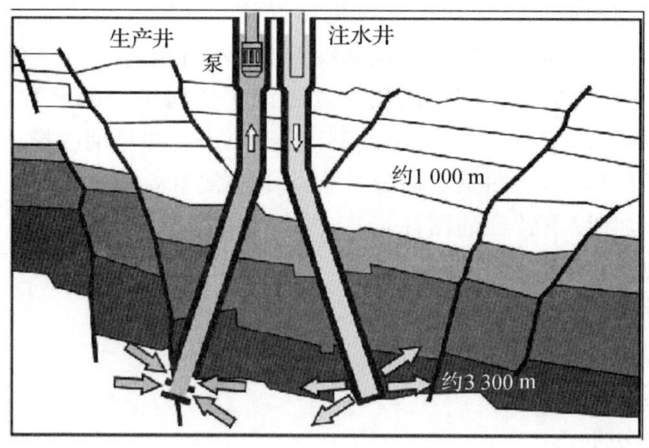

图 10.2　地质剖面

引自:Geox,个人通信。

(1)模型不应该过于复杂,适合现有数据的最简单模型是最好的。部分使模型复杂化的细节具有一定的蒙蔽性,属于虚假信息,因为没有数据对此作进一步规范。如果新的数据不匹配于模型的简单形式,可以进行仔细的推敲,这一新的数据可能反映了系统应有的变化。

(2)模型也不应该太简单,应考虑系统的基本特性。

(3)模型不应该有偏颇,例如,非常精确地拟合一个特定的数据集而忽视其他信息。对于流动模型,化学或热焓的变化与压力变化一样重要。一个概念模型,通过忽略其他的信息描述一个数据体是不可能完全正确的。

(4)可能的话,模型应拟合观测到的数据而不是解释推断的数据,后者可能已经假定符合某些特定的模型,使得对这个模型的概念具有一定的倾向性。

对于每一个模型,不是所有这些要求都可以得到满足。每个热田有其各自的特点,要以这样的观点来看待模型。概念化与观察到的信息一样,不依赖无法识别的假设,并最终只有通过热田长期的观察来检测。对于热田开发者,只有长期与热储的特征最为匹配的模型才是最好的。

§10.2　热储制图

概念模型首先由勘探地球的科学家编制,包括地质学家、地球物理学家以及地球化学家。尽管钻孔空白区的模拟已验证了所提出的概念模型能够产生观测到的地表现象,但在钻井和测试之前,热储工程几乎没有贡献。

概念模型的第一步是以方便可用的形式组织所提供的数据。通常,这些数据来源于地图、横剖面或三维计算机可视化数据等。在勘探阶段早期,会有地质、地球物理图和地表热活动的图件。一旦钻探开始,就会拥有来自热井和测井所得的数据。为了展示可能的存在模式以及检测或证实任何出现的异常,必须将这些数据整理成简便的形式(如在地质图上绘制渗透率)。这些早期的描述对于后面进行的解译十分重要,因此,绘图是热储分析中一个非常重要的过程。

可以编制包含以下特征的图件:

(1)热储地质。

(2)热储及井下地球物理。

(3)热储温度。

(4)热储压力。

(5)渗透率分布。

(6)热储内的分带:液相带、两相带、蒸气带。

(7)流体化学。

(8)自然排放量。

(9)水热蚀变。

(10)井排放量。

(11)地表变形。

以上所列属性并不完整,而且并不是在所有特定热田中都会用到这些属性参数,例如,地表变形只适用于已开发的热田。通常,这些图件不仅只包含实际测量的等值线,还包括解译或总结性的数据,这意味着要依据相关的判断对数据进行筛选。这些判断依据会随时间而改变,当有新的有用信息时,对其进行修订是必要的。有时,一种新的解译将会促使搜索旧记录以检查和重新解译老资料。

热储工程师从井中收集的数据包括热储温度、压力和渗透性,温度很可能是这些数据中最重要的,当钻井数足够多时,就可以编制热储等温线图。等温线图有助于不同学科的专业人员了解地下过程,地质学家可能要寻找构造和蚀变的相关性,地球物理学家会研究电阻率与温度是否相关,而地球化学家就会想要找到沸腾、沉淀或混合过程。由于等温线会指示自然流动的方向和位置以及经济储层位置,它们对于可能的热储模型具有很强的影响。

因此,热储工程师必须提供热储温度的最佳评估。如果在一口井内存在带间流就意味着热储温度在超过一定深度的间隔内是未知的,对这部分缺乏的资料必须进行报告。如果井温没有充分恢复,仅知道热储温度的最小估计值,这种情况也必须说明。热储外温度与热储内温度同样重要,周围温度可以帮助圈定热田边界,这在以后的模拟中会很重要,同时,它们还可以直接揭示出渗透率大小或者渗透性缺乏的情况。

井内的一些重要渗透带的位置可能是另一个最重要的因素。为了指导今后的钻探,地质学家和其他专家希望获得渗透带的分布模式或其与地质构造的相关性。热储工程师和建模者对于压力很感兴趣,如果有一个可测的水平压力差或静态的垂直压力差,并且自然流量已知,那么乘以流体的横截面积就可以直接测得渗透率。

§10.3　温度剖面

温度很容易进行测量,也容易进行解译,但需要小心谨慎。当井完成后并经过温度恢复和排放,可以通过测量获得热储温度曲线,把这些温度值在平面或剖面上制成等温线图,就可能是热储不同性质的最基本表现形式。

根据这些图能立即知道热储是对流的或是传导,也能立即推断出自然流模式。天然的热补给在热储温度最高处流入并朝较冷带移动,温度逆转则意味着有冷水进入储层。恒温地带意味着流体通过对流混合。在所有的情况下,最大或最小带状温度意味着水体流动和渗透性。然而,一些热显示并不能说明存在大的渗透带。在热传递的方式上对流要远胜于传导,即使在小渗透率的地带较小的流量也能够产生大的热显示。通常,一旦开发勘探,由勘探所引发的地下水流模式会掩盖自然流。储层温度的变化反映出由于沸腾或冷水进入致冷而使储层发生了变化。值得注意的是,这并不能说明在勘探过程中补给是在储层中温度最高的地方进入的。

在未受干扰的热田中,从自然流的模式可以推断出它的垂直压力梯度。以下是对钻井剖面产生影响的三种重要情况(和更多复杂的特殊情形):

(1)热田上升流区的储层压力梯度超过静水压力,钻井通常含有从深部到较浅带的上升流。

(2)外流区流体流动为水平或近水平,钻孔压力与岩层压力接近平衡。在热储的这一区域,井孔内通常无水体流动。因此,井孔温度反映了一定深度范围内岩层的真实状况。

(3)在外流区热流体流向较冷区。一般来说,较热流体轻微超压,井中一般存在下降流。

在已开发的热田,流体抽取和注水的模式决定着矿山的压力分布,它可能早已不是静态压力。

10.3.1　上升流条件

前文图4.4为一个在上升流区的钻井例子。阴影区域代表热储温度曲线,这是根据该井和相邻井孔在上升流区域钻探和温度恢复期间测量绘制的,注意由于存在某些构造,使得热储中没有均匀的上升流。井中也存在横向流,但平均起来为上升的净梯度。WK24井的钻进分为两个阶段:先钻到578 m,然后再钻到832 m,在345 m处下套管,图上显示了每一阶段的稳定曲线。

在井加深之前井中存在沸点温度剖面。沸腾流体在井底附近进入井中,向上流动。从上升流中分离出来的蒸气上升到套管段,也使井筒的这一部分增温。井加深后,钻井显示存在一个等温段,在它的上面存在另一个沸点剖面。液态水在孔底附近进入,向上流动,像前面所说的一样产生沸腾。在这两种情况下,井中的沸点段模糊了钻井上方和套管内的储层温度。加深了的钻井永远都不会显示井中初始测得的最高温度,这是因为存在上升流的钻井中的流体流动完全掩盖了它的细节。

尽管由于内部循环导致储层温度数据丢失,但可以通过解译井中流体获得其他的一些数据。沸点剖面可以确定沸腾条件,沸点剖面向下延伸至补给点时则能确定补给带为沸腾状态。同样,等温曲线能识别流体的流入以及在该深度上热储内的流体状态。沸点剖面往往是识别两相流条件最敏感的方法,它可能首次出现在温度恢复后期,之后蒸气的快速上升流动会使裸孔和套管的上部增温。

当钻井中含有流体且具有水和蒸气之间的中间压力梯度时,会出现更让人惊讶的另一种内部流,即沸腾的横向流。剖面与排放井类似,形成原因也相同。蒸气和水向上流动并很快混合,产生典型的中间压力梯度,其流量须足够大,以推动井中水泡到达栓塞的水流体系。这是一个比沸点剖面更为活跃的呈水泡流态的上升流形式。

图 10.3(White et al,1975)是一个很好的例子,为美国黄石国家公园的 Y-13 井。温度在钻进过程中已经测量,相应的饱和压力也标在图上。需要注意的是,其热储压力梯度超过静水压力梯度,闭井及渗漏状态下稳定的井下压力也标在图上。在压力梯度小于静水压力时,井中也存在沸腾的上升流,在浅补给带排入岩层。在

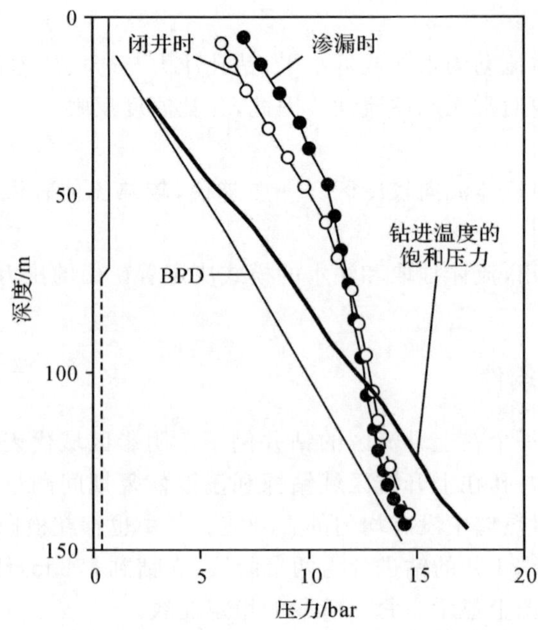

图 10.3 黄石国家公园 Y-13 井的压力剖面

补给带之上压力梯度接近于静水压力梯度，所以在低密度液体的顶部存在明显的平衡。这样一个剖面仅在动态时才可能存在，而非静态条件下(类似在第 4 章和第 9 章讨论过的剖面)。随着蓬勃的沸腾上升流，蒸气上升进入套管中，套管飞快增温，如果关闭钻井，气体压力(让蒸气冷凝之后留下的)会急剧上升，直到流体流出或水位下降到最浅的补给带，导致更多的气体流失进入岩层中。在井口部分产生高气压并不需提高储层的含气率，气体是靠这种蒸馏作用而集中在套管中的。

沸腾的带间流的存在通常表明井会超量排放热焓。需要注意的是，井中的低压梯度并不代表热储中有同样的梯度。在一个未受干扰的热储中，热储压力梯度通常接近于静水压力梯度。只能通过在不同井中不同深度处测定热储压力确定储层压力梯度。

10.3.2　静态条件

在热田的外围或者外流区，井中温度剖面可能不会有显著的对流效应。图 10.4显示了 Tongonan 热田两口井的剖面，它穿透了来自储层的 Malitbog 外流层。MB-1 井的剖面类似沸点剖面，但温度较低。该热储流体源于沸腾流体，沸腾流体侧向向外侧流出，在一定程度上进一步冷却。在渗透性好的井中缺乏明显的对流效应，表明井与储层之间达到了真正的平衡，并说明储层处于垂向静水平衡状态。MB-7 井显示了具温度逆转效应的流出流。

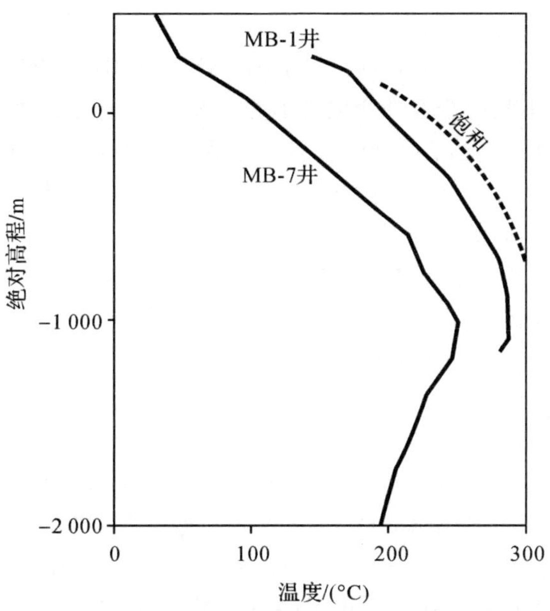

图 10.4　Tongonan 热田 MB-1 井与 MB-7 井中的稳定温度剖面

引自：EDC，个人通信。

有时，一个热田开发大部分或全部发生在一个外流区上，例如 Ahuachapan、羊八井、Rebeira Grande、El Tatio、Wairakei 与 Kawerau 的早期开发。勘探钻进后发现外流区为极佳的生产区，因此热田的开发便基于这些生产区，只是后来才在上升流区进行钻探，有时其渗透性并不如外流区。

10.3.3 下降流条件

像上升流一样，下降流可以通过近似的等温曲线辨认。井中的水流可以通过传导失去或获得一些热量，所以在流动中可能会升温或降温。有时可能仅通过温度数据识别出井中存在一股热流，但是不能确定其是上升的还是下降的。在这种情况下，闭井时的涡轮剖面可以确定热流的流动方向和流动速率。需要注意的是，带间的液体流提供了一个在井没有排放时采到深部储层流体样品的机会。

10.3.4 传导或冷水含水层

在许多地方，高温热储层上面的含水层可能温度很低，而热条件或沸腾条件可以延伸到表层排放区，这样的热活动通常只发生在热田的部分区域，远离表层水热活动区，钻探中可能会碰到不同厚度、温度较低的岩层。

温度剖面的两种形式通常出现在以下地区：线性的传导梯度暗示渗透性较差和大致等温的较低温度，或者大的温度倒转指示温度较低的含水层。这样含水层通常与特定的地质建造相关。

图 10.5(a)为第一种类型的例子，Ngatamariki 热田的 NM6 热井，热储层顶部在 1 800 m，在这之下是一个温度变化极小的对流层，在这个深度之上直到 500 m 是一个大致的线性梯度区域，在 1 000 m 被一个含水层截断，500 m 以上是冷水含水层。图 10.5(b)为第二种类型的例子，Ohaaki 热田的 BR31 热井，这口井位于热储层边缘，如图 9.1 所示，热储层顶部在 550 m，之上到 400 m 的冷水含水层具有很陡的温度梯度，揭示了这个深度具有较低的渗透性，400 m 以上在相对温度较低的岩层中肯定有流体运动，且渗透性较好。这个解译基于与井的地质情况相关的温度剖面，400～550 m 存在低渗透性粉砂岩，在其之上是高渗透性断裂流纹岩。

10.3.5 渗透性界定

温度剖面分为对流或传导两种类型，对流剖面暗示渗透性的存在。应该指出，可能有足够的渗透率，但是仍然不足以进行生产。做一简单介绍，温度在 200～250℃流体进行对流需要 1 md 的渗透率(Straus et al，1977；Hanano，2004)，而对于一个好的生产井或注水井则通常需要几个达西或更大的导水系数，经常会到几十或几百达西。因此，对流是生产热储的必要条件，而不是充要条件。由于钻进液的漏失，会碰到对流温度效应，但是并不能保证存在可生产热储。这解释了常见的“不渗漏上升流”现象。

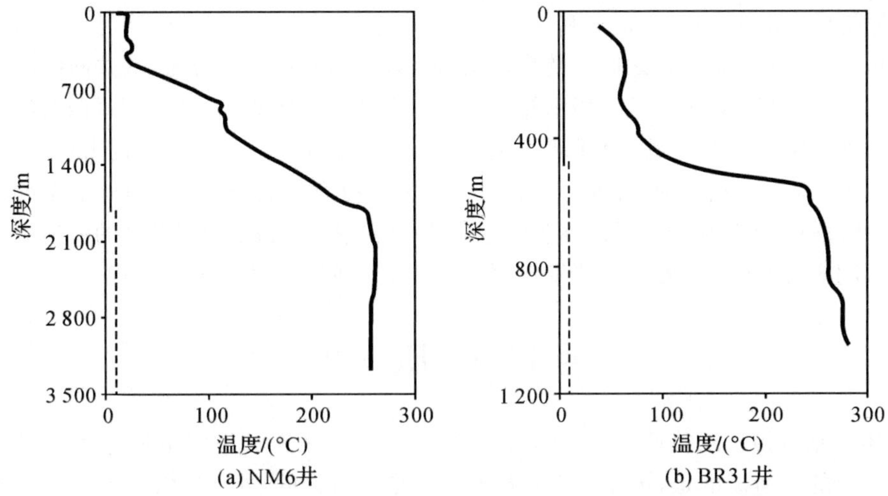

图 10.5　NM6 井与 BR31 井的稳定温度剖面

引自：(a) Rotokawa Joint Venture，个人通信；(b) Contact Energy，个人通信。

初步勘探证实热田具生产性的外流区，但是进一步钻进上升流区发现几乎没有能用于生产的渗透带。其渗透性仅能产生对流，而对生产来说是不够的，这个异常实际上是由具有较高渗透率的流出流造成的。

图 10.6(Barelli et al, 2010b)显示了一个明显矛盾的现象。Amiata 山地区的

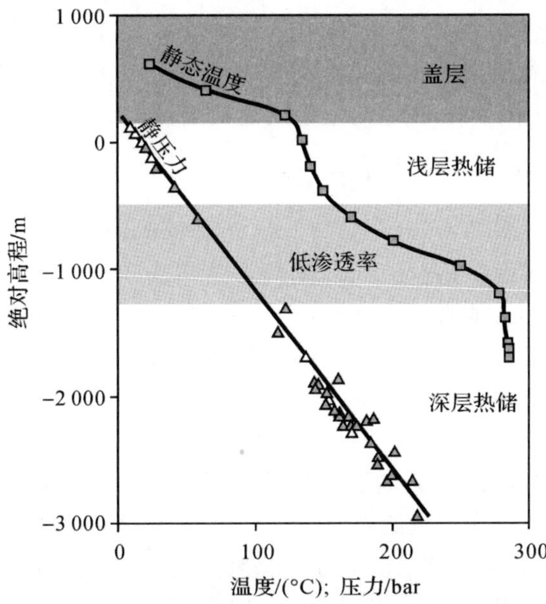

图 10.6　Amiata 山地区地热系统中的压力-温度剖面

地热系统(Barelli et al,2010a)具有一个深层和一个浅层热储。温度曲线显示这两个热储被位于两个对流温度区之间的传导区所分开,然而,根据数据分布,其共同的压力梯度暗示着存在水力联系。这些指示并不矛盾。这些温度曲线显示传导区垂向的渗透率小于其他区域,$k_v < k_1$。观测不到明显的压力差暗示垂向的渗透率超过其他值,$k_v < k_2$。$k_2 > k_1$ 是可能的,这样两种标准都能满足。为了更精确地说明就需要对这个系统进行模拟,通过模拟可以确定多低的渗透率能够显示传导梯度,以及需要多高的渗透率创造一个共同的压力梯度。在实际开发中,在两个热储之间没有发现压力干扰。

§10.4 压　力

压力是直接反映热储流体流动特征的属性,对于生产和注水来说它是一定要测量和对应的。遗憾的是,正如在第4章至第7章所讨论的,井下压力并不一定简单对应同一深度的热储层压力。热储层压力分布图的绘制需要大量的井中观测数据。如果成功的话,压力梯度(超过流体静态)的方向就是热储层流体流动的方向。

图11.2显示了Kawerau热田初始压力分布随深度的变化。压力是早期的井中补给点的压力,是在大规模生产之前测得的,所有井都仅位于热田的一部分,不包括后来钻井的南区。根据数据分布,存在一个压力随深度变化的简单线性趋势,如图2.6所示,该趋势的变化梯度为0.085 bar/m。相比之下,储层的平均温度为250℃,静水压力梯度为0.078 bar/m。这两个数值之差为0.007 bar/m = 700 Pa/m,这驱使热储层产生上升流。Kawerau热田天然热排放量估计为80 MW。随着深部补给温度达到290℃,其流量达到了67 kg/s。如果上升流区域面积是A,垂向渗透率为k_v,在垂向上应用达西定律得

$$W=67=\frac{k_vA}{v}\left(\frac{\partial P}{\partial z}-\rho_w g\right)=700\ \frac{k_vA}{0.3\times10^{-6}}$$

$$K_vA=1.25\times10^{-8}\ \mathrm{m}^3=12.5\ \mathrm{md\cdot km^2}$$

如果上升流区域面积超过1 km²,垂向渗透率为12.5 md。相反,井群干扰试验显示kh值为100 dm或者更大(Grant et al,2007)。总体上说,水平渗透率要比垂向渗透率大得多。另一个例子,在第12章中的Mak-Ban热田中,垂向压力梯度被用来校正模拟模型的垂直渗透率。

图10.7(Arellano et al,2005)显示了Los Azufres热田根据已确定的各个井主要补给带的压力绘制的初始储层压力分布。可以清楚地看出,压力超过40 bar的蒸气带位于深部液态为主热储层上方。在该例中,不同井中的压力下降具有一个简单的共同趋势,表明热储层的连通性良好。这个曲线仅是热田南部区域热储层的一部分,北部的热储层在整个深度上是压力梯度正常的液态为主热储(Torres-Rodriguez et al,2005)。

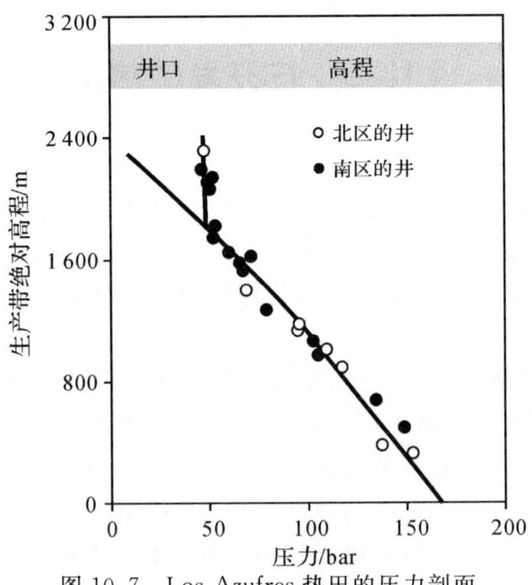

图 10.7　Los Azufres 热田的压力剖面

比较不同井中不同深度的压力是很困难的。在石油或地下水储层中，正确使用静态梯度进行标准高程校正则比较简单。在具有可变温度和非静态梯度的热储中，不能进行简单的比较。通过绘制不同井中不同高程的地层压力并确定梯度，可方便地确定储层的标准压力曲线。确定了这个“标准静水压力”后（Hitchcock et al，1975），压力数据可以被表达为对这一趋势的偏离。这种方法对于已开发的热田也非常有用，将标准的初始压力曲线作为参考，一个新钻井的井中压力可表示为对于这个趋势的偏离。图 10.8（Garg et al，2000a）为一具体实例。

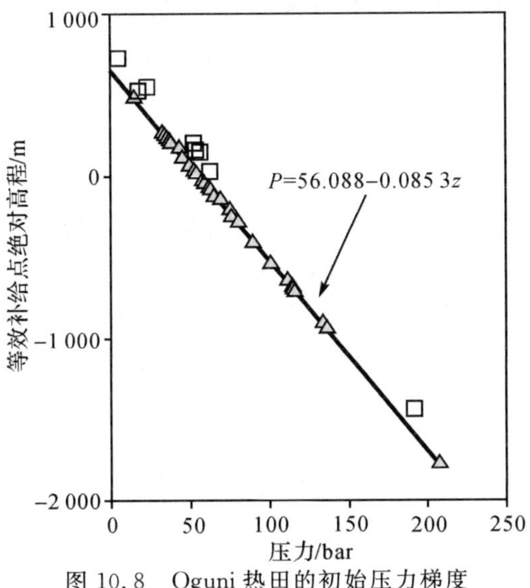

图 10.8　Oguni 热田的初始压力梯度

§10.5 已开发的热田

在已开发的热田中,由于特有的动态压力分布可能会出现其他类型的行为。如果该热田的一部分开始沸腾或接近沸腾状态,压力下降会导致两相流条件的扩展,无论井中的带间流是上升还是下降,往往会变得更突出。如果在热田中有不同的含水层,在两个含水层中都获得补给的井中,其不同的水位下降会形成一致的流体流动模式。

如果沸腾作用较强,蒸气带通常形成于热储的顶部或在热储具有侧向延伸的低渗透率盖层的部分区域,盖层可以防止水的垂向排放以及由于深部压力下降而扩展。一口开孔于蒸气带和下覆液相带的井常常会拥有一个蒸气帽剖面:水柱之上存在一蒸气柱。在两个点上井与热储压力达到平衡,一个在蒸气带一个在水里,因为在蒸气和水柱中的井下压力可以自由变化,并伴随着水位的相应移动(注意,这种在井孔内观察到的蒸气-液相剖面并不意味着在热储中存在一"水位"。在液体饱和带之上将会有一个蒸气饱和度逐渐增加的过渡带,"自由"蒸气只存在于大的断裂中)。在井中的蒸气部分和水体部分,可能存在对流或循环效应。

§10.6 结 论

在本章中,第一次讨论与单井信息相对应的热储信息。自然状态的信息是有限的,而一旦开始开发则通常不能再获得。持续了几万或几十万年的自然流动已在待开发目标热储中形成了其热和流体的分布模式。

简单来说,正是不同地热系统流体的运动创造了热储层。相对开发来说,这可能是唯一的科学兴趣所在。正是水流及其与热储水文地质构造有关的流动方式决定了热储的形式,热储有两种截然不同的形式,即液态为主和蒸气为主,每个都具有不同的自然流。

对于这两种系统类型,均有天然状态的简单模型,可用于系统的概化和一些热田参数的估算。这些简单的模型可以用于更复杂的真实系统。本章进行了定性的描述,在后面的章节中会倾向于定量化,因此会用到更详细的、范围更广的数据。当构建一个概念模型时,需要考虑来自不同学科的数据。

第11章 模 拟

§11.1 概 述

本章概述热储工程师对于模拟的应用。模拟方法假定热储工程师给某人提供数据，由其开展模拟工作，并将模拟结果再反馈回热储工程师。有时一个人充当热储工程师与建模人/模拟者两个角色。这里主要讨论热储工程学的输入，而不讨论模拟的原理。对于模拟器的概念，可以参考 O'Sullivan 等(2001)。本章重点讨论需要什么样的数据、模型校正以及期望获得怎样的合理结果。

模拟并不是一个简单的输入数据和获取结果的过程，模拟最大的优势在于它的计算遵循物理和数学定律，在逻辑上和内部是一致的。相比之下，当建立一个集中参数模型时，简化的假设有可能与系统构造不一致。模型模拟从理论上利用明确的已知信息避免了这种危险。通常在建立模型过程中会发现一些数据不一致或很难拟合，这就需要复查。为此，热储工程师要检查实际测量数据及数据的处理和解译过程，也可以依靠其他测量数据进行交叉检查。数据难以拟合也可能是数据解译错误。如果数据是可靠的，则表明建模者可能要做更多的工作拟合不一致的数据，可能需要修订概念模型。

目前常用的模拟代码允许对包含气体、盐或示踪剂的两相流以及双孔隙介质进行模拟，主要有 TOUGH2(http://esd.lbl.gov/TOUGH2)和 TETRAD。TETRAD 要求一个矩形网格，而 TOUGH2 则不需要。iTOUGH2 可以进行自动参数拟合，但这是复杂的计算过程，目前可以应用的参数有限。目前的一个缺点是缺乏“锋面跟踪”选项，即通过块体而移动的明显分界面，最明显的例子是靠近模型顶部的自由水面。这个界面只表示上面的非饱和带与下面的饱和带之间的界面，水位只能通过块体厚度递增而移动，这就意味着表面效应只能近似表达或需要非常精细的垂直网络。

§11.2 数据输入

建模需要的基础输入数据如下：

(1)热储概念模型。

(2)初始状态下的压力和温度分布。

(3)测井和干扰试验。

(4)生产和注水的历史数据:质量流、热焓/温度和可能的井口压力。

(5)生产过程中储层压力和温度的变化。

(6)井的相关情况(补给带位置)。

可能用到的其他数据包括:

(1)初始状态下的气体及化学组分分布。

(2)生产和注水过程中气体和化学组分变化情况。

(3)生产和注水过程中重力变化情况。

(4)生产和注水过程中地面高程变化情况。

(5)地表显示的变化。

(6)示踪试验。

目前正在研究将其他观测量的变化用于模型中,如自然电位和磁场(Ishido et al,2001;Nakanishi et al,2001;Pritchett,2007)。原则上,如果存在可计算的物理模型,可以使物理参数的变化与热储的变化相联系,那么任何随流体的变化而变化并且又易于测量的物理参数都可用于模型。

新的参数需要进行设置新的属性。例如,建立沉降模型需要对储层岩石的弹性特征详细说明。沉降模型主要是对储层弹性特征的拟合,但沉降模式也反映了储层上及储层内部压力的变化,所以可能需要对储层压力进行一些补充的限定,同时需要对储层孔隙度和渗透率进行一定的限定。例如,整个储层的整体沉降模式,基本刻画了哪些区域存在压力下降以及该区域的边界。相反,如果只在特定的区域出现沉降,意味着在靠近表面处存在压实现象,则储层的模拟需要储层表面的压力和温度变化情况。

一般来说,模型需要对相关物理参数的观测数据进行限定,更多的限定条件有助于更好的改进模型。在第12章,关于Wairakei热田集中参数模型的讨论表明,不同的物理模型几乎同样适用于同一组区域压力数据。模型利用储层可能的实际规模数据进行了剖分。引入不同类型的数据通常会对模型产生不同的约束,影响不同的参数。例如,储层的自然(稳定)状态仅取决于岩石渗透性而与孔隙度无关,而在一个两相流热储生产和试验过程中,热焓、气体或化学组分的变化则对孔隙度高度敏感。

在勘探阶段(开发前)利用初始状态数据加上测井(包括干扰试验)数据就可以建立模型,这种模式是部分校准的,模型能对未来生产状态下的储层性能进行预测,但缺乏生产状态历史数据的校正。孔隙度的限定范围有限,而渗透率的拟合取决于初始流速。如果有未查明的地下渗流,初始流速将偏于保守,渗透率也会被低估。由于自然状态模型无法检测系统与外部含水层的联系程度,故模型对来自外部含水层的可能激发流没有进行约束,其在天然状态下是平衡的。下面的章节将讨论进行模型构建和校准时如何利用前几章介绍的方法收集信息。

§11.3 概念模型

建立数值模型的第一步是建立概念模型,热储科学家基于可用到的所有自然信息进行模型的构思。热储工程的数据非常重要,温度和压力数据可以指示哪里有液体流动,地球物理数据则可以预测钻孔控制范围外的储层边界。通常,模型假设渗透性热储在地球物理数据异常区内延伸,并把渗透率降低的位置定为模型边界。钻孔和地球物理试验数据可能无法揭示储层的底界,而地质资料则可以提供模型的结构。首先要为每个地质单元给定初始孔隙度和渗透率,断层或地层接触带等相关构造可作为高渗透区。如果有一些区域性的走向或重要构造,则可将模型网格设置成与区域走向平行,这样构造就能作为网格中的一部分或者用来改变网格细节。

§11.4 初始状态

模型标定的第一步就是拟合初始状态。相关数据包括初始状态的压力、温度数据以及地表排放的流量和热量。热储模型基于底部质量和热的输入、来自地表可能的入渗、地表点的渗漏或地下排放等构建。设置好后开始运行,直到达到稳定状态。将温度和压力分布数据与实际测量数据进行对比,根据对比结果调整模型参数,然后再重新运行,达到与实际观测值更接近的稳定状态。通过调整参数不断接近实际状态是一个缓慢的过程。除了热储模型内部构造外,模型的边界条件也可以进行调整,一侧边界可以是渗透率低的或与侧向含水层有接触的,也可以加深模型底界使模型区域增大,其中的流体流动受模型内生产的影响。

在模型开发的最初阶段,模型构造应尽可能的简单,但是在模型内应包含有影响储层过程的所有机制。例如,设定热储为具有深部流入的复杂模式而不是一个或两个单独的源,这表明深部存在影响流动模式的构造,建模时应考虑在内。如果在生产过程中存在定压力边界(地表除外)产生重要的水流,则再次说明模型外围热储的重要性,应该再次扩大模型,从而使更大范围内的水流都包括在模型范围之内。

模型输入数据的真实性很重要,也就是说压力和温度测量数据需要仔细地解译,为储层压力和温度进行最好的评估。一些关键数据则需要进行复查。模型结构通常对于异常压力非常敏感,所以需要对异常压力进行检查以确定异常压力的真实高低。

温度能很好地体现出逐井拟合的井温分布与模型解译结果。有时在一个模型系统中会有多个井,这就需要选择系统中最有代表性的数据与模拟结果进行比较。等温线图或剖面也可以使用,但由于对实际资料进行过一些平滑处理,会使校正不准确,而特定层位的等值线能有助于实现层位中流动流体的可视化。

图 11.1 是 Kawerau 模型中一套井温拟合曲线(White, 2006),图 11.2 是 Holt 模型的压力-深度数据拟合情况。Kawerau 模型的压力-深度数据在第 2 章和第 10 章已经进行了讨论,模型考虑了在模拟压力曲线中反映的深度在 500 m 左右的渗透性盖层,而实际数据则太粗糙不能分辨这一特征。Hoang 等(2005)对一个蒸气为主热储的压力进行了拟合。图 11.12(b)显示了 Ngatamariki 热田实际测量数据与模拟结果的对比情况。所有这些都显示出了模拟值和观测值之间的对比情况。

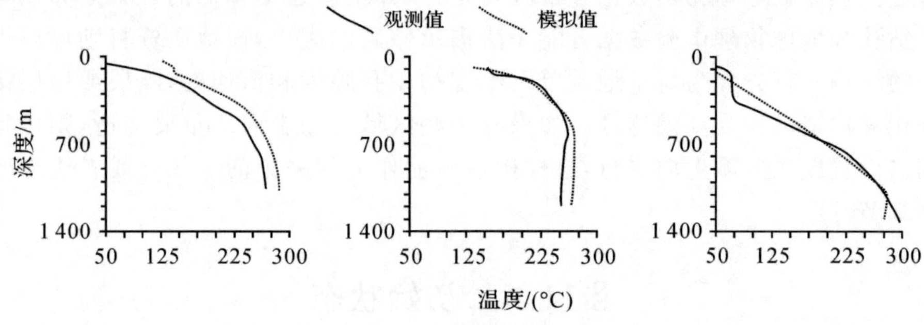

图 11.1 井下温度拟合曲线

注:得到 Kawerau Geothermal Ltd. 和 Ngati Tuwharetoa Geothermal Assets Ltd. 的再版授权。

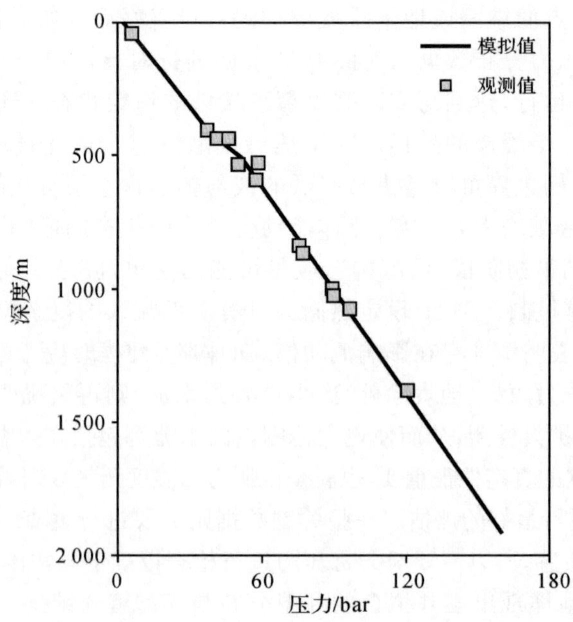

图 11.2 自然状态下 Kawerau 热田的压力-深度剖面

引自:Holt, 个人通信;得到 Ngati Tuwharetoa Geothermal Assets Ltd. 和 Kawerau Geothermal Ltd. 的再版授权。

有时会选用一些合适的数据判断数据的拟合情况，通常是压力或温度数据的离差和或离差平方，这提供了比目测更客观的检测模拟数据与实际数据拟合情况的方法，但仍然需要利用目视对比确定模拟图形的正确性。

压力拟合有时需要绘制每个井孔的压力-深度散点图，但由于在液态为主系统中所有的井曲线都处于静水压力状态，与总压力相比较，不同井孔之间的差别很小，因此难以判断模拟结果是否正确地反映了这一较小的静水平衡偏差，数据并不能清楚地显示出来。更好的办法是利用特定点的储层压力数据与模拟结果进行对比，图 11.2 和图 11.12(b)中显示了储层压力曲线或单点模拟值与热储压力测试数据的对比。

正常情况下，把渗透率调整到与实际数据相拟合的数值需要花费大量的时间。iTOUGH2 可以自动拟合参数，但也只能应用于有限的参数，而大多参数需要增加计算时间。在生产之前所钻的井只有有限数量的井孔确定初始状态参数。通常所用的井孔是在生产后所钻的井，假设温度变化很小，可以用近期的参数曲线代表初始状态条件。更精确的方法是把最新钻孔的模拟数据与测量数据相拟合，也就是把最新的拟合曲线作为生产拟合的一部分。

在热田开发的这个阶段干扰试验数据应该是有价值的，可以用来做进一步的校正。通常利用具有统一标准的含水层模型对试验数据进行分析，获得导水系数和储水率，然后将其作为井周围区域内热储参数的初步估计。当干扰试验偏离了单一的含水层，用模型模拟干扰试验并调整参数使模型获得最佳拟合也很简单。由于模块大小的限制，模拟无法获得短期干扰试验的精确细节，但对于较大模块和较长时间的预测是正确的。图 11.3(O'Sullivan et al, 2009)显示出了在 Ngatamariki 热田进行的干扰试验的拟合情况。

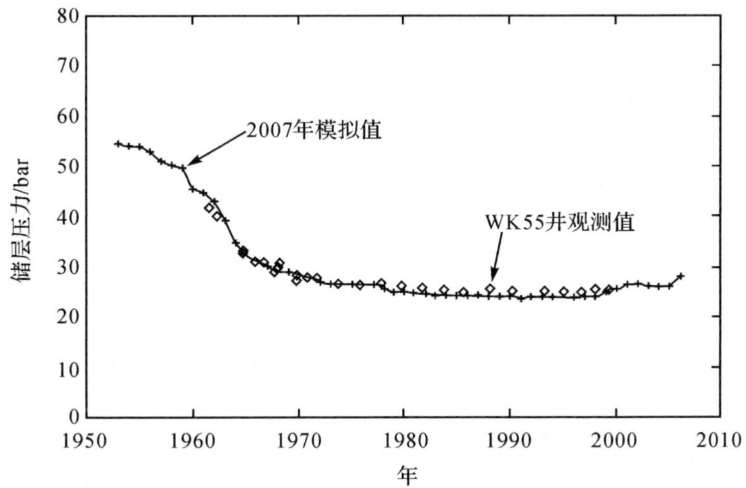

图 11.3　WK55 井中压力的历史数据拟合曲线

§11.5 井孔特征

为了建立一个好的模型，热田内的每一口井都要进行充分地解译。如果储层的模拟要与井孔模拟相结合，则需要提供每个区域的补给深度特征、每个补给带的生产/注水特征、套管和井斜情况等全面的资料。模拟器要提供每个补给带储层压力和流体质量的信息，利用这些数据，模拟器能够计算在特定井口压力下的流量。

现在使用的大部分模拟软件都不包括耦合井孔的模拟，对井孔特征进行简化是必要的。模拟期间的水流状态代表了储层条件，从而可以确定不同地带流量的比率，或者基于井孔模拟数据查表获得，或者使用其他更方便的简化方式确定比率。井孔总流量可以通过利用简单的公式模拟计算或查找代表性流动状态的井孔模拟所定义的表格获得。

模拟有时候需要井孔特征的详细信息，有时候则不需要。如果储层是均质渗透的，则水流分配详情可能不太重要，因为储层的反应主要受总流量的控制，流体补给深度对井的性能影响不大。

在其他情况下，特别是在储层内有明显的分层现象时，详细的井孔特征信息对模拟很重要。例如，在深部液相带上面存在两相流时，来自两相流带的流体比例对井的性能和排放的热焓有很大的影响，而分配比例反过来又影响电站设计和发电能力；另一种情况是在不均质液相区域存在一个温度较低带，如注入水体的回转，这些反过来也会影响钻井性能、排放热焓以及热电站设计和发电能力。

§11.6 历史数据拟合

初始状态设定好后，确定井孔，模型开始模拟生产状态下的储层变化。模拟数据的变化要与实际测量数据相对比，并再次进行参数调整进行数据拟合。参数的改变也会对模型的初始状态产生影响，所以需要再次检查初始状态的拟合情况。为了保证初始状态和生产历史数据全部拟合，需要进行不断的迭代计算。

图 11.3 至图 11.5 显示的是 O'Sullivan 等(2009)建立的 Wairakei-Tauhara 模型的历史数据拟合，分别是单井压力拟合、单井热焓拟合和地表热流拟合。这只是一个井的拟合情况，许多其他井的压力和热焓都拟合过了，拟合的数据遍及整个热田，贯穿其历史。

由于储层压力在整个模拟区域内是均一的，早期的 Wairakei 模型拟合时使用的是平均压力数据，后期的模型(见图 11.3)则需要拟合井孔压力历史数据，以确保在时间和空间尺度上对储层压力分布都可以进行拟合。图 11.4 显示了一个单井的热焓拟合曲线。在 Wairakei 热田发现抽水水位下降后会出现一个蒸气区，井孔热焓取决于补给带的深度。为了保证拟合的准确性，必须要有代表性的补给深度，这就需要关于蒸气相和液相区域流体的正确比例以及对垂向排水和分离过程的正确模拟，这可以用来测试垂向渗透率。图 11.5(Mannington et al, 2004)显示了地表热流量的拟合情况，模型拟合需要精细的浅层结构数据。

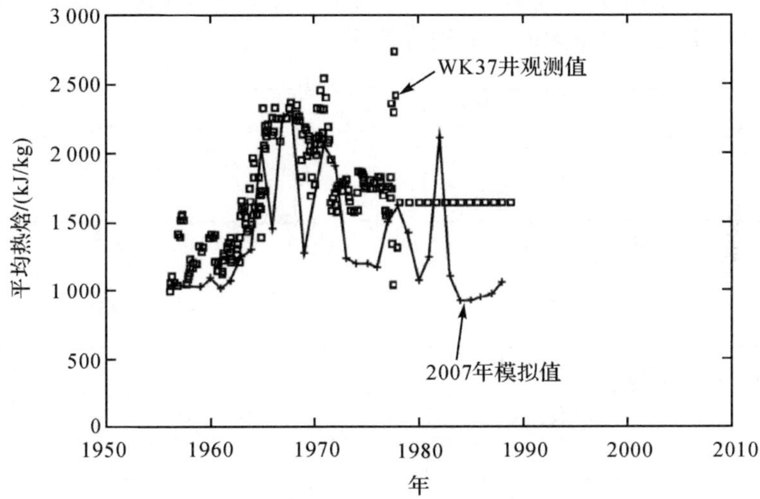

图 11.4　WK37 井生产热焓的历史数据拟合曲线

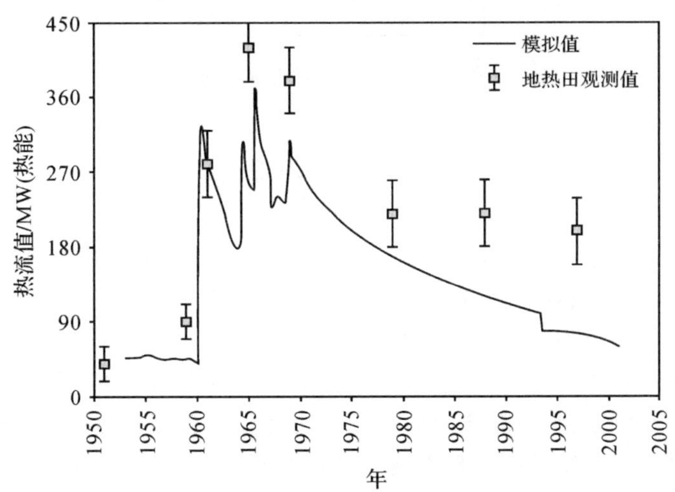

图 11.5　Karapiti 热田地表热流的历史数据拟合曲线

随着蒸气带的开发，地表热排放量大大增加，而早期的模型没有对这个现象进行拟合，模型的拟合需要校正模型浅层地层和近地表地层的精细结构，这些变化对储层性能的直接影响不大，但对模拟表层和近地表的变化影响很大，对环境影响评价的影响则更加重要。

图 11.6 显示了日本 Hatchobaru 模型的历史数据拟合情况（Tokita et al, 2000）。模型拟合了示踪、压力、温度和重力等一系列数据。大量数据的拟合对可能的储层构造有很大的约束性，也使模拟结果更加可信。在 Hatchobaru 这个模型中，注水返回的热干扰属于管理问题，而通过拟合温度变化和示踪剂返回而进行的模拟则对热干扰影响很大的参数进行校正。

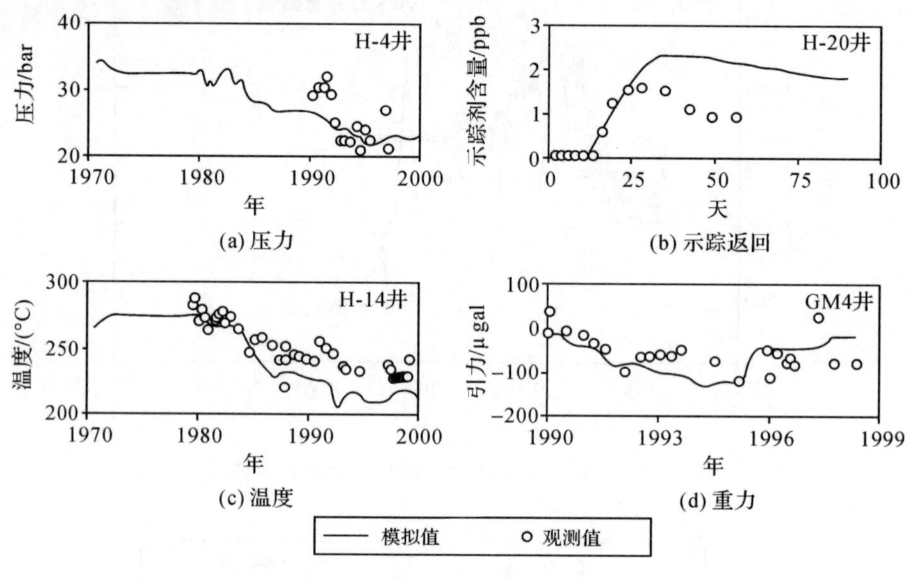

图 11.6 日本 Hatchobaru 模型的历史数据拟合

§11.7 双孔隙度

之前的讨论都是建立在储层介质均一的条件下，许多模拟软件都提供了双孔隙介质的选项，将裂隙和分块基质作为联系介质，这就需要更多的参数来校正模型，例如，裂隙间距、裂隙与基质渗透率、孔隙度等。从最初的 Warren 模型、Root 模型和 Barenblatt 模型，到更复杂、更精确从基质到裂隙的瞬态流表达，例如 MINC 方程，分块基质和裂隙之间的相互作用在模拟过程中也各不相同。

许多利用单孔隙模型的模拟都达到了满意的结果，但当块体中和裂隙中水流之间存在明显差异的时候，就需要建立一个断裂构造。在蒸气为主储层中，干蒸气在裂隙中运移，而液相在基质中运移。更常见的情况是，冷水先通过较热的岩层或者注入流体返回到生产层，如工程型地热系统。第三种情况是在两相流中，在抽水期间均质模型和双介质模型的热焓历史数据不一样，均质孔隙模型对于储层注水回水寿命的估计过于乐观。图 11.7 显示了一个典型的模拟例子，把均一介质中和具有两个不同裂隙分布的断裂介质中，由于注水引起的冷却率进行了对比(Nakanishi et al,1995)。图 11.8 显示了 TOUGH2 代码运用 MINC 方程模拟的干扰试验，图上标明了裂隙和基质的压力(Lopez et al, 2010)。裂隙压力对水流速度的变化响应很快，当抽水水位下降时压力随之下降，当闭井时压力恢复，但基质压力的变化很缓慢，在整个模拟期间都在下降。图 11.9 显示了一个极端的例子，模拟中以裂隙介质为主，模拟利用了注水及生产的温度变化(Acuña et al, 2008)。这种情况通常使用 MINC 模型，而传统的 Warren 和 Root 模型低估了井孔温度恢复的时间(Acuña et al,2008)。Kumamoto 等(2009)对日本的 Ogiri 热田进行了模拟，认为在高渗透的 Ginyu 断层两相流生产带中应该使用 MINC 模块。

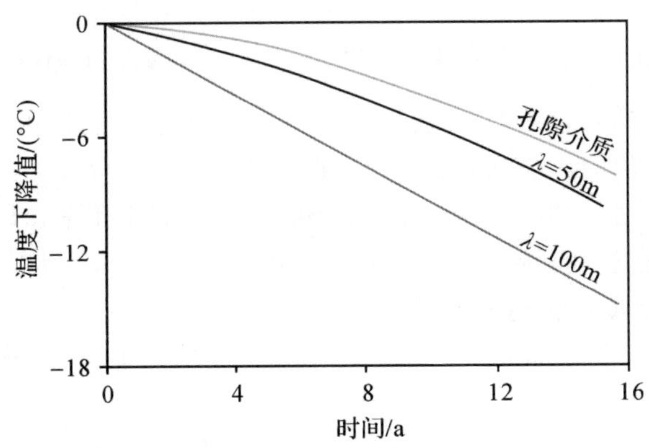

图 11.7 注水区附近孔隙介质与不同裂隙间距温度随时间的变化

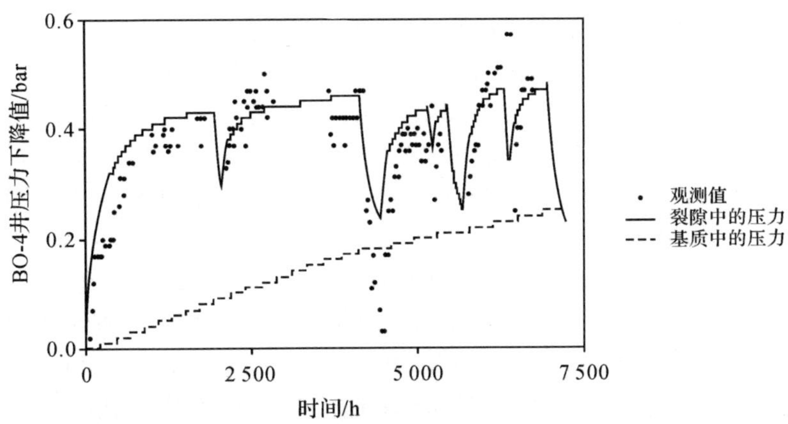

图 11.8 干扰试验中裂隙及基质中的压力分布模拟

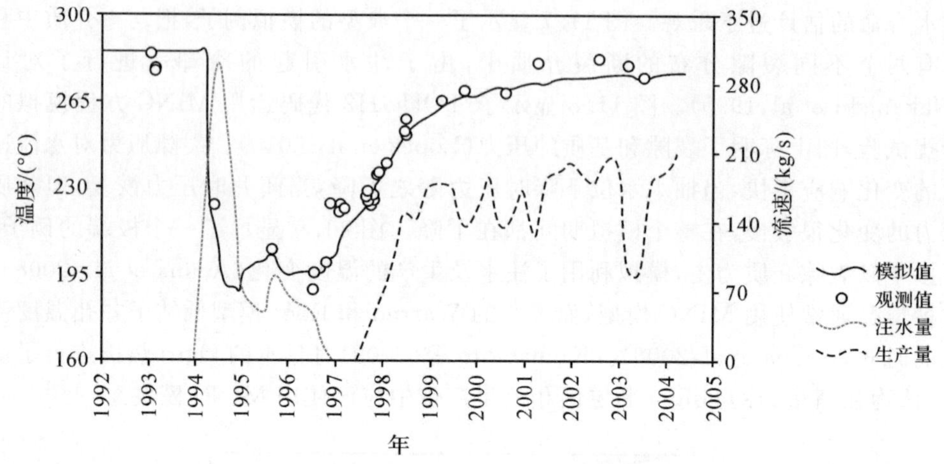

图 11.9 Awibengkok 热田 Awi 10-1 井热恢复过程模拟

双孔隙模型对注水回水模拟很重要，在模型获得适当的校正之前，这些附加的复杂性是没什么价值的。这就需要利用数据确认是否存在优先的流体通道。第一步是提供示踪试验数据，模拟可以对示踪试验进行拟合，利用化学和热变化的观测数据可以获得更好的校正。实际操作中的局限在于，示踪试验和注水回水通常是高度个体化的，其回水受到断层构造的强烈影响。通常一个观测井的示踪剂浓度很高，而距离很近的另一个井却浓度很低。如果缺乏个别断裂的详细制图，就不可能在模型中反映这样的变化。

§11.8 模拟过程验证

理想状态下模型的验证是对未来热田的性能进行预测，然后观察实际行为并将两者进行对比。传统的经验法则是：在历史数据已经拟合的时间尺度内，模型是有效的。虽然大量的历史数据都进行了模拟，但能提供直接验证的公开数据很少。只有三个地区的模拟经过了验证：Olkaria、Nesjavellir 和 Wairakei。另外，很多热田（Geysers、Cerro Prieto、Mammoth、Heber、Geo East Mesa、Salton Sea、Puna 和 Steamboat 热泉地区）都称对未来 5～14 年的情况进行了准确的预测（Kneafsey et al，2002）。

工业生产为模型的准确性提供了更多的证据。自 20 世纪 80 年代以来，模拟技术在许多热田已经开始应用，这些模型已经完善、调整和升级。随着时间发展，模型更加精密，计算能力也更强。Wairakei 模拟（见第 12 章）显示了这一过程。工作人员对模型的持续使用和改善也表明他们对模拟的价值有一定程度的信心。

11.8.1 Olkaria 热田

肯尼亚的 Olkaria 热田广阔而复杂。第一次钻进发现，在液态为主储层之上有一个薄的蒸气为主带。在这个区域 Bodvarsson 等(1987a,1987b)曾建立过一个模型,采用了 6.5 年的生产数据进行了校正。Bodvarsson 等(1990b)建立的模型对热田范围内蒸气的递减率进行了很好的预测,单井预测的准确率达到了 75%。后来,模型又做了进一步校正。

11.8.2 冰岛 Nesjavellir 热田

Nesjavellir 热田是冰岛的一个高温热田。1986 年建立的一个模型使用了 1～3 年的生产数据(Bodvarsson et al,1988,1990a,1991)。Bodvarsson 等(1993)对随后 6 年的数据进行了评价,并对模型进行了校正,因为模型高估了水位下降速率、压力减小量和热焓升高量。

11.8.3 Wairakei 热田

O'Sullivan 等(2009)回顾了 Wairakei 的建模历史,包括把 1994 年的预测数据与实际数据进行了对比。他们发现生产和注水历史与实际流量值并不完全一致。带着这些疑问,他们发现深部压力的预测是正确的,但在一群浅蒸气井的性能预测上存在错误,虽然预测的蒸气压力也存在错误,但这个错误主要由不正确的单井模型造成。

11.8.4 小 结

Olkaria、Nesjavellir 和 Wairakei 热田的经验以及工业生产的持续发展为模型的发展及验证等提供了有效的支持,虽然模型还有一定的局限,模型预测仅在校正周期内有效。下一节将主要介绍一个模拟实例,其他例子将在第 12 章和第 13 章进行介绍。

§11.9 Ngatamariki 热田

新西兰的 Ngatamariki 热田在 20 世纪 80 年代第一次勘探后就被闲置了,直到 2004 年才进行了新的地球物理和化学调查,并于 2008 年开始恢复勘探钻井。对于在没有开采历史的草原区对热储模拟的潜力和局限性进行研究,这是一个很好的例子。从上一节知道,具体的预测需要一个有效期限,而模拟可以得到影响开采计划的储层性能的重要信息。Boseley 等(2010)在这个地区进行了勘探,图 11.10 显示了钻孔的平面图,所显示的地球物理边界通过 MT-TDEM 测量和井下数据推导得到。

图 11.11 显示了图 11.10 所标示位置的剖面图(Boseley et al, 2010)。可能影响到热储管理的热田关键特征是在 NM2 井和 NM3 井附近深部高温层热储和浅层含水层之间的水力联系。储层顶部向南倾,在 NM3 井为 700 m,到 NM6 井为 1 500 m。图 10.5(a)中 NM6 的温度曲线显示储层顶部受到浅层含水层的干扰。

在热田北部所有井的温度剖面在浅层呈温度逆转，这与位于 400 m 处的高渗透性冷水含水层有关。地球化学数据表明，热水从高温储层上升进入这个含水层，在这里与冷水进行混合之后向北流，补给地表热显示活动。

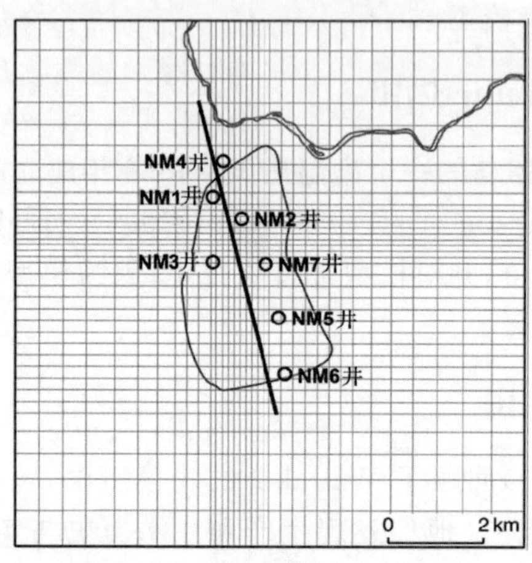

图 11.10 Ngatamariki 热田

引自：Burnell，个人通信；得到 Rotokawa Joint Venture 再版授权。

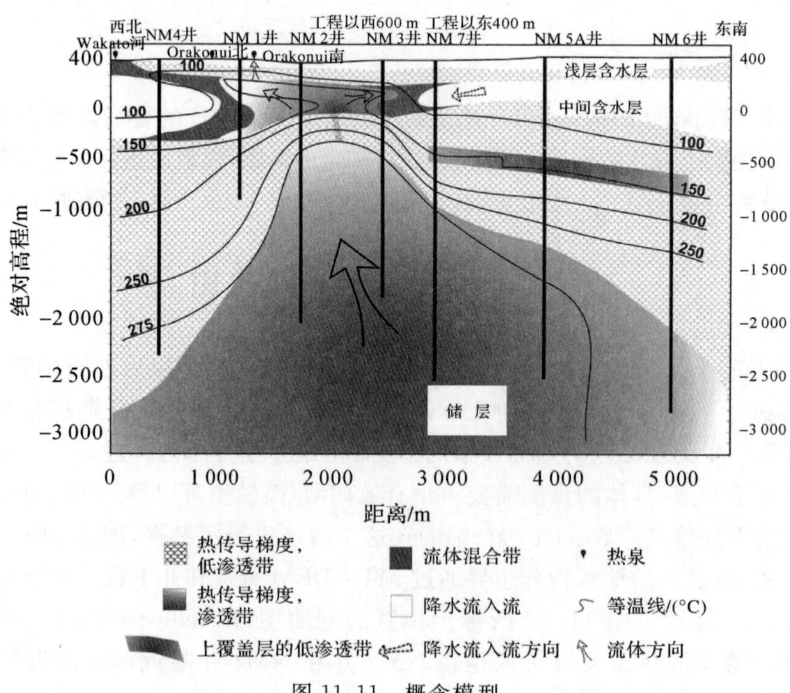

图 11.11 概念模型

综合考虑浅层含水层和深部储层的概念模型是模拟的基础。该模型中有一个获得高温补给并出露的热泉，在模型中用井孔来表示。储层温度在所有井孔中都得到了拟合。图 11.12(a)显示两口井的温度拟合，其中包含了浅部含水层的温度特征。图 11.12(b)显示自然的压力拟合，在补给带测得的压力值与模拟值的对比。压力数据包括钻进过程中或浅层监测井中量测的浅部压力。图 11.12(b)中的压力数据有±2 bar 的误差，这是由于多次重复观测引起的。

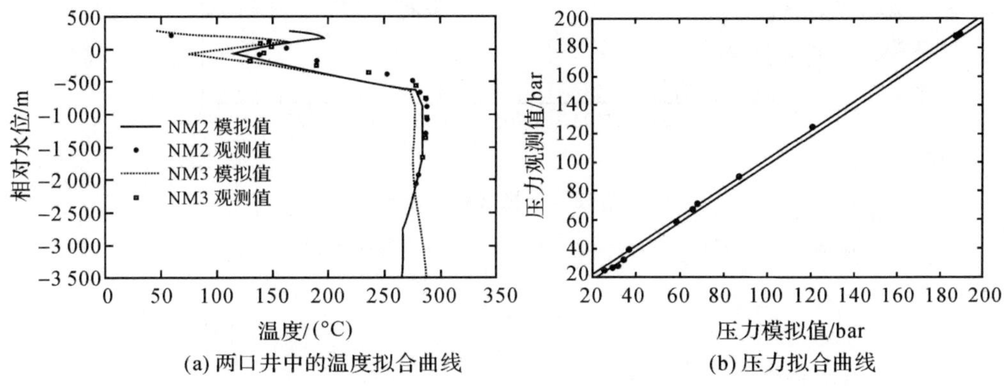

(a) 两口井中的温度拟合曲线
(b) 压力拟合曲线

图 11.12 Ngatamariki 热田实际测量数据与模拟结果

引自：Burnell，个人通信；得到 Rotokawa Joint Venture 再版授权。

干扰试验在深井中进行，通过不同时期三口井的排放，对 NM2 井的压力数据进行监测。对模拟结果进行了线性拟合，但模拟结果显示，对于不同的井孔储层特征明显不同。图 11.13 显示了利用模拟数据拟合的干扰试验。如果不能在每个生产井周围进行准确的网格剖分，模拟就不能反映出良好的时间序列，所以模拟器对于模拟干扰试验有一定的局限性。如果没有精确的网格剖分，模型对于包含源井区块的储存容量在短期内响应不大。但是与储层特性相比，模拟在反映储层构造的详情上具有很大的优势。

生产模拟表明储层的压力降低将会使浅部较冷含水层对深部产生大的渗漏。为了更精确地体现这一现象，需要进行更多的浅井钻探和干扰试验。试验得到的含水层参数可以用来改善浅层构造以及与深部含水层之间的相互联系。之后模型用来模拟未来 50 年的生产和注水效应。由于没有历史数据对模型进行校正，模型并不完善，所以模型的结果有可能存在明显错误。但是，模型强调了自然过程的重要性，自然过程可以控制长期的热储行为。模型确认了上覆的浅层含水层的冷水渗入深部储层的可能性，导致生产区的必然退化。这个论点束缚了可能的开发方案和热田的管理计划，强调了维持深部热储压力的重要性。

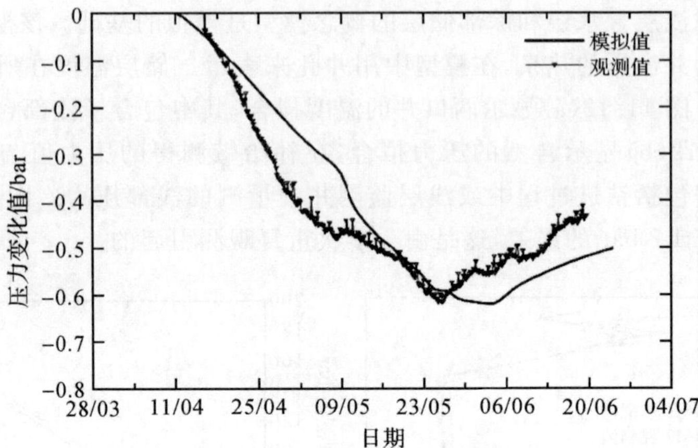

图 11.13 干扰试验拟合曲线

引自:Burnell，个人通信；得到 Rotokawa Joint Venture 的再版授权。

第12章 热田实例

§12.1 概 述

本章介绍一些热田研究的实例。Wairakei 和 Svartsengi 这两个热田的介绍会比较多,因为它们研究历史较长,不仅可以展示生产过程中热储的演化,还可以展示对热田理解、建模与管理的演化等内容。

§12.2 Wairakei 热田

位于新西兰岛北部的 Wairakei 热田是实际开发的第一个高温液储热田。勘探钻孔开始于 1949 年,第一座发电厂建于 1958 年。由于该热田的历史较长,成为许多研究的对象,包括关于热田的不同概念、不同热储层解译以及管理优先考虑的问题等。这里所讨论的是人们目前对它的认识,其他的背景知识及详细的讨论可见 O'Sullivan 等(2009)、Bixley 等(2009)、Carey(2000)、Hunt(1995)、Bigndall 等(2010)的著述。相邻的 Tauhara 热田所钻井中的深处液体压力监测表明,这两个热田在深处存在良好的联系。

12.2.1 天然状态

Wairakei 热田的天然热显示包括总和为 400 MW 的热泉和蒸气排放热量,以及 100 MW 的邻近 Tauhara 热田排放的热量。Wairakei 热田第一口勘探井的钻探深度约为 300 m,位于地表显示强烈的地区。这些浅钻的结果进一步激励人们加深钻探,1953 年开始着手 1 000～1 200 m 深度的钻探,很快证实了在 500～600 m 深处存在一高产区域。钻井完成以后对井下温度进行了定期测量,而井下压力直到 1961 年才开始测量,但可以根据一些早期钻井记录的井口压力和水位进行计算,这些早期钻井的测温曲线显示井中流体为液体。

图 2.6 为不同深度上初始压力的分布,该压力剖面说明该热储以液态为主。在 400 m 的深度内其最高温度接近 BPD,约为 260～265°C(Banwell,1957)。实测压力超过静水压力梯度约 7%,根据超出的压力值和系统400 kg/s的天然排放量,估计其平均垂向渗透率约为 8 md。图 2.6 中的压力梯度曲线没有明显的折线,这说明热储在很大范围内没有盖层。虽然在一些浅的补给井中,其热焓相对较高,但

大多数井的排放热焓开始都与补给带的一致。因此,可知该热储的天然状态以液态为主,基础温度约为 260℃。在热储的上升流区,在 400 m 以内的深度与部分地下水含水层中,存在液态为主的两相流体。

大部分井的质量流通常较大,一些井的压力测量结果显示几乎没有下降。渗透带具有很高的水平渗透率,其生产井的导水系数 kh 范围一般为 10～100 dm。

12.2.2 开采状态

热田在开采时,热储液相部分的压力下降并形成了一两相带,"水位"约 400 m 深。随着压力减小,热储中的沸腾区深度有很大延伸。在短短的几年里,两相带变成了两部分:一个以蒸气为主带,其垂向压力梯度小于静水压力梯度的一半,井主要排放饱和蒸气;另一个为以液态为主的两相带,其压力梯度接近静水压力梯度,排放热焓温度与液相温度相一致。在液相带和蒸气带的补给带井中,液体和蒸气之间有中间热焓。

虽然深层液体的压力比开采前的值减少了大约 25 bar,但是生产区内压力减少值却很均匀,小于 1 bar。图 12.1 显示了 1997 年热田的压力分布,位于生产区边缘的井的温度低于生产井中的观测值,并有较小的压力下降(Bixley et al,2009)。在这个液态为主带上,横跨整个热田的均一压力意味着可以仅通过压力对其进行描述。在闭井几分钟内,更多从液态为主带获得补给的生产井都恢复到了热储压力状态,这种现象与水平压力的均一性说明了热田具有较高的水平渗透率。

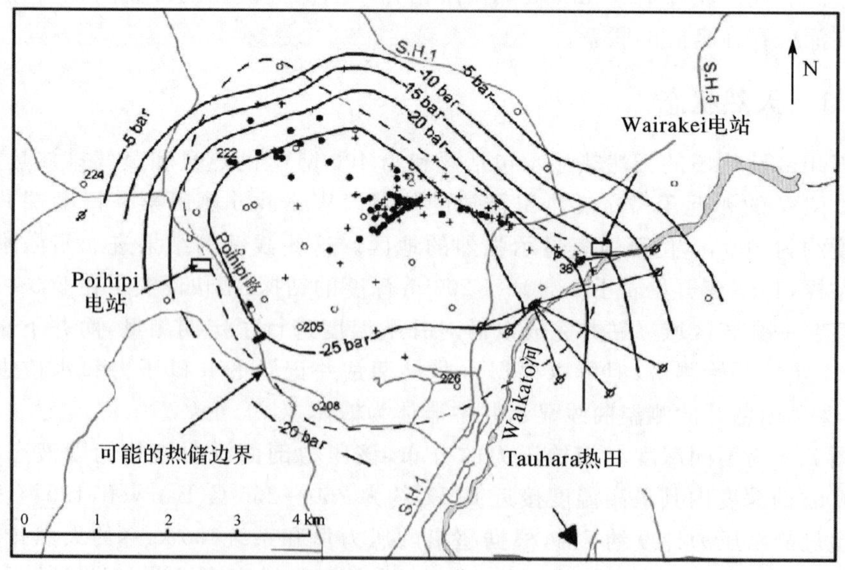

图 12.1 从天然状态到 1997 年的压力变化

12.2.3　开采后的变化

Wairakei 热田最初的生产系统设计，没有考虑分离的地热卤水在地表处理对环境的潜在影响，当时它直接排入到附近的 Waikato 河。到 1970 年代晚期，几个热田开始将用过后的热流体分离卤水和冷凝蒸气用于回灌研究，从那时起，回灌逐渐成为处理这些液体的方法，在某些情况下，甚至成为资源的管理方法。在 Wairakei，直到 1990 年中期才开始大规模的回灌。

起初，热田以液态为主，其总排放热焓一般等于或接近液态补给水的温度，但就像刚才提到的，在水位显著下降之前观测到一些井产生了高焓流体。开采后，各处的压力都下降，沸腾区增大，沸腾区中的蒸气部分逐渐增大。到 1962 年，由于许多热井产生过量的蒸气，其热焓呈上升趋势。此后，虽然有些浅井的热焓持续上升，并最终产生了“干”的蒸气，但这些井的动态再次趋于稳定。井中普遍存在压力蒸气帽剖面，这反映了蒸气带的逐步发展，在这个阶段热储的压力剖面呈现稳定形式，其蒸气为主带与液态为主带较明显。

图 12.2 为热储中的温度变化(Bixley et al,2009)。冷水的入侵出现在热田东部的局部地带，温度比较低的近地表的流体向下流入开始为地表排放区的生产热储中。当温度较低的流体冲击生产井时，这些井就要进行返工(安装更深的水泥套管)或废弃。这种情况在热田的东部相当普遍，导致生产温度逐渐降低。

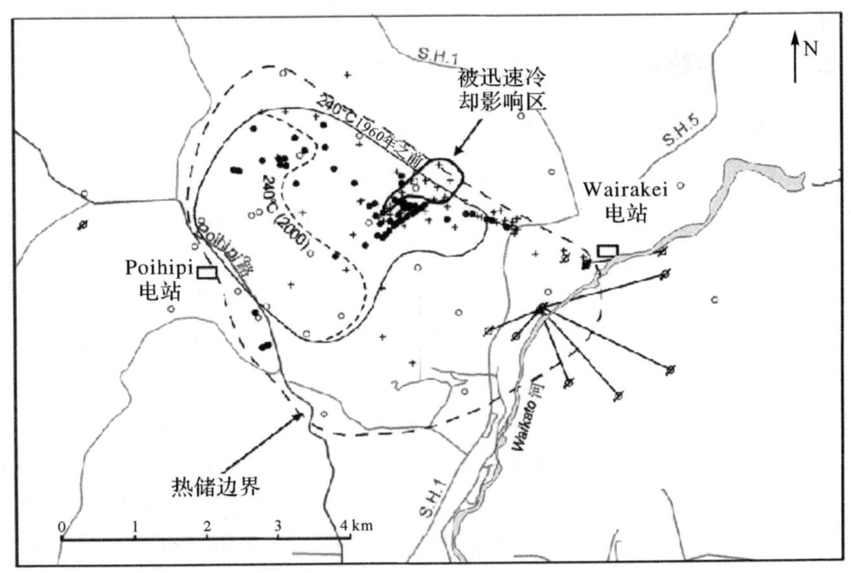

图 12.2　从初始状态至 2000 年－400 m 绝对高程的温度变化

过了一段时期，整个热田排放热焓的增加并未超过 10%，按国际标准，深部热储中的压力下降是适中的，两相流井和蒸气井中的超额热焓并不是热田的主要特征。直到20世纪80年代中期，热田超过95%的质量排放来自液态为主带，其大部分由液态水组成。实际上，自1970年以来整个热田热焓的变化主要是热储管理的结果而不是来自资源自身的变化。在20世纪80年代晚期，在热田西部浅的蒸气带钻了新的生产井，最终1/3的蒸气生产来自于此。已开发的压力曲线表明，液态为主的带已经发展出了一个自由面。根据排放热焓和压力曲线，热田压力表现为非承压含水层的特征。

到1980年，在液相热储中的压力已经稳定在25 bar，低于原来的压力(没有任何回灌，见图11.3)，并且根据多次重力调查(Hunt，1995)表明，100%的排放已被补给(冷水和热水)所取代，因此，Wairakei的高温热储得到了很充足的补给，由于压力下降，其天然流量从400 kg/s增加到高于1 000 kg/s。

12.2.4 概念模型

图2.9是一个简单的概念模型，即"排水模型"，该模型描述了热田的天然状态以及随时间而发生的变化，同样的模型可在Boltol(1970)的文章中见到。在天然状态下，热储与沸点深度模型相一致，其基础温度为260℃。在开采阶段，热田中形成一蒸气为主带，紧靠该区域以下的沸点温度受下降压力的控制。补给来源可能有两处：深部260℃的水体，以及来自热田边缘和高温热储上部较冷的近地表水。

12.2.5 集中参数模型

James(1965a)首先试图计算Wairakei热田的动态。第一个定量的模型由Whiting与Ramey(1969)提出，他们将热储概化为一含有液态水体的具有短暂补给的封闭盒子，并获得了热储储水系数。关于承压液相热储的假设使其具有非常大的热储计算体积(φV=310 km^3)。利用该模型他们获得了对早期压力历史数据的较好拟合。随后在该次成功拟合基础上进一步发展了集中参数模型，但是是将热储假设为非承压的或具有液态为主带和蒸气为主带(Sorey et al，1979；Zais et al，1980；Wooding，1981)。虽然作为一个整体热储层类似于非承压含水层，但外围井的反应更适合承压含水层模型。

所有简单模型的压力拟合相关系数为98%或更好，因此不能根据拟合质量将其加以区分。储水系数的解译表明，在头20年内排水模型可以获得较好的拟合效果，重力调查确定的质量损失也同样表明了这一点。在所有这些模型中，排放热焓都假定是近液相的，因此不能利用热焓对模型进行检测。假设知道补给量，这可以通过拟合排水模型获得，一旦获得了蒸气带的历史压力数据，便能对系统进行能量平衡分析。根据评价结果就会发现补给的总热焓远低于260℃的水体，因此实际的补给水体是冷的。

12.2.6　模　拟

20 世纪 80 年代,模拟技术成为可能,热田的集中参数模型便不再利用了,而趋势拟合继续作为短期预测的主要管理工具,尤其是进行生产井性能预测时。O'Sullivan等(2009),Mannington 等(2004)介绍了热田模拟的历史。图 12.3 显示了相关成功的热储模型规模的演化。最初的模型模块有限,第一个模型是一个 14 层的一维垂向模型,由于计算机容量的增加和热田管理期望值的具体化,模型模块数量逐渐增加,到目前为止所有模型都已发展为单孔隙模型。

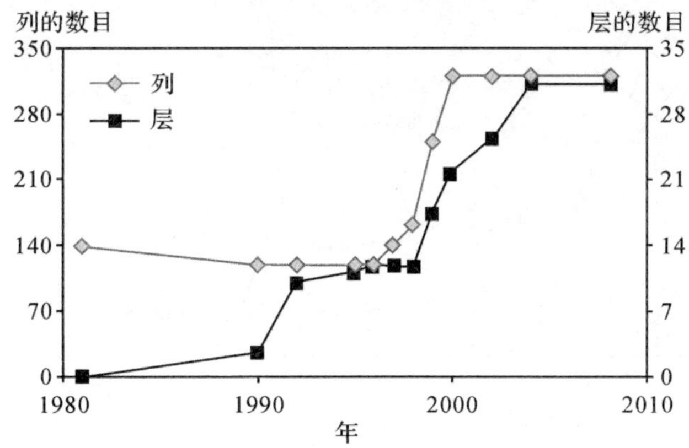

图 12.3　Wairakei-Tauhara 模型中层和列的数目

热田最初只包括 Wairakei 地区,Tauhara 为补给边界。压力测量表明,对于 Wairakei 热田的开采,在相邻热田的井中(如 Tauhara 热田)也有响应。因此,在 1992 年,Tauhara 热田被包括在热储模型中(在这个阶段形成了系统的模型)。到 1997 年,模型中的流体类型从蒸气/水变为蒸气/水/气体,再发展到包含了浅层地下水体,对近地表层也进行了细化以反映浅层的变化。图 12.4 为2008 年模型的网格(O'Sullivan,2009)。

2009 年,为了模拟沉降,将热储模拟模型与有限元沉降模块进行了耦合(O'Sullivan et al,2009)。在这一期间,模型校正包括对初始温度或钻孔年份以及压力、热焓的历史数据进行逐井拟合,对地表显示变化进行拟合。图 11.3至图 11.5显示了 Wairake 热田一些历史数据的拟合情况。在 Wairakei 热田,地表变形的模式包括与深部压力下降区域一致的大面积均匀沉降(见图 12.1),以及热田倾向东北部的小块区域加速沉降。沉降模型合理地反演出大范围的地表变形模式,而局部高沉降区用局部模型描述,因为其需要进一步细化网格,而且有限差分和有限元公式之间的对应并不是明确的。

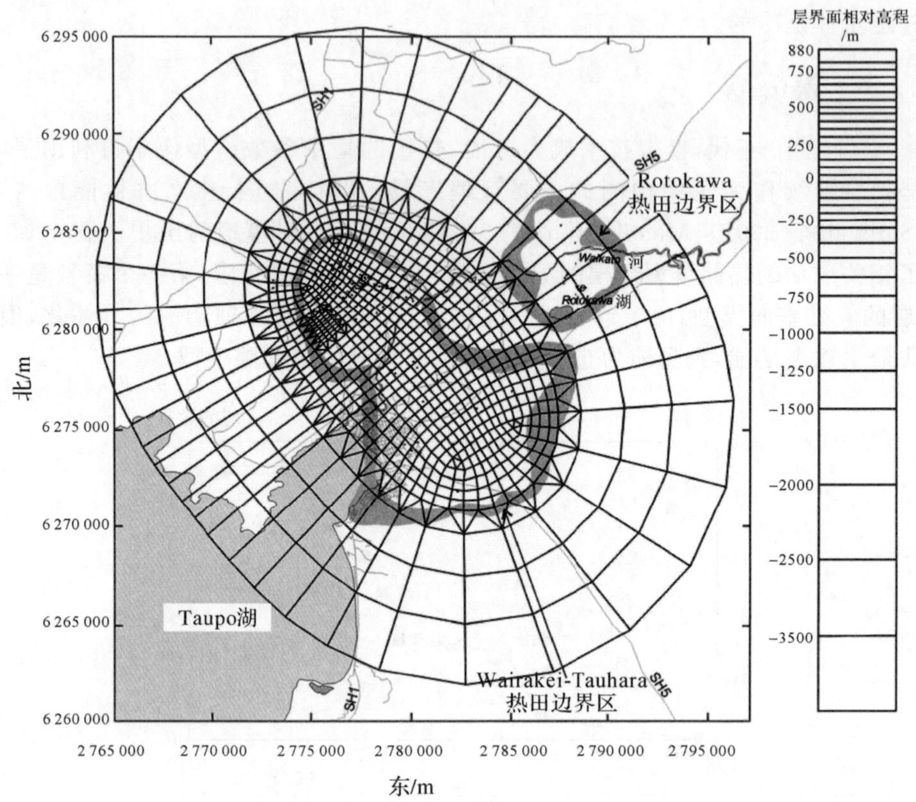

图 12.4 2008 年的 Wairakei-Tauhara 模型

12.2.7 小 结

Wairakei 和 Tauhara 是两个相联系的以液态为主的热田：Wairakei 热田有着悠久的开采历史，基础温度约 260℃；Tauhara 热田在 Wairakei 热田开采了 50 年后仍未开发，基础温度接近 300℃。在开采条件下，伴随深部液相带压力的下降，在不同位置和深度下形成了蒸气为主带。Wairakei 热田的液态为主带的压力和 Tauhara 热田部分区域的压力随着时间的推移遵循同样的趋势，较小的偏移量说明两个热田之间有着紧密的联系。由于压力下降，深部热水和地表较冷水体的补给大量增加。

§12.3 Geysers 热田

Geysers 热田位于美国加利福尼亚北部，是世界上最大的电力生产基地。它由许多独立开发商共同开发，虽然大多数独立开发商已合并成为私人经营者。在

Geysers-Clear 湖区有一较大的地热异常区，一部分地区温度较高但未开采，一部分地区为渗透性强的蒸气为主热储。

热储以蒸气为主，相对海平面的初始压力为 35.4 bar(Barker et al,1991)。开采前，蒸气保持饱和状态直至压力和温度下降到 165～190°C“蒸”干条件(Reyes et al,2003)。在蒸气热储之下尚没有发现深部水位。在热田西北部，深部存在高温热储，其温度高达 345°C，处于过热蒸气状态。图 12.5 显示了热储的自然状态概念模型(Truesdell et al,1993)。在热田东南，蒸气来源于推测的液态水沸腾带，在西北部，没有液态水存在，过热蒸气来源于深部。在热储里存在上升的蒸气及返回的凝结水。

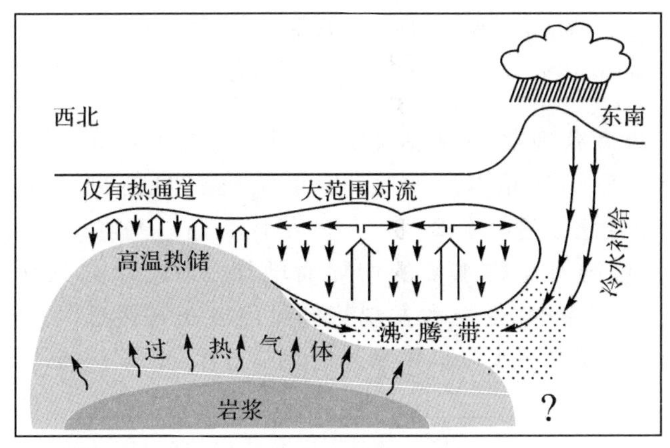

图 12.5　Geysers 热田蒸气流和液态流的概念模型

热田开采始于 1955 年。在 1960 年，安装了第一台 11 MW 的机组。随后，随着独立开发者数目的增加，发电能力持续扩大。图 12.6 显示了其生产历史。由于竞争性开发者的存在，在扩大开发时期所做的资源评价工作很大程度上是秘密的。热储的管理和性能预测的三种方法见公开发表的资料(Sanyal et al,2007,1989; Koenig,1991)：

(1)每 40 英亩一口井的井间距(每平方千米 6 口井)。

(2)井流递减分析推断的储量作为全部累积生产量。

(3)P/Z 分析。

利用井间距指导开采源自石油工业，选择 40 英亩作为间距是基于开发经验。典型的生产率为 45～70 t/h(Barker et al,1991)，相当于超过 40 MW/km^2 的动力密度。利用谐波的下降分析作为开采计划的基础(Koenig,1991)，在推断个别井或井群的性能时也广泛用到了下降分析法。P/Z 分析法(见第 3 章)根据天然气田类推而来，简单绘制 P/Z 平均值与累积生产量关系图，可在大规模生产造成压力巨大变化后进行分析。

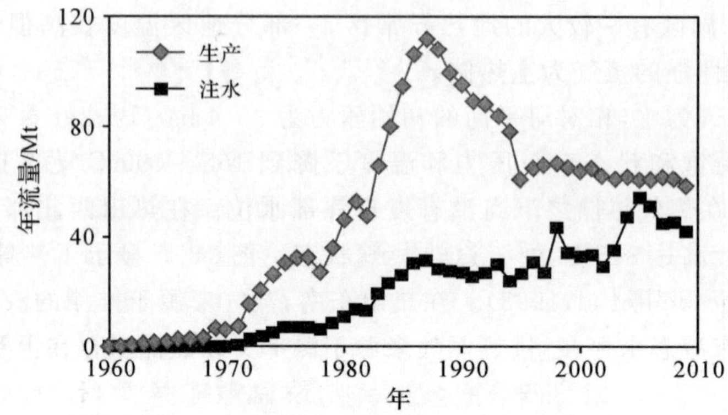

图 12.6 Geysers 热田的蒸气生产量与注水量

引自:California Division of Oil,Gas,and Geothermal Resources。

在 20 世纪 80 年代晚期,开采活动加剧,井数的增加导致了井之间产生相互干扰并使得下降速率迅速增长。到 1989 年装机容量达到 2 043 MW 的顶峰(Koenig,1991)便停止钻进。在 20 世纪 80 年代晚期一些电站承诺绝不生产。热储压力下降的速度随着总排水量的增加而增加,如图 12.7 所示(Barker et al,1991)。在 20 世纪80 年代,经营者发现热储过热区正在接近“蒸干”状态,为了继续采集岩石中的热,需要注水以提供额外的流体。

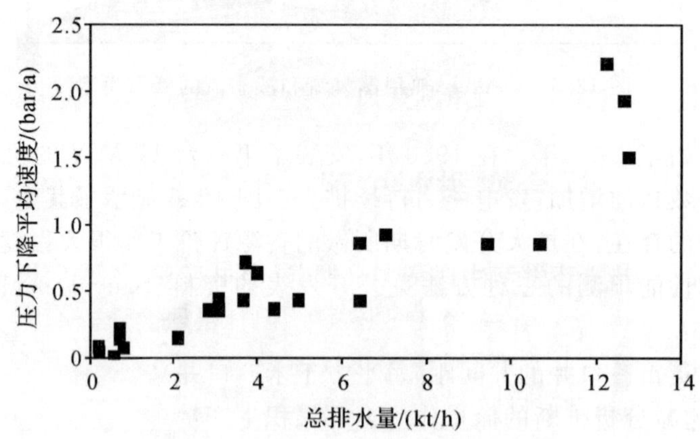

图 12.7 热储压力下降作为排水质量的函数

Unocal 开发了一个二元多孔数值模型(Williamson,1992),后来根据一个工业协会提供的所有经营者的数据进行了扩展(Menzies & Pham,1993,1995)。模型如图 12.8 所示,有 6 层,包括 2 880 个基质单元格和 2 880 断裂单元格(Menzies et al,1993)。储层顶部边界为最浅部的蒸气进入带,储层底部边界为最深处的蒸气进入带,给定了注水诱发的微地震位置并进行了历史数据拟合。热储层的上部最初是饱和的，而底部的两层处于过热状态。上面四层的初始液体饱和度，在断裂部位给值为1%～25%，在基质中给值为83%。模型用热田的历史压力校正，在拟合中调整的主要参数包括裂隙和基质中的渗透率以及初始基质液体饱和度。模型显示"未来"生产量将继续下降，继续钻进是不经济的(Sanyal，2000)。该模型也表明，注水能够减少生产率的下降。最初注入的只是过剩的蒸气凝结物，但模型表明，额外的注水将是有益的。

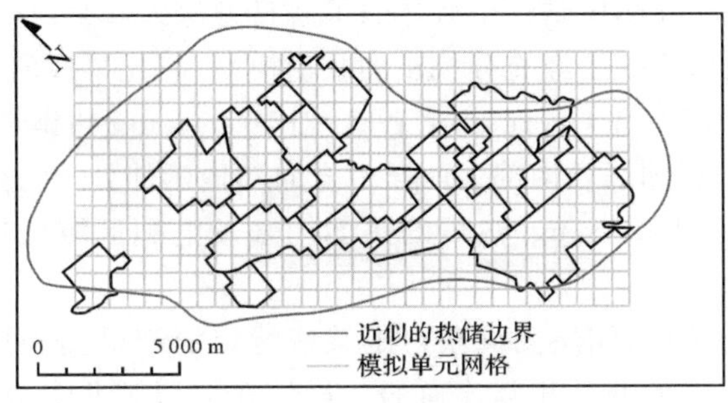

图 12.8　Geysers 热田的模型网格

在 1997 年和 2003 年进一步的注水靠用管线引来 40 km 以外 Santa Rasa 处理的废水提供(Goyal et al，2007)。这些注水项目在以前下降趋势的基础上通过增加生产减少蒸气下降率。图 12.9(a)显示 SRGRP(Santa Rosa-Geysers 补给工程)的模拟效果，图 12.9(b)为观察到的实际生产与在先前趋势下所做预测的对比，两者都显示出约 80 MW 的增益，注水的增益随时间而减少(Stark et al，2005；Goyal et al，2007)。Wright 和 Beall(2007)在 Geysers 热田的东南成功开展了示踪试验，试验显示返回的氟利昂示踪剂呈递减趋势和深部温度的逆转。因此，随着时间的发展，较冷的液相饱和区正在发展，少量注水蒸发成为新的蒸气。

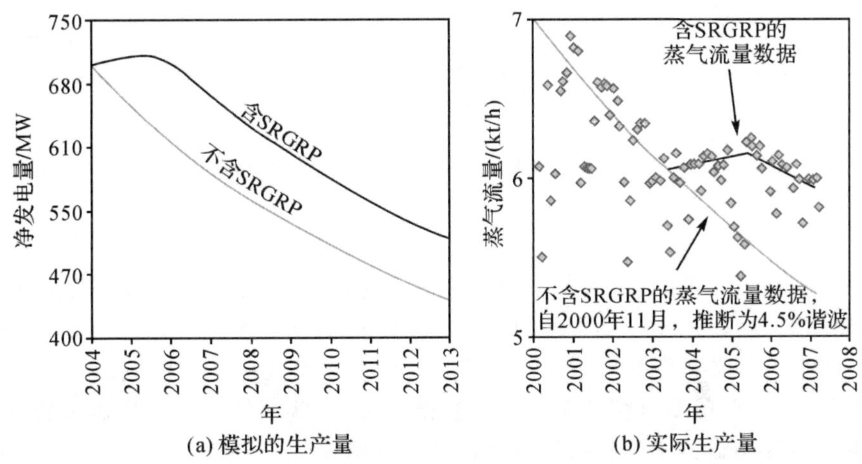

图 12.9　SRGRP 工程实施效果

Sanyal(2000)根据过去的生产量和推算估计,衰减的储量为 40 000 MW/a,或者为 30 年 1 367 MW,相当于 17 MW/km² 的功率密度。

§12.4 Svartsengi 热田

冰岛的 Svartsengi 热田是一个对热储了解日益深入和生产经验不断丰富的累进式开发实例。最后建立了经充分校正的数值模型,它比早些的版本稍微简单些。

Thorhallson(1979)和 Georgsson(1981)对 Svartsengi 热田进行了介绍。它坐落在 Reykjanes 半岛,冰岛西南部大西洋中脊向陆地延伸处,在这一地区热田与扩张带内的裂隙相关。Svartsengi 热田的热能用来发电和区域供热,总装机容量随时间而不断扩大。

在开发的第一阶段,储层测试获得了某些特定的结果,表明位于某些边界内的密实液态含水层中的井是相互连通的。虽然在解译某些参数值的时候还存在一些问题,但对正考虑的热田特征行为都不重要。Kjaran 等(1979)首次对该热田进行了详细的分析。图 12.10 为地震带中自然流的概念模型(Kjaran et al, 1979)。

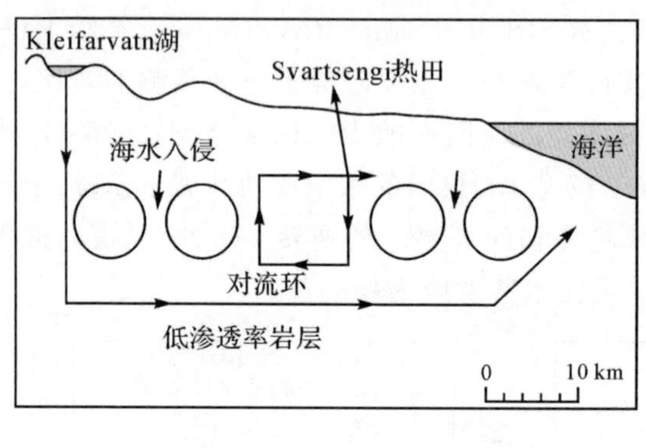

(a) Reykjanes半岛上的区域流

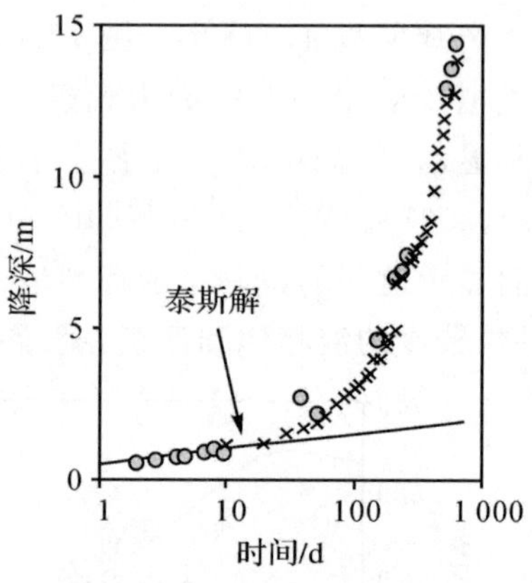

(b) H5井的降深曲线(半对数坐标)

图 12.10 Svartsengi 热田

在 Svartsengi 热田,汇入井中的流体来源于因沸腾而浓缩的海水与淡水的混合物,热储温度约为 240°C。如图 12.10 所示,Kjaran 等建立了包括 Svartsengi 热田在内的半岛水文系统概念模型。从 Kleirfarvatn 湖流向海的区域流与入侵的海水相混合,由于它移动贯穿整个系统而获得热量,一些蒸气以地表热显示的形式损耗。输入到 Svartsengi 热储的热量估计是 300 MW。

1979 年,在热田打了五口井;其中,两口用于生产,另一口井 H-5 作为观察井,

H-5井与两个生产井和气压有响应。75%的气压效率表示储水率为 3×10^{-7} m/Pa。图 12.10所示为头 750 天生产后 H-5 井的响应。初始阶段水位降深和时间的对数大致是线性的，这意味着 170 dm 的导水系数和 1.5×10^{-6} m/Pa 的储水率。降深后来偏离了这个半对数曲线，而接近压力-时间的线性趋势。对整个反应进行概化建模，系统包含在一个半无限深沟内、具有渗透率低的墙，并且一端无限延伸。在该模型中“箱子”以地震活动确定的渗透率低的墙为边界条件，受边界条件限制，将平均储水率下调为由气压效率所表示的值，以反映比较坚硬的“墙”结构。

Kjaran 等(1979)利用模型对热田未来的降深进行了预测，对于井的性能来说这很重要，因为在井孔中井的性能容易受到闪蒸点上方沉淀的影响。未来的压力用来预测未来的结垢程度。在这项分析的基础上，可以决定未来的钻孔要增加的深度和井孔的直径。后来的对比表明，如图 12.14 所示(Ketilsson et al，2008)，Kjaran 的模型对热田未来行为的预测是合理的。

将热储概化为一个充满液体的给定储水率和导水系数的箱子，从预测的目的来说，这过于理想化。在物理上，模型应该是简单易懂、容易计算并能用最少的参数拟合热储的行为。有趣的是，模型并不描述热储的所有方面。Kjaran 等利用 1.5×10^{-6} m/Pa 的储水率获得了很好的模拟效果，但该储水率是难以解译的，这意味着要么存在一个孔隙度为 1.2%的非泵压含水层，要么存在一个厚度为 1 km 的承压含水层，这两者都是难以接受的。地表排放的关于沸腾的蒸气、化学证据和一口井中存在的两相流，表明在储层中存在温度高于 240°C 的两相流。在含水层非承压的地方，一小股两相流可能会造成局部缺口。这些概念的问题不影响所做的预测。

随着时间的推移，两相流的存在变得更加明显。1984 年，一个浅生产井突然从液相变成干蒸气。1983 年在钻进过程中，在 200 m 处遇到了超压状态，这在 1971 年或 1972 年均未出现过，而且地表排放的蒸气量也在增大。Björnsson 等(1992)绘制了热储两相流带的范围，它只局限在一个相对小的区域内，并且只在一个地方延伸到地表。在 1982 年和 1984 年的进行的示踪试验中快速捕获到了回流(Gudmundsson，1983；Gudmundsson & Hauksson，1985)。在地表进行冷却处理后热田继续运转。

因此，从热储的概念模型来说，这个时候最重要的变化就是认识到在压力下降的情况下热储内一个蒸气带正在发展。在自然状态下热储内可能存在一个小的两相流带，它随着在热储顶部的水位下降和沸腾而增长。另一个热储层模型则明确地表明存在这样一个沸腾带。

Gudmundsson 等(1985)在标准石油储层开采历史模型的基础上开发了一个简单的集中参数模型。他们确定了储层的储水系数，发现对一个承压的液态储层来说该系数太大，相当于 3.5 km^2 的非承压储层(假设孔隙度为 10%)。他们还发现，长期压力响应与累积生产量是不是线性关系，最后的结论是，存在一些侧向补给。其背后隐含的模型是被蒸气覆盖的液体，当水位下降时排水，其液体从侧向获得补给。他们还提出，应考虑注水以减缓压力的下降。

Gudmundsson 和 Hauksson(1985)提出了修订后的概念模型，如图 12.11 所示，在热储顶部包含了一个两相带。需要指出的是作为对开采的响应，该两相带被视为处于温度恢复状态，具体表现为浅层压力上升和地表蒸气排放量的增大。

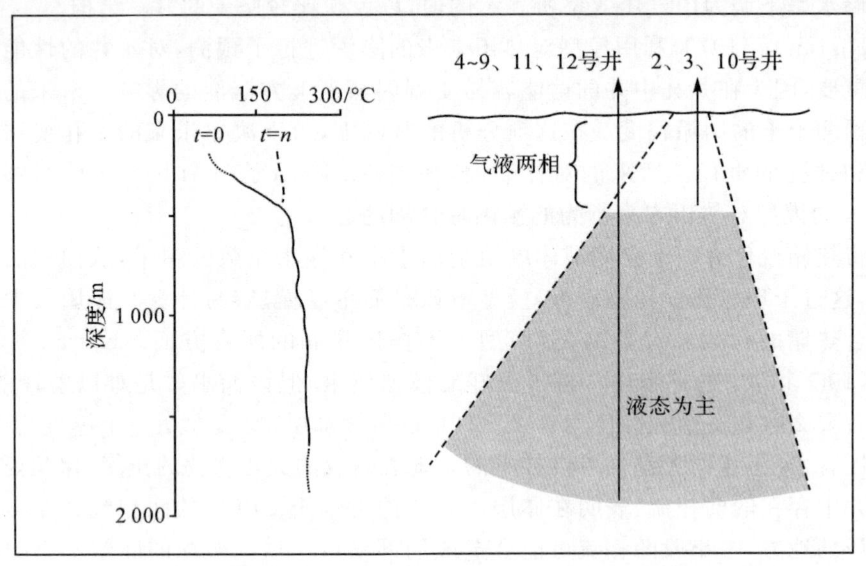

图 12.11 Gudmundsson 和 Hauksson 的概念模型

Bodvarsson(1988)开发了侧向为隔水边界的模拟模型。Björnsson(1999)开发了一个程式化的放射性对称模型，蒸气带覆于有侧向补给的液相带之上，如图 12.12 所示，该模型是 Gudmundsson 和 Hauksson 所提新的概念模型的反映。在深处有一个液相含水层呈放射状延伸，而在储层顶端有一个垂直的蒸气柱，热储面积随深度而增加；图 12.12 显示的“环状物”需要与历史数据相匹配。生产来自蒸气带和深部的液体。

Ketilsson 等(2008)回顾了 Svartsengi 热田的建模工作。Wairakei 热田的主要模型以及不断开发的其他独立模型已在过去的几年里逐步进行了详细阐述，相比之下，在 Svartsengi 热田则构建了不同的连续模型。现在 Svartsengi 热田已有 30 年的生产历史数据进行模型校准。Ketilsson 等(2008)建立了模型的有限元模型，如图 12.13 所示，该模型大体上呈径向对称，但对井场进行了精致的 3D 细节刻画。

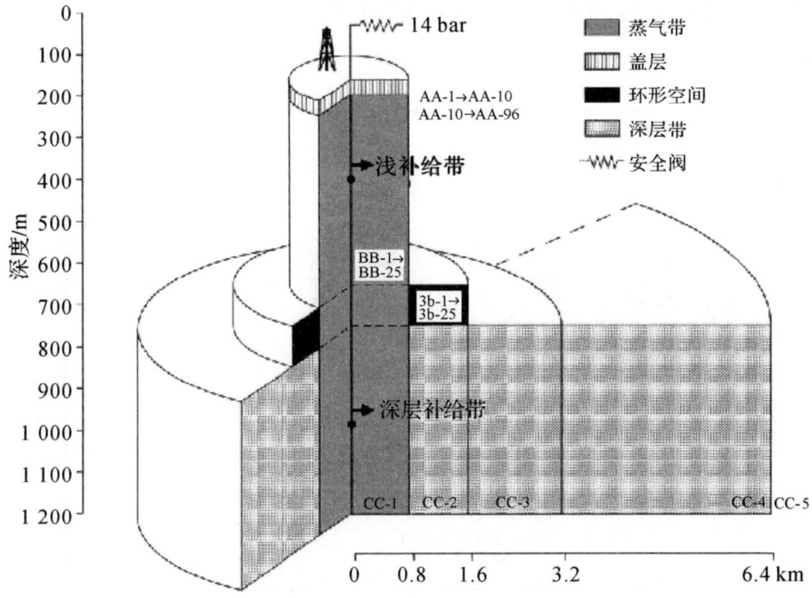

图 12.12　Björnsson 模型

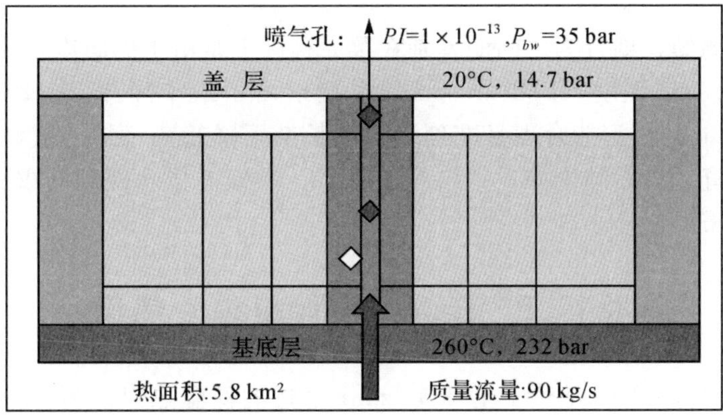

图 12.13　Ketilsson 等的模型

给定渗透率和其他参数的初始值，iTOUGH2 模块能用来寻找参数的最佳估计。以下系列观测数据能够获得完美的拟合：

(1)压力。

(2)两个高程的热储温度。

(3)周围的温度。

(4)生产热焓。

给定 200 kg/s 的固定生产量，各种模型的预测结果对比如图 12.14 所示（Ketilsson et al，2008）。

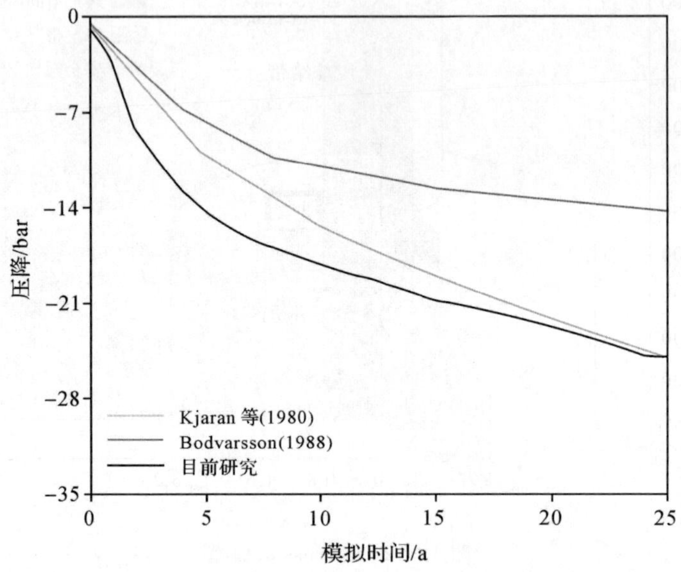

图 12.14 不同模型的压力拟合

模型预测的长期行为之间的差别在很大程度上是由于侧向边界的假设条件造成的，即侧向补给强度。Bodvarsson 的模型给出了最小降深，它没有隔水边界。注意到 Kjaran 的模型能合理且准确地预测长期下降趋势，但是，它显然不能预测蒸气带的发育。最后结论如下："结果证明了一个好的概念模型的重要性，当对系统做假设时需要格外小心。"

§12.5 Balcova-Narlidere 热田

Balcova-Narlidere 是位于土耳其 Izmir 附近的低温热田。图 12.15 显示了其概念模型，井场位于 Agamemnon 断层的北部，热水沿该断层上升然后向北侧扩展（Aksoy et al，2005）。井场早期的井仅 125 m 深，后期钻到 500～1 100 m（Satman et al，2005），最高温度大约是 140℃，主要用来集中供热。

热田的生产同时来自浅井和深井。大量的测井显示，热储渗透性很好，渗透率一般在 3～121 dm，是一个与断层或有联系或无联系的复杂系统（Onur et al，2005）。回灌最初是在三个浅井中进行，但引起了严重的冷却作用（Aksoy et al，2005），2002 年回灌被转移到周边的深井中进行。在浅井回灌时存在显著的热效应，当示踪剂注入 B9 浅井时，12 天后可以在 B4 井中观测到冷却现象，15 天后在

B10 井中观测到冷却现象。浅井之间的示踪试验显示出了明显的回水，在模拟时利用 Bodvarsson(1972)方法对沿断层的水流进行了处理。

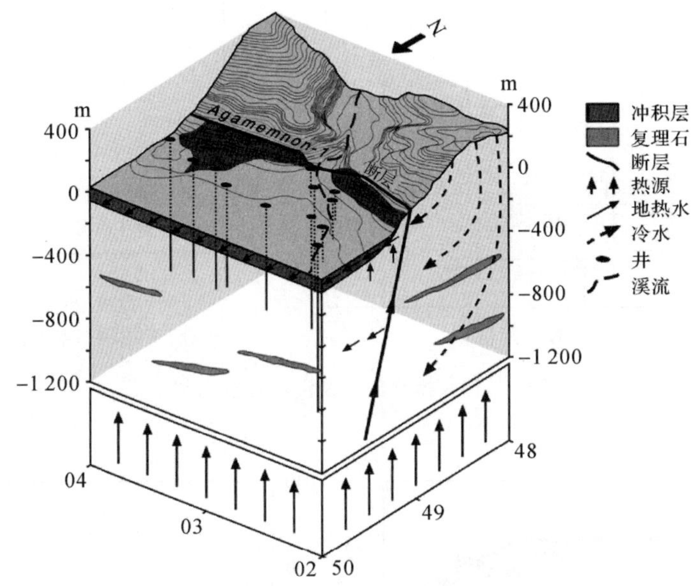

图 12.15　简化后的 Balcova-Narlidere 地热系统概念模型

Sarak 等(2005)和 Türeyen 等(2007)对热田的集中参数模型进行了阐述，Gok 等(2005)阐述了模型的模拟工作。利用开放的和封闭的 1-、2-、3-槽式模型，人们开发了各式各样的集中参数模型。不同的模型都获得了可接受的拟合效果，且得出了一致的结论，即长期的历史生产数据是必需的，且模型的类型需得到其他地质、地球物理和水文数据的支持和认可。集中参数模型只适用于压力而且不能给出温度变化的信息。Türeyen 等(2007)认为，单槽开放模型给出了最佳拟合，即 $S_M=8.4\pm1.2\times10^7$ kg/bar，补给系数 $\alpha=44\pm2$ kg/(s · bar)。

热储的单孔隙模型获得了热储自然状态下温度和生产历史的满意拟合。图 12.16为模型网格剖分及天然状态下的温度拟合曲线，对井附近的网格进行了进一步细化(Gok et al,2005)。图 12.17 显示了某历史温度数据的拟合与对未来温度的预测(Gok et al,2005)。该模拟指出了热田管理问题，指明应该在深井进行回灌，以防止温度下降，并且提出了两个额外深注水井的建议方案。预测方案表明热田生产可以保持 20 年。在回灌转移到深井之后进行了示踪试验，试验证实了热田的多重路径和断裂质介，在示踪回流方面深井拥有更多的通道(Akin et al,2010)。

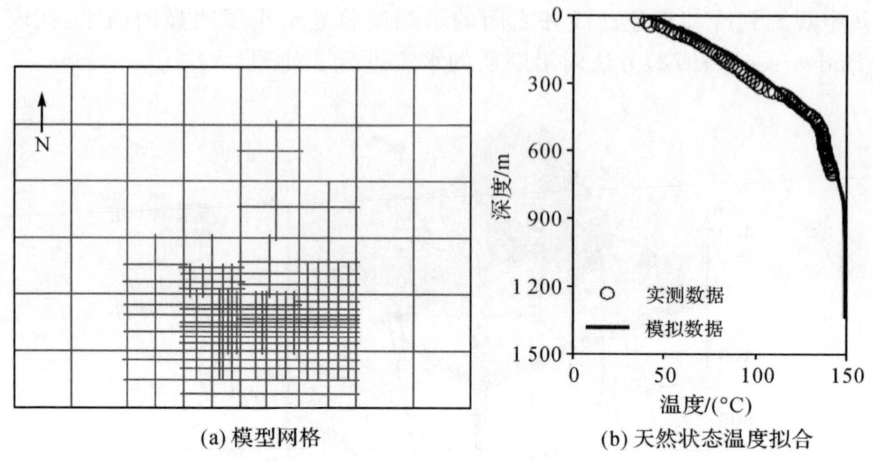

图 12.16 模型剖分及温度拟合曲线

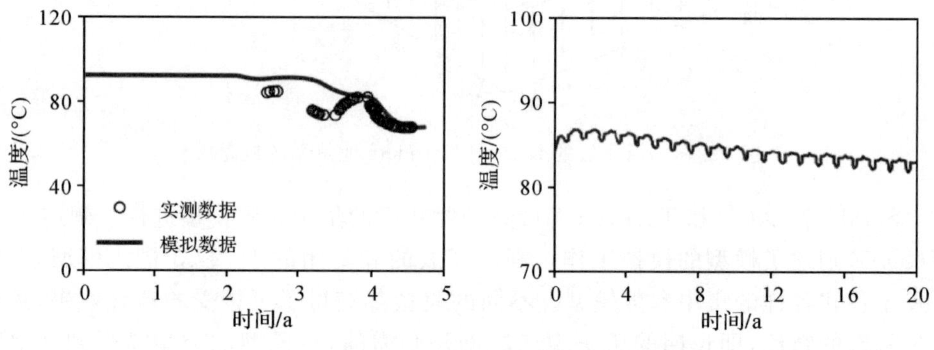

图 12.17 B-4 井中历史温度拟合和预测温度

§12.6 Palinpinon 热田

Palinpinon 热田位于菲律宾 Negros 岛的南部山区。热田被分区开发，位于 Puhagan 的 Palinpinon-1 电厂装机容量为 112.5 MW，位于 Nasuji-Sogongon 包括三个电站的 Palinpinon-2 电厂总装机容量为 80 MW。图 12.18 为热田示意图(Orizonte et al，2003)。热储处于严重超压状态，初期水位在地表 400 m 以下。热储位于高的台地下，故热储压力在天然状态下受下面河谷的地表排放控制。多山的地形使井的选址、管道铺设和电厂建设都受到制约。热储水位上面大部分的岩石温度较低，许多井最初很难开始自喷，需要注入蒸气或两相流进行激发。

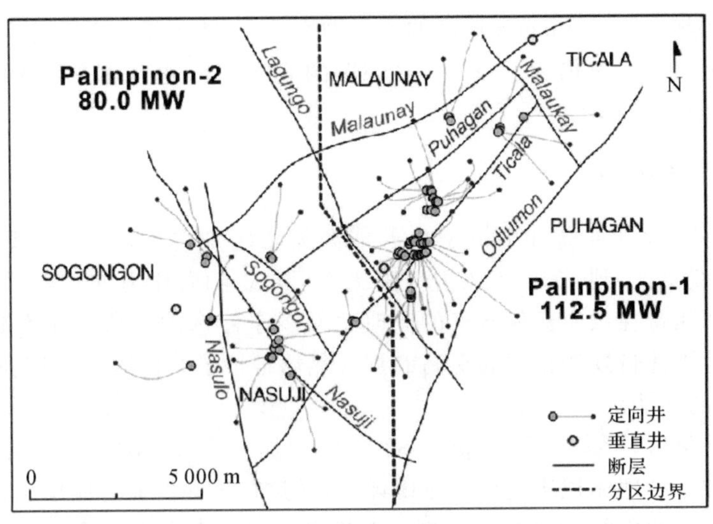

图 12.18　Palingpihon 热田及其分区

12.6.1　早期历史

热田早期的生产历史受注水回水的影响所控制。位于 Puhagan 的 Palinpinon-1 电厂的最初阶段采用了现场注水井，1983—1989 年，热储压力下降了 25 bar，由于 Ticala 断层和 Puhagan 断层斜面造成了注水水体的迅速回水，生产井存在漏失情况。通过示踪试验确定了水流的主要路径(Urbino et al，1986)。截至 1989 年年底，大多数的注水井搬到了更远的地方以远离生产区，使得大多数生产井得到了临时的恢复，尽管仍有些井无法恢复。到 1993 年，由于注水水体的回水导致蒸气利用率再次下降，注水位置被再次转移到距离生产区更远的地方，并通过示踪试验确定了与生产井联系紧密的注水井，优先将其关闭。总之，热储中主导的储热过程如下(Ramos-Candelaria et al，1997)：

(1)注水主要通过 Ticala 断层。

(2)压力下降使得沸腾增强，并形成了 220～240℃ 的蒸气带。

(3)在一些井浅部输入酸性流体。

采用的生产和注水方案如下：

(1)最大程度地利用高热焓的水井，从而减少注水压力。

(2)减少或停止使用快速回水的注水井。

(3)将大部分注水井转移到更远的外围。

(4)封住一些注水井的顶部区以防止造成蒸气带冷却。

(5)通过注水回水的温度恢复提供压力以抑制酸性液流入。

(6)考虑在高温酸井中进行注水。

到 1997 年中期，Puhagan 地区的注水彻底停止，使得压力下降过大，尽管排放热焓增加，但蒸气流速仍然下降了。在限定的流速下，一些注水井对于维持压力是合适的（Malate et al，2010）。

12.6.2 成熟热田

在相连的 Negros 岛和 Panay 岛的能源需求增加之后，1991 年 Palinpinon-1 热田走上全线生产，到 1994 年压力下降为 50 bar。随着压力的下降，两相带相应地扩张，该两相带在供应额外蒸气的同时也减少了注水的负荷。在不断下降的热储压力下，由于井自发的排放和更高的排放热焓维持了井口压力，因此两相带的存在提高了井的性能。

在 2000 年后，考虑在 Palinpinon-2 电厂增加一个 20 MW 的机组。Orizonte 等（2003，2005）利用体积法进行了热田评价，并进行了井性能与储层压力的相关分析，开发了压力响应的集中参数模型。个别井的性能和热田性能与埋深 1 000 m 处的储层压力相关，如图 12.19 所示（Orizonte et al，2003）。图中也显示了当流量突然迅速下降时的趋势偏离过程，暗示存在沉淀作用。将储层压力与流速之间的关系拟合成简单的指数下降模型（即一个简单的集中参数模型），其松弛时间为四年，在此基础上计算获得新增装机容量 20 MW 的电厂引起的压力下降在可接受的范围内。图 12.20 显示了 2003 年以前 Palinpinon-2 热田的压力历史以及未来新增电厂后的趋势预测（Orizonte et al，2003）。

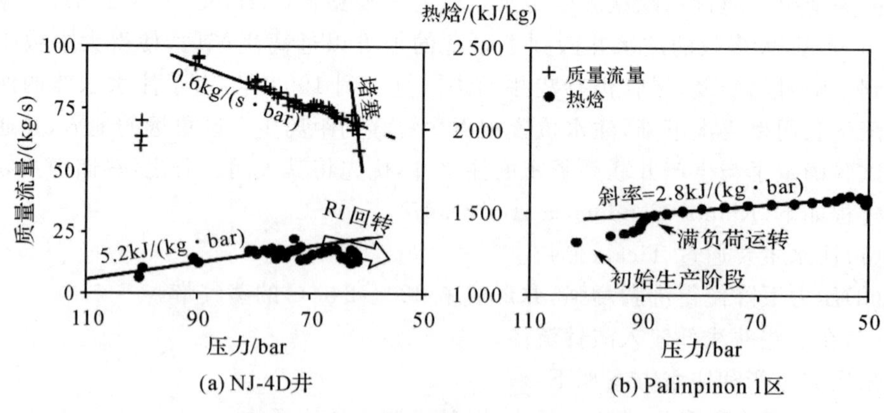

图 12.19 热井性能与热储压力关系

自 2004 年以来，热储两相带产生了额外的 32 MW 的蒸气流，浅部蒸气的开采由于两相带的扩展而扩大（Malate et al，2010）。一些已经退役的报废井在被关闭了十年之后重新运行，Puhagan 地区原有的一些注水井转变成为了生产井，蒸气由原本的酸性井中产生。这些额外的蒸气流弥补了由于储层压力和回灌水引起的损失。

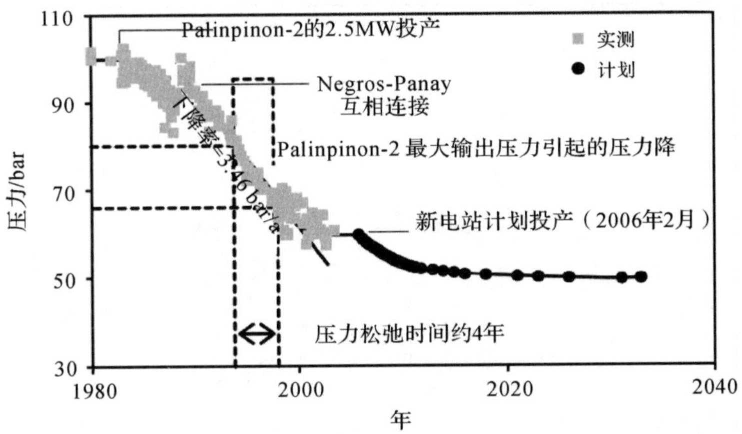

图 12.20　Palinpinon-2 的压力历史数据和新增电站后的压力预测

Palinpinon-2 中的示踪试验再次表明需要根据生产进一步定位注水位置(Maturgo et al,2010)。随着对注水回水和氯化物的长期测量，Horne 和 Szucs(2007)提出可建立不同注水井与井中氯化物含量的关系，并由此推测不同生产井和注水井之间的联系，其结果与示踪剂试验类似，但只需要氯化物的常规监测数据。Villacorte 等(2010)利用该方法在 Tongonan 热田的不同地域进行了成功的应用。该方法不适用于生产历史很短的热田。

Malate 和 Aqui(2010)总结时认为，两个主要热储在压力下降与注水回水等资源管理方面保持了平衡，热储顶部两相带的扩展有助于管理。

§12.7　Awibengkok(Salak)热田

Murray 等(1995)介绍了印度尼西亚的 Awibengkok 热田最初的评价和发展，Acuña 等(2008)对其随后的发展和管理进行了介绍。Stimac 等(2008)和 Ganefianto 等(2010)对热田进行了概述。该热田如图 12.21 所示，占地面积约 18 km^2(Acuña et al,2008)。在初始状态，热田以液态为主，但可能存在一个薄的蒸气盖层。图 12.22 为热田初始条件，从温度传导梯度可看出有一个清晰的(低渗透率)盖层，储层温度为 235～310℃(Acuña et al,2008)。

最初的评价利用了大量的干扰试验数据，结果显示热储具有良好的渗透率，其值大约为 150 dm，另外还似乎有些低渗透率隔离带把热储分为几部分。所建的数值模型如图 12.23 所示，包括有两种版本：一个代表钻井证实的封闭模型和一个扩展模型(Murray et al,1995)。在没有扩展模型时拟合未钻区域的干扰数据是不可能的，模型在初始状态下完全充满液体。该模型只能模拟被证实了的热储，不包括周边或上覆的含水层。

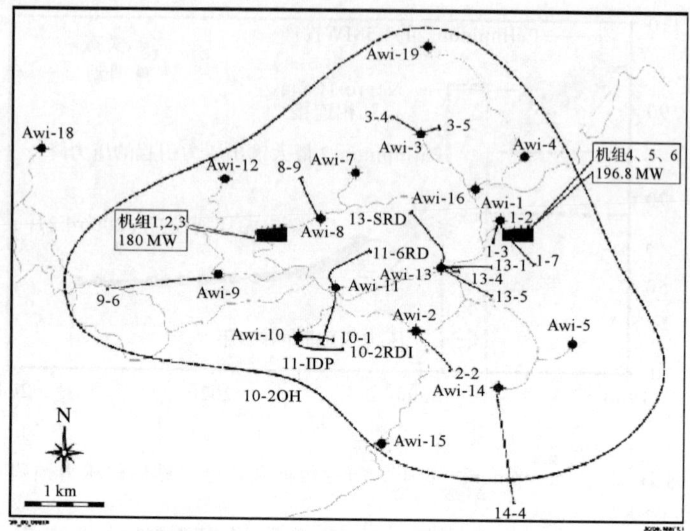

图 12.21 Awibengkok 热田分布图

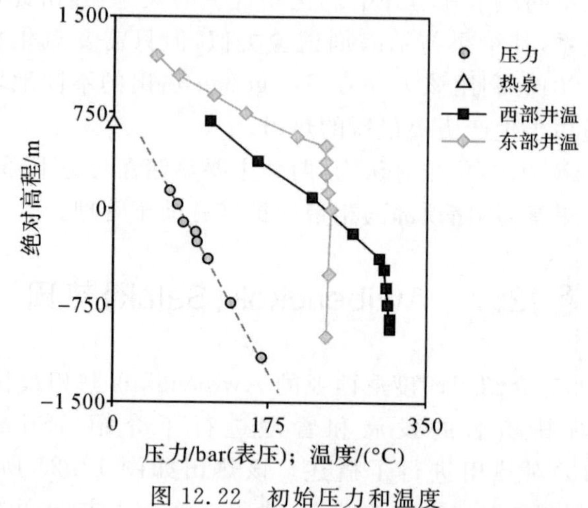

图 12.22 初始压力和温度

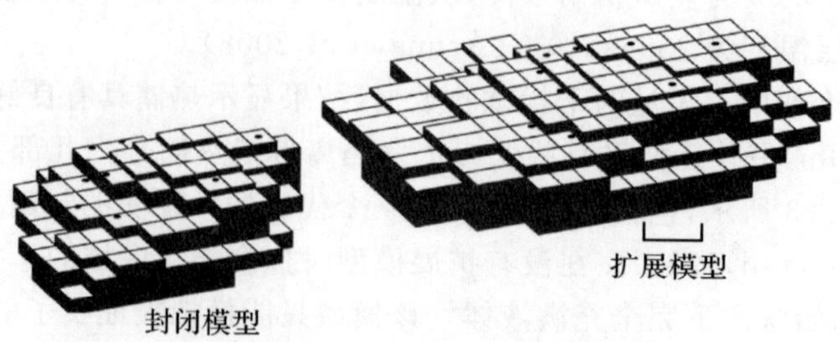

图 12.23 Awibengkok 热田模型

模型的另一个版本是为了处理不确定性构造。Acuña 等(2008)阐述了这些不确定性因素的系统发展。不确定性之一就是扩展模型中额外流体的温度。所有模型均显示一种相似的模式:在生产和压力降低条件下,蒸气带在储层的上部发育。用该模型来模拟 330 MW 的生产情况,如果额外的流体是热流体,会持续流动 30 年,但是如果它是冷的,则只有 20 年。该模型还表明,在热储的边缘进行深层注水是必要的。图 12.24 显示了开始生产后模拟的和实际观测的响应(Murray et al,1995)。第一个装机 110 MW 的电厂始建于 1994 年,在 1997 年进一步提高到220 MW,2002 年进一步增加至 377 MW。

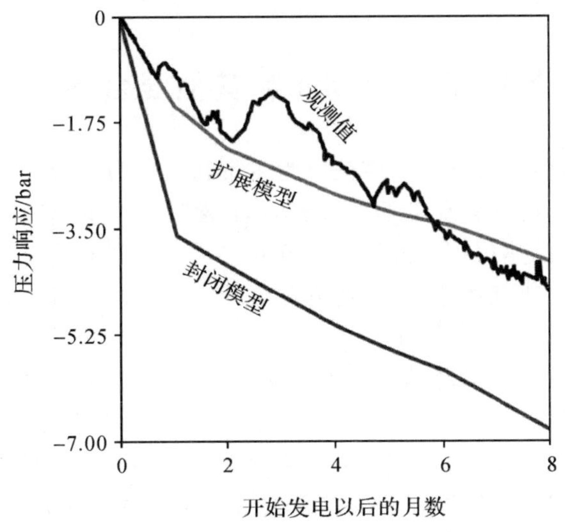

图 12.24　110 MW 电站的压力响应

示踪试验表明一般在几天内发生注水回水。一些井中的氯离子浓度显示注入水体在生产流体中占重要的比重(最高达 50%),但对生产没有明显的不利影响。大量回水被认为是不宜的,因此对注水方案定期进行了调整。在 1998 年,注水井位置远离了 Awi 10 和 Awi 2,在 1999 年远离了 Awi 4,新的注水位置位于热田的外围。随着蒸气帽的形成,浅补给井的排放热焓上升,从而降低了注水速率,这样更容易对注水系统进行管理。由于过高的装机容量,对于那些不重要的有害的注水井需要进行重新布置,一些一直用于注水的井可恢复进行生产。目前,当可以找到可行选择时,计划逐步淘汰 Awi 9 井的注水。自 2006 年以来,热田的管理策略是注水井位置进一步远离生产区,并勘探主要热储的西、北和东南部(Ganefianto et al,2010)。

热储模拟提供了除了重力外许多参数很好的拟合(Nordquist et al,2010)。利用模拟计算重力的变化后,与实际详细的测量数据进行对比,结果显示出越来越多的差异。通过利用垂直和水平精细离散化的 MINC 模型进行了一些改进,但热田的一部分仍无法匹配。有人提出这是由于热储以上的浅层充满地下水流,而这部分并不包含在模拟范围之内。模拟结果表明,移动一些注水井到热田以外的位置和一些边缘的地方,可以显著延长热田寿命。热田外部地区的渗透性很差,大量的井已经实施激发(Pasikki et al,2010;见第 14 章)。

由于热储内的高渗透性,进行大口径的生产井钻探是更经济的选择,锚杆可长达 16 英寸,并在浅部施工大斜度的井以增大前部蒸气生产量。利用钻孔模型预测井性能(Acuña,2003;Libert et al,2010),详细的钻孔模型可提供比简单的趋势外推法更可靠的产能预测。

§12.8 Patuha 和其他混合热田

很多热田在自然状态下包含着液态为主带和蒸气为主带。在一些情况下热田基本上以液态为主,受来自深部的上升流驱动,蒸气为主带相对较小且“寄生”于液态为主带内。这样的热田存在液体上升流并在热储顶部形成相对较小的蒸气为主带。蒸气从两相上升流中上升并充填蒸气带。具体实例包括 Los Azufres(见图 10.7)与 Olkaria。

还有另外一些热田,深部的上升流是蒸气,就像一个蒸气为主的热田,但是在中心呈“喷气式”喷出而穿过液体层。图 12.25 显示了印度尼西亚 Patuha 热田的一个概念横断面(Layman et al,2003)。来自深部的蒸气上升流,在可渗透的蒸气为主热储中上升并横向扩散,在蒸气带下方有一个液体为主带。深井拥有相同的水位即说明该水位是深部真正的液体水位。热田在排放时,井下测量发现三口井拥有相似的水位,说明热储中存在一个真正的液体区域。水位随压力变化而变化,当蒸气从上部生产带排出,液体流入井中,这表明在热储中有自由液体,而且水在井的底部不仅仅是简单的“死水”。然而,这种液体并不处于沸腾状态,所以不供应蒸气上升流,蒸气供给来自于深处并穿过了液体区域。与蒸气为主的热储一样,Patuha 热田受来源于深部的蒸气上升流驱动,而不是液体,液体基本处于凝结状态。Patuha 热田的蒸气上升流是岩浆蒸气,含有腐蚀性气体。

类似的含有蒸气核的热田有 Wayang Windu、Karaha-Bodas 和 Alto Peak(Reyes et al,1993;Allis et al,2000;Moore et al,2002;Bogieet et al,2008)。在所有这些热田中,中央蒸气上升流是岩浆蒸气,含有腐蚀性气体,使得系统核心的开发比较困难。远离核心,在通过岩层过程中,酸性气体逐渐中性化。经推测,这其中的一些热田正处于从原始的液态为主状态进化到完全蒸气为主热储的过程中。

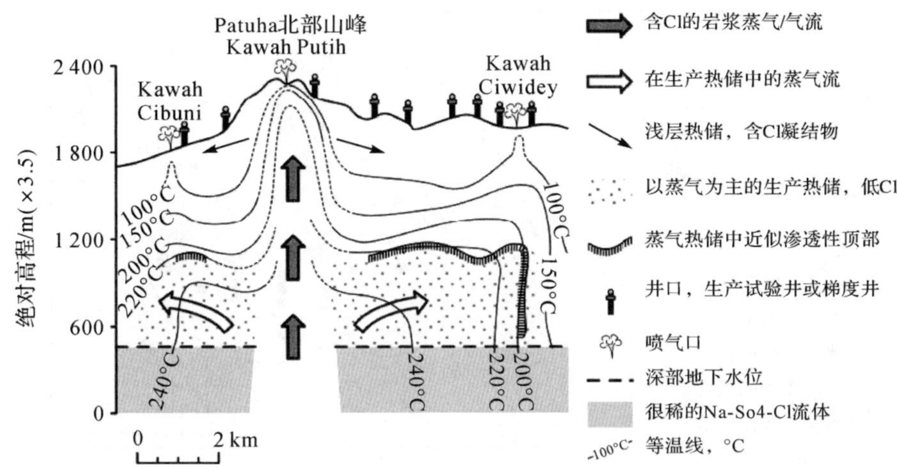

图 12.25　Patuha 热田的概念剖面

§12.9　Mak-Ban 热田

Mak-Ban(Makiling-Banahaw)热田，也被称为 Bulalo 热田，位于菲律宾 Luzon 岛上。Benavidez 等(1988)、Clemente 等(1993)、Sta. Maria 等(1995)以及 Capuno 等(2010)都对其发展历史进行了描述。热田发现井 Bul-1 钻于 1974 年，三个 110 MW的发电机组分别安装于 1979 年、1980 年和 1984 年，Bottoming 机组安装于 1994 年，另外 4×20 MW 的蒸气汽轮机组是于 1995—1996 年新增的。

图 12.26 为热田示意图(Clemente et al, 1993)，图 12.27(a)为横截面(Protacio et al, 2000)。热储初始状态是以液态为主，在热储上部为两相流条件，图 12.28 显示了初始的压力和温度分布，液态为主中心存在一压力梯度，低渗透边缘区井中的压力略高(Clemente et al, 1993)。最高温度对应压力饱和区。垂向压力梯度高出静水压力梯度 10%。在开发条件下，两相带大大扩张，热焓增加。由于存在从深部区域到浅部区域的横向气流，闭井时通常包含一个两相流柱(Belen et al, 1999; Menzies et al, 2007)。BR2 井中类似的剖面已在第 9 章中讨论过。

回流中曾发现包含注水回水、热田边缘的流入流和地下水。图 12.26 是 1990 年代早期进入热田的水流情况。一些注水井从西部 Bul-43 井周围的井群迁移到更西部的 Bul-73 井区。随着时间的推移热焓普遍增加，2001 年平均增加了 50%，尽管到 2008 年由于注水、边界和地下水的影响发生了小范围的下降，平均增加值下降到了 43%。地球化学监测表明，1999 年边界补给占到生产量的 30%～40%，相比来说，注水所占比重为 5%～10%，降水可以忽略不计(Abrigo et al, 2004)。

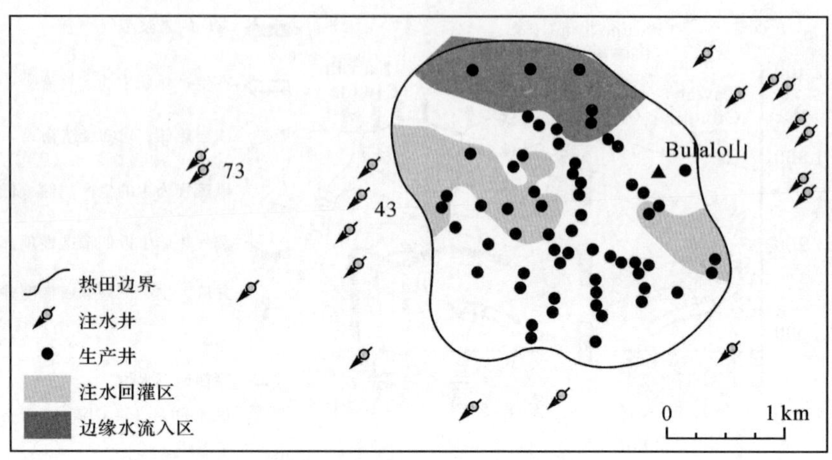

图 12.26 Bulalo 热田示意图

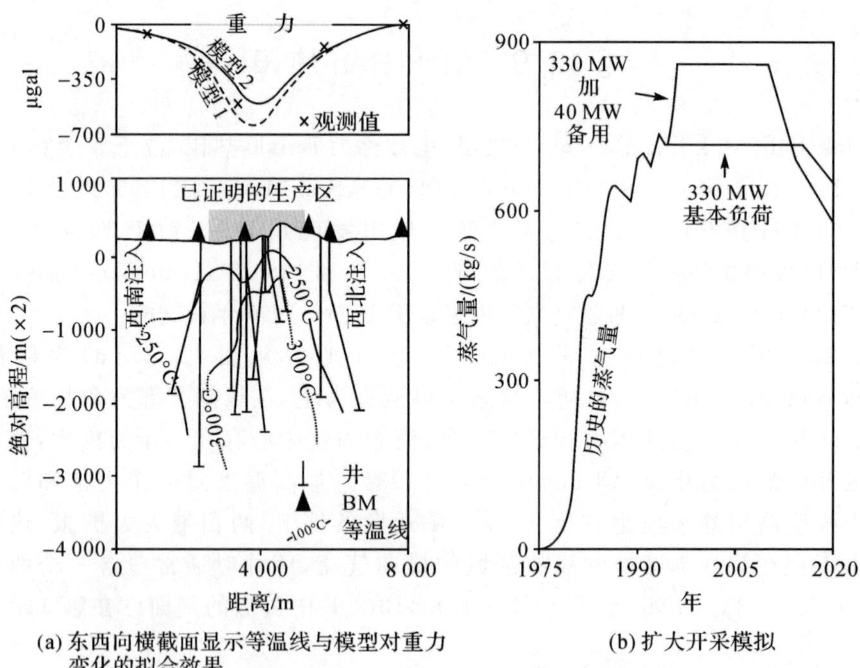

(a) 东西向横截面显示等温线与模型对重力变化的拟合效果

(b) 扩大开采模拟

图 12.27 相关模型及其拟合效果

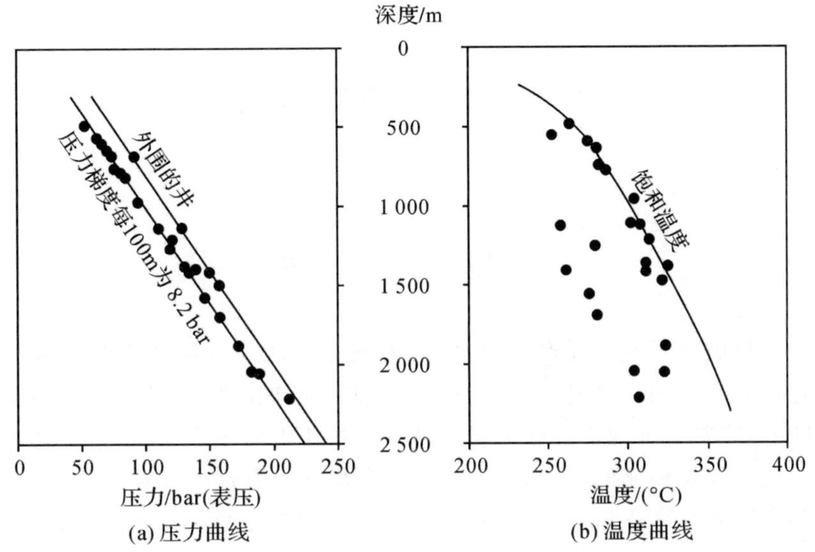

(a) 压力曲线 (b) 温度曲线

图 12.28 初始压力和温度分布

热田的第一个模拟模型(Atkinson et al,1988)和后来的模型(Strobel,1993)利用初始压力和温度的分布、生产热焓历史数据、重力变化等进行了校正。进行垂向压力梯度的拟合需要 0.5～1.5 md 的低垂向渗透率,拟合历史生产热焓需要一个双孔隙模型。与 Awibengkok 相比,该模型对历史生产量和重力变化都获得了良好的匹配(Nordquist et al,2004,2010)。示踪试验的定性匹配(Villadolid,1991)说明了热储注水的广泛分布与快速混合。由于热储中广泛分布的两相流区,热焓和重力对饱和度很敏感,这就为模型的校正提供了重要约束。Strobel(1993)模型表明,热储可以支持更多的发电。图 12.27(b)为进行的开采模拟(Sta. Maria et al,1995),新增了 80 MW 的机组,其中 40 MW 作为备用,这个电站是在 1995—1996 年新增的。

该热田表现优秀,在 7 km^2 的热田产生了 7 MW/km^2 的功率密度。注水和边界水流入的不利影响已经得到控制,生产一直在持续。

第 13 章　热田管理

§13.1　概　述

当一个热田被开发并投产运行,生产管理和注水运行是维持电站满负荷运转需要优先考虑的问题。这是一个涉及生产监测、地球化学、热储工程学和模拟等多学科的任务,需要结合地下井孔信息对地表测量所得的生产、注水数据进行综合分析。为了全面理解热储的过程,也需要随时开展一些其他的专业地质工作,如微重力和地面变形调查等。另外,也需要对热井状态进行监测,以便发现地下侵蚀、套管损坏等现象。为了维持热井的产能,需将所有这些信息集中到一起建立一个连贯的模型,用来预测热井未来的生产量和注水能力并且识别需要修复的区域。这些行为包括简单的洗井以移除方解石结垢、改变注水井场位置以避免注水井和生产井之间产生冷水回水等。

一些数据可以频繁的获取,如井口压力、阀门设置、分离的蒸气和卤水流、来自分离装置的流体总量(质量和热焓)、注水速率和温度等,还有热储监测数据,主要包括观测井的压力。其他的数据或许只能间断的获取,如质量流量、热焓和单井的化学性质。

对于生产井,如果井口压力和热焓维持常数,质量流会随着热储压力变化而变化。通常这个变化呈下降趋势,起初速度较快,后随着时间的推移逐渐变缓。对历史数据进行简单的曲线拟合通常可以对井的性能进行最好的短期预测,并能与井实际性能相比较,如 Palinpinon 热田(见 12 章)。趋势的改变说明井中可能发生了某些变化,需要进行进一步的调查。详细的钻孔模型通常可以提供更好的井性能预测并且能够模拟特定变化带来的影响,如补给带的沉降或降温。

热焓的变化能够指示井中的补给流体的变化。两相流条件区的膨胀可能会引起热焓的升高,而注水回水或者热储部分区域冷水的流入均可引起热焓的降低。伴随着这些变化将产生流体化学性质发生变化,事实上,流体化学性质的变化通常是流体物理性质变化的先兆。有时热焓的变化和质量流的变化表明井中产生了堵塞。

§13.2　衰减和集中参数模型

本节讨论模拟未来性能的简单模型和热井性能的趋势拟合。这些方法基于一定的物理模型，但最好将其作为“黑箱”进行趋势的统计拟合。假定条件是不变的，这些趋势分析能够提供短期推断最直观的反映。由于拟合的过程不能反映大尺度的热储过程，因此对热储性能和容量的长期模拟是不可信的。

13.2.1　指数衰减

衰减最常见的假定形式是指数衰减，即流体每年以固定的比例或百分比下降。指数衰减源自一个简单模型，即有固定源的热井。假定一个储水系数为 S_M 的箱子，井口压力保持常数时，流量与热储压力和操作压力之间的压力差成正比。质量和井流的守恒方程为

$$S_M \frac{dP}{dt} = -W \tag{13.1}$$

$$W = \beta(P - WHP) \tag{13.2}$$

给定

$$W = W_0 e^{-at} \tag{13.3}$$

其中，$a = S_M/\beta$ 是衰减速率。如果衰减持续很长时间，总的生产量累计为 W_0/a。绘制随时间变化的流速曲线，采取对数坐标将得到一直线。

如果有一组数量为 n 的热井群，每个热井的流量遵守式(13.2)，那么

$$S_M \frac{dP}{dt} = -nW \tag{13.4}$$

对于每个热井

$$W = W_0 e^{-nat} \tag{13.5}$$

也就是说，衰减速率随着热井的数量增加成正比增长。所有热井总的累计生产量是不变的，为 W_0/a。

如果一个独立热井或者一个井组在恒定条件下运行，那么热井或井组的流速表现为指数衰减。注意，这仅仅是热井数量和运行条件保持不变情况下的一个例子。如果热井数量增加了(如热储泄漏量增加)，那么衰减速率也将增加。如图 13.1所示，Geysers 热田热井的衰减速率在快速发展的 20 世纪 80 年代是迅速增长的(Barker et al，1991)。图 12.9(b)显示了为确定注水引起热井生产量的变化而应用指数衰减进行热井生产量的趋势预测。

13.2.2　其他衰减形式

在油储工程学中有一系列的衰减曲线，其中，谐函数衰减曲线有时也用于热储(Enedy，1991)

$$W = W_0/(1 + at) \tag{13.6}$$

绘制 W^{-1} 随时间变化的线性曲线，与在定压力下无限含水层的热井流量一

样，W^{-1}随时间的对数变化曲线也是线性的。

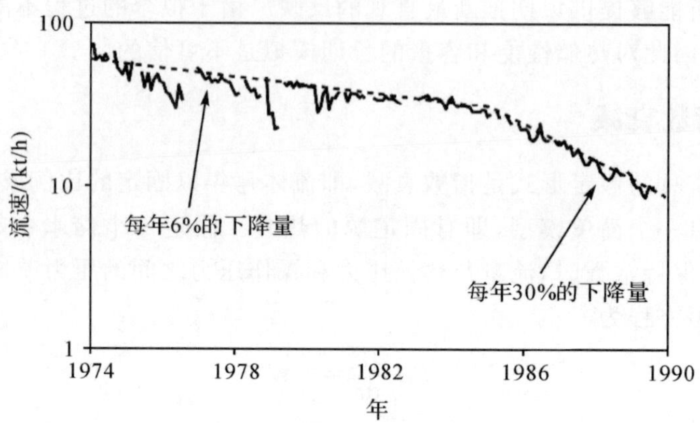

图 13.1 Geysers 热田 LF6 热井衰减速率的增加

13.2.3 集中参数模型

集中参数模型通常为拟合压力的好方法。在冰岛通常用于模拟小的低温地热系统的压力(Axelsson，1989，1991；Axelsson et al，2005a，2005b)。对于小的低温地热系统，Hamar 模型既显示了这种模型的优点也显示了缺点。有两种集中参数模型分别用于开放模型和封闭模型。图 13.2(a)为拟合情况，该模型用 1993 年以前的数据进行拟合，对未来进行预测并用实际压力与之相比较；图 13.2(b)显示对未来 200 年的预测，其中上面的曲线为开放模型预测曲线，下面的曲线为封闭模型预测曲线(Axelsson et al，2005b)。

或许模型能够提供 10 年左右效果较好的拟合和预测，但对于更长期的预测则有显著分歧。热储储水系数 S_V 为 7×10^3 m^3/bar，该参数可以控制模型短期的响应。长期的变化由补给假定控制，在这个例子里，分歧在于集中参数模型仅用了相对较短的 6 年的数据进行校正，因此无法解决存在的不确定性。Wairakei 热田早期的集中参数模型也做了相似的观测，所有模型都拟合得很好但是与基础背景有明显差异(见第 12 章；Grant et al，1982a)。

这个形式的集中参数模型对于压力-流量数据的拟合非常有优势，已经被应用于大量的高温热田(Vallejos-Ruiz，2005；见第 12 章)，且其通常可以提供最好的短期压力预测。其局限性在于对于更复杂的条件无能为力，如进行温度变化预测，另外也不适用于控制长期行为的热储过程。这种情况下就需要一个能体现目前所有物理过程的模拟。集中参数模型也可以用于识别生产流体中的回灌水比例(Itoi et al，2003)，Horne 和 Szucs(2007)应用非参数回归得到了相似的结果。

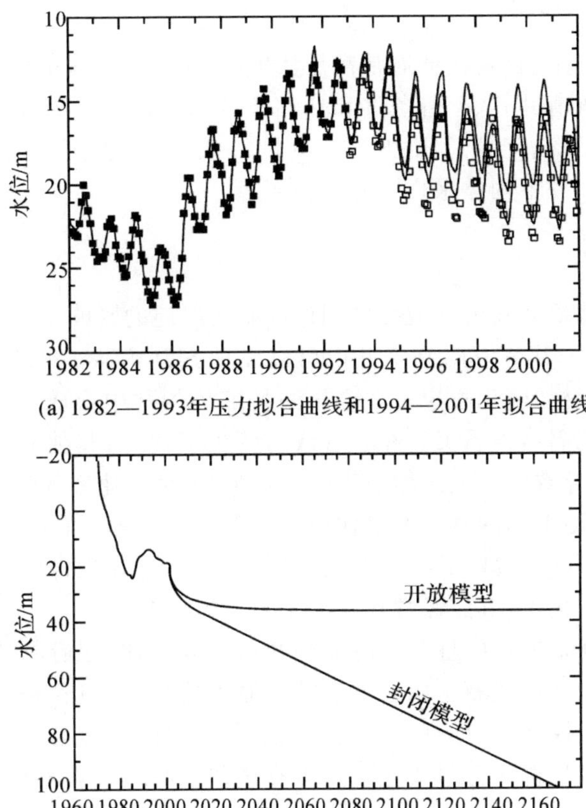

图 13.2　Hamar 模型拟合和预测曲线

§13.3　偏离趋势

假定已确定了热井性能的发展趋势或者模式，现将热井目前的表现与该趋势进行对比，观测其偏离趋势。持续的偏离趋势通常表明某些新的过程正在影响热井或需要对热储进行人工干预。对于生产井，可能的重要变化包括以下几点：

(1)质量流的加速衰减。

(2)热储压力的加速衰减。

(3)出口压力的下降与上升。

(4)热焓的下降与上升。

(5)热井性能的不稳定。

对于注水井，可能的重要变化如下：

(1)流速下降(定压力)。

(2)静水压力上升。

无论何种情况下,首要任务通常都是从生产/注水井流体中采集化学样品并进行井下调查以便查清井孔、套管条件和热储条件:渗透率、压力和温度。调查顺序一般遵循冲击式钻探、闭井后压力-温度测量、一定压力-温度下的流动过程、可能进行的井径测井和井下固体采样或井下拍照等。

13.3.1 沉 淀

热井性能通常受井孔内部或井周围地层矿物沉淀的影响。沉淀的通常是方解石(含有少量 SiO_2),尽管有时高焓井内可以发现 SiO_2 沉淀(水的比重小于 5%),另外,一些高热矿物如硫化物也可在产生酸性液体的井中形成。沉淀对井流的影响是典型的。首先固体物质沉淀在套管或衬管内部,然后其他的物质沉淀在前面形成的沉淀层上,导致井孔逐渐缩小直到停止生产,衰减速率随时间逐渐增大。因此,注意到由于沉淀引起的衰减的早期信号非常重要。当一个热井(生产井或注水井)的流速出现意外的衰减,而又没有其他明显的原因,如生产井热储压力或流体质量方面的显著变化等,沉淀通常是要首先调查的原因。

假定井底温度是恒定的且井孔内部到井口充满水体,很容易通过井口压力和流速对井注水性能进行监测。如果由于操作原因造成井口压力有明显的变化,则需要把数据转换为标准压力或标准流速,或绘制简单的流速与井口压力关系曲线观察注水特征曲线是否随时间变化而发生有规律的移动。在不同流速情况下,热储压力的上升将引起井口压力的上升,然而在沉淀发生时高流速引起井口压力的上升会更大。如果预计到井性能可能发生变化,则可以在不影响热井使用的前提下开展一些调查。如果可以通过转移水流到其他井来调整注水速率,那么就可对标准条件下的注水率和注水性能进行测量并与以前的数据进行比较。如果必要的话,可以进行井下调查检查结垢情况或测量补给带注水率变化。

如果认定沉淀是热井性能衰减的起因,则需要对热井进行维修。如果井孔内有沉淀,那么在周围地层中也可能有沉淀。生产井中的沉淀通常发生在流体最先产生沸腾的地方。在高渗透性的热井中,沸腾通常开始于井孔内部,沉淀一般局限于多孔衬管和套管内;当水位降深较大且渗透性较差时,热储流体可能在岩层中开始沸腾并在补给带的裂隙中产生沉淀。两种不同化学性质流体的混合也可能产生沉淀。注水井中的沉淀是由于注入了过饱和矿物质,通常是方解石或 SiO_2,之后在井孔内和岩层中通常都会产生沉淀。机械清除可以有效地移除套管和衬管内部的结垢,但是并不能移除衬管孔内的沉淀物。发生沉淀结垢的地层中,机械清除并不能全面恢复热井的生产能力,因此有必要采用酸性处理去除补给裂隙中的结垢。压力瞬态可以用来测量热井附近渗透性的变化(表面效应)以确定酸性处理对生产能力的改善效果。

在一个生产井中，除非流体是单相流，以当前的技术无法对流速（质量和热焓）和井口压力进行频繁的测量，这些参数仅可以通过 TFT（流速示踪试验法 8.5.5）测量间歇性获得（假定两相流通过几个热井流向一个单独的分离装置进行生产）。在这些实测值中，仅可能获得井口压力变化趋势及阀门设置信息。当井口压力逐渐衰减或为了维持生产所需流量而逐渐增大流量控制阀门时，说明产生了沉淀。异常变化要引起关注，首先要通过 TFT 测量流量，或者通过分离装置或端压法改变热井以对流量进行物理测量。如果证实存在流量衰减，热焓没有变化，最有可能是由热储压力的下降或矿物的沉淀造成的，应对整个热田的热井进行充分的测量以确定热储压力衰减是否是流速衰减的可能起因。下一步就是闭井并且进行井下测量核查堵塞物和补给带的压力-温度条件，尽管现实中这个决定通常来得较晚，导致决定调查流速衰减原因时井孔已被堵塞了。

对于液体补给井，沉淀作用通常向上扩展一定距离到井孔闪蒸点以上，这时机械除垢就失效了。为了维持生产能力，不发生结垢和相关的流速衰减，在闪蒸点以下安装管道注入抑制结垢的化学材料通常是一个解决方案。如果闪蒸点在地层中，那么沉淀作用也有可能发生在地层中。调整流速时补给带附近压力瞬态测量值可以用来确定表面因子，将其与之前测量结果进行比较，如果发现表面因子有明显的上升，则很可能需要进行酸化处理移除井中生产带的结垢以恢复热井性能。

13.3.2 热焓变化

热焓变化将会引起生产井性能的变化；通常，热焓上升将引起总的质量流量的下降和最大排放压力的上升。井口压力条件不变时，分离的蒸气流在总热焓上升时通常不会发生变化。第 7 章在介绍 BR2 井时阐述了这些变化。

热焓上升通常表明地层中存在沸腾状态，这或者是因为热储中形成了两相带，或者是因为热井周围水位降深较大，在井周围形成了大范围的闪蒸带。一旦热储中存在两相流，生产井的热焓通常随时间变化，应该对其历史热焓进行监测以获取异常变化趋势。液体补给热储中热焓的下降表明一个热井补给带补给水温度的降低，由于井孔中的流体密度会变得更大，因此会对热井性能产生直接的影响，总质量流和分离的蒸气流速都会衰减，这可能与周围更冷的或更浅层的流体侵入或者注水回水有关。

§13.4 示踪试验

示踪试验通常用于测试从注水井到生产井的回水情况。定性来说，试验结果的解译简单易懂：量大且快速返回的示踪剂暗示可能存在热效应，但获得更专业的结论则比较困难。尽管如此，通过注水井和生产井之间的示踪试验可以快速识别较强的回水水源，然后采取修复措施将其关闭。

13.4.1 数据标准化

示踪剂浓度 $c(t)$在观测井中测量获得。为了比较采取不同流速和不同示踪剂注入量的试验的区别,可以将浓度转化为按时长分布或者返回时间分布进行数据标准化

$$E(t)=c(t)W/M$$

其中,M 为注入示踪剂的剂量;W 为观测井的流速,那么 $c(t)W$ 为单位时间获得的示踪剂剂量。$E(t)$的单位是时间的倒数,简单来讲就是单位时间间隔在观测井获得的示踪剂比重。$E(t)$在整个返回时间上进行积分,即 $E(t)$曲线下面的面积是获得的示踪剂比重。接下来讨论示踪剂浓度 $c(t)$,如果比较的是不同的井或不同的示踪剂,应按照 $E(t)$对其进行标准化。

13.4.2 运移时间和回收率

对试验结果最基本的分析就是记录整理每个监测井回收的示踪剂浓度及其运移时间。接下来假定示踪剂没有明显的再循环,也就是说,仅在零时刻投入一定剂量的示踪剂。假定注入示踪剂的剂量为 M,在累计时间 t 内第 i 个监测井回收的示踪剂总量可以通过简单地对回收示踪剂的时间进行积分获得

$$m_i(t)=\int_0^t c_i(t')W_i(t')\mathrm{d}t' \tag{13.7}$$

经长时间的试验,获取的示踪剂的总量为 $m_i(\infty)$,通常根据外延的恢复曲线推断而来,因为通常在观测结束时,浓度还不是零,还可以继续回收。很容易将恢复曲线的末端拟合为指数衰减,因此可以估算后面的回收量。那么从每个井中回收的示踪剂的百分比为 $m_i(\infty)/M$,这也就是从监测井回收的注入水源井里流体的分数。由此可以计算生产井中注入流体的百分比。如果进入注水井的量是 W_I,那么监测井中回收的流量为 $W_I m_i(\infty)/M$。如果监测井的流量是 W_i,则其回收的注水回水的百分比为 $W_I m_i(\infty)/(M/W_i)$。运移时间通常指第一次到达的时间或者浓度峰值的时间。平均停留时间或“第一时间矩”(Shook,2005)如下

$$\tau_i=\int_0^\infty tc_i(t)\mathrm{d}t\Big/\int_0^\infty c_i(t)\mathrm{d}t \tag{13.8}$$

图 13.3 描述了在 Wairakei 热田进行的示踪试验,图 13.3(a)为浓度(总流中)变化曲线,浓度值已经利用 Bixley 等(1995)提出的方法进行了标准化;图 13.3(b)为 $E(t)$曲线,由于井的流速不同,用两种方法显示的数据所反映的不同井的贡献是有差别的。图 13.3(a)对不同井中示踪剂的浓度进行了对比,而图 13.3(b)比较了不同井中回收的示踪剂流量。对于 WK28 井,将图 13.3(b)中曲线下的面积进行积分叠加

$$\int_0^\infty E(t)\mathrm{d}t=5.2\times10^{-2}$$

$$\int_0^\infty tE(t)\mathrm{d}t=5.2\ \mathrm{d}$$

假定曲线的外推服从指数衰减，则外推曲线下增加的面积也是下降的，这与二次积分有明显的差别。WK28 井回收的示踪剂比例为 5.2×10^{-2} 或 5%，其平均停留时间为 $5.2/5.2\times10^{-2}=100$ (d)。这比首次到达时间少 12 天并且峰值出现在第 39 天。

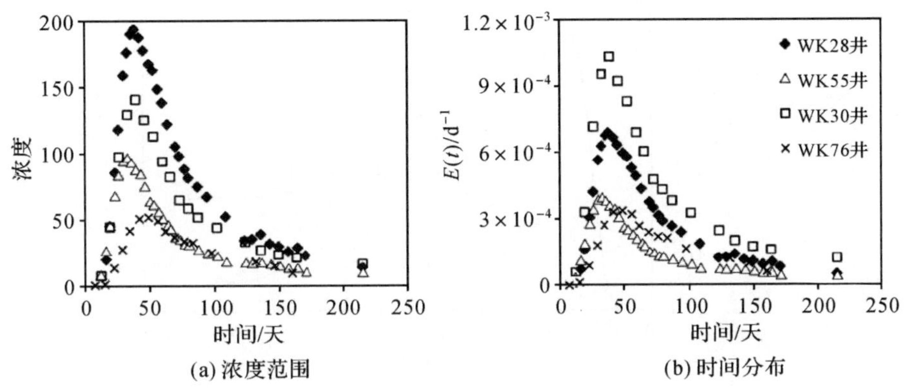

图 13.3　Wairakei 热田示踪试验

引自：Contact Energy，个人通信。

由平均停留时间可以计算示踪剂扫过的井孔体积 V_P（Shook，2005）

$$V_P=\frac{m_i(\infty)}{M}W_I\tau_i \tag{13.9}$$

如果部分示踪剂在回收后通过注水进行了再循环，那么可以对观测到的示踪剂浓度进行卷积，以便计算观测到的没有进行再循环的示踪剂。假定注水井里面注入了质量 M 的示踪剂，t_1 时间后，示踪剂返回到生产井，然后这部分示踪剂再次被注入到注水井。假定注水井里面示踪剂的浓度是 c_I，流速是 W_I，如果观测井里观测到的示踪剂浓度是 c'_i，零时刻注入质量 M 的示踪剂后没有再循环的情况下观测的浓度是 c_i，那么

$$c'_i(t)=c_I(t)+\frac{1}{M}\int_{t_1}^{t}c_i(t-t')c_I(t')W_I(t')\mathrm{d}t' \tag{13.10}$$

重新整理后

$$c_i(t)=c'_i(t)-\frac{1}{M}\int_{t_1}^{t}c_i(t-t')c_I(t')W_i(t')\mathrm{d}t' \tag{13.11}$$

在 t_1 时刻前函数 c_I 为零，由于积分中仅包含了 $t-t_1$ 到更早时刻的浓度值 c_i，故每个时间段的积分可以很明确地进行计算获得。时间越长这个公式出错的可能就越大，因此有必要应用不同的算法找出 $c_i(t)$ 函数的最佳拟合。当前面出现流速变化需对压力瞬态进行反卷积时也会出现同样的问题。可参考 Onur(2010)和 Onur 等(2008)提供的实例。图 13.4 为 Habanero 试验的一个例子，由于回收示踪剂占总量的 78%，故再循环的影响非常重要；解卷积的数据在第四天时突然增

加,在第九天达到峰值,平均停留时间为23.7天,示踪剂扫过的体积为18 500 m^3(Yanigasawa et al,2009)。

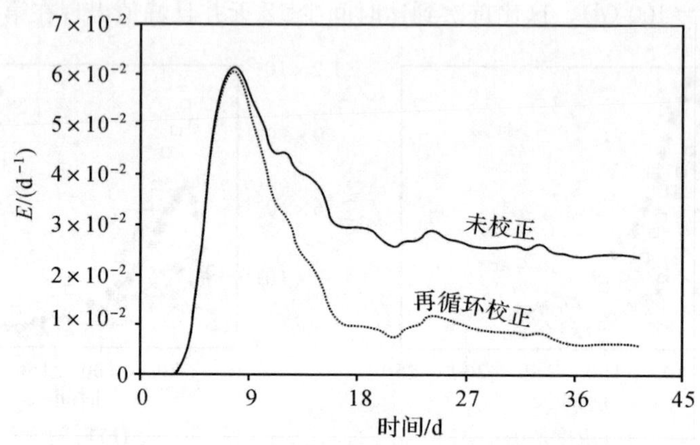

图13.4 回收的示踪剂:原始和反卷积数据

热田中,回收的示踪剂会衰减到测量误差之内。如果试验是在一个小的、局限的热储系统中进行,如工程型地热系统,所有示踪剂都得以回收,那么示踪剂或许最终能在热储系统中混合均匀,达到定量的浓度 $c(\infty)$,这样热储系统的体积可以通过 $V=M/c(\infty)$来计算(Rose et al,2004)。例如,在图13.4中,未经校正的浓度在 $2.5\times10^{-2}\,d^{-1}$时达到一定值,这意味着在 $1/2.5\times10^{-2}=40$(d)的时候热储系统的体积与流体循环流经的体积相等,因为该浓度的示踪剂已扫过了整个体积。

13.4.3 裂隙模型

Axelsson等(2005)描述了示踪剂在一维裂隙中的运移,假定示踪剂沿着裂隙以速度 v 匀速运移,弥散度为 κ_D。如果在 $t=0$ 时刻注入了质量 M 的示踪剂,那么沿裂隙的示踪剂浓度由下式给出

$$c(t)=\frac{vM}{W}\frac{1}{2\sqrt{\pi Dt}}e^{-(x-vt)^2/4\kappa_D t} \tag{13.12}$$

式中,W 是监测井的生产率;c 是示踪剂浓度,kg/kg。这个等式将浓度作为时间的函数,可用回收的浓度观测值进行拟合。Dwikorianto等(2005)利用该公式对Kamojang热田蒸气中回收的示踪剂进行了拟合。假定已知裂隙带的厚度,可以计算热量的变化。Sambrano等(2010)详细描述了Mindanao热田的示踪试验拟合过程,并且计算了回收的热量。预测的热突破的时间随给定的孔隙度而有很大变化。

§13.5 联合模拟

前面所介绍内容的局限性在于观察到的示踪剂和预测的温度变化之间缺乏联

系。尽管基于裂隙或管道的地热流中示踪剂的拟合效果很好，但是发生热交换的地表区域是完全未知的，只有在观测到温度变化后才能对其进行校正。弥补这个不足的最好方法就是在一个热储模型中对回收的示踪剂进行拟合。对于示踪剂变化曲线的拟合或许是不完美的，但与已知热储结构相符合更为重要。

Nakao 等(2007)在 Uenotai 两相热田的模拟中对生产热焓与回收示踪剂的观测值进行了拟合，他们发现有必要给定裂隙的孔隙度(裂隙带的孔隙度和裂隙带的体积比)非常小的值——小于1%，以获得所回收示踪剂的测量数据与模型模拟结果较好的拟合。

13.5.1 Ribeira Grande 热田

Ponte 等(2009a,2009b,2010)以及 Pham 等(2010)介绍了 Ribeira Grande 热田的模型，Kaplan 等(2007)对热田的历史进行了回顾。这个热田位于 Sao Miguel 岛上，包含两个独立的热田：北部的 Pico Vermelho 热田(PV 井)和南部的 Ribeira Grande 热田(CL 井)。其热储相对狭窄，如图 13.5 所示，在较远的南部溢出流为上升流，其北部仅在几百米厚的一段产生溢出(Granados et al,2000)。图 13.6(a)为热田的范围和模拟网格(Ponte et al,2009a)。热田的首次开发是 1981 年在 Pico Vermelho 安装了一个 3 MW 的背压式汽轮机。由于井损和结垢，热田生产受到限制。1993—1994 年 Ribeira Grande 电厂一期安装了 5 MW 的装置，二期在 1997 年安装了 9 MW 的装置。2006 年，Pico Vermelho 电厂利用一个 10 MW 的装置取代了背压式汽轮机。随着最后的开发，开展了数值模拟以进行热储衰减管理。

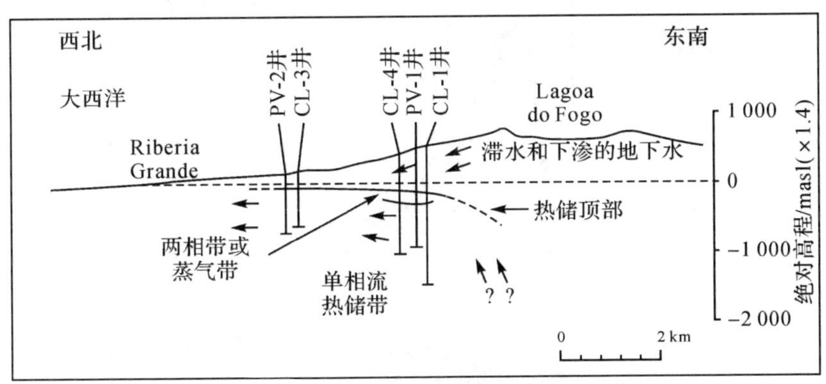

图 13.5 Ribeira Grande 热田的概念模型

利用 TETRAD 的双孔隙度、双渗透率选项建立了热田的模型，初始状态的温度拟合误差不超过 10℃，生产热焓拟合曲线误差不超过 50 kJ/kg；CL-5 井具有明显过量的热焓，拟合效果很好。在示踪试验中，从 PV-5 井和 PV-6 井回收到了可观的示踪剂，如图 13.6 所示。回收示踪剂的拟合效果很好，其中之一如图 13.7 所示(Ponte et al,2009a)。模型针对目前电厂运行情况进行了模拟，其中 Pico Vermelho 热田有 10 MW 的增容，预测结果显示受 PV-5 井和 PV-6 井的注水回水影响，热田冷却现象显著，建议将注水井往东迁移。如果与注水相关的冷却问题能得到很好的解决，将有利于热田的进一步开发。冷却仅限于热田的北部(Pico Vermelho)，在南部(Ribeira Grande)没有明显的冷却现象。

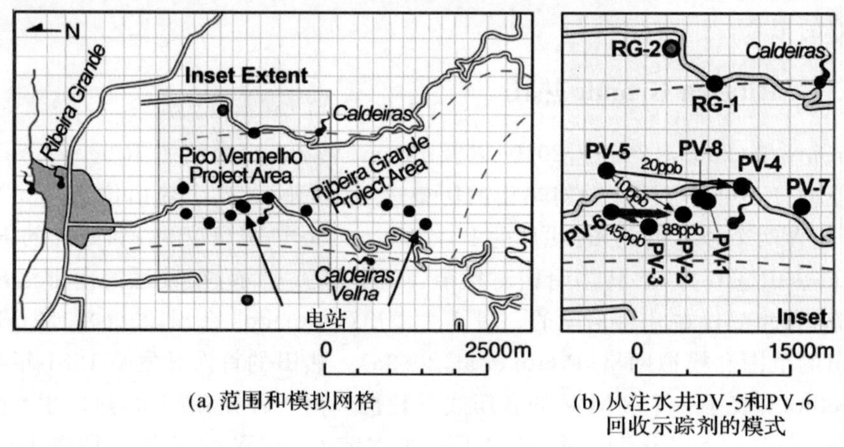

(a) 范围和模拟网格　　(b) 从注水井PV-5和PV-6回收示踪剂的模式

图 13.6　Ribeira Grande 热田位置示意

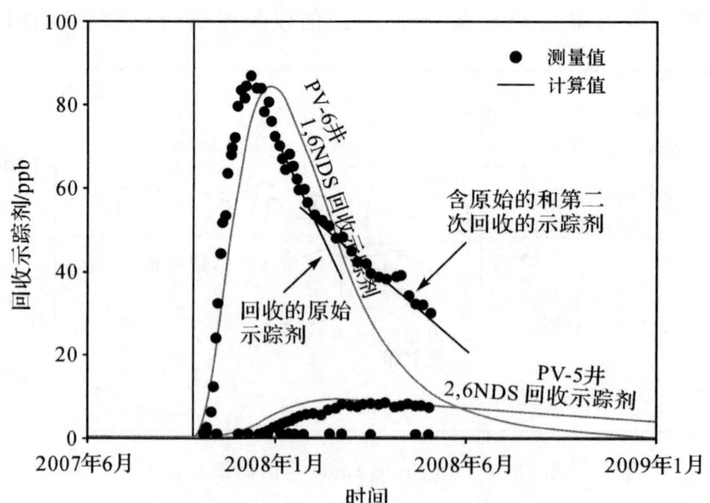

图 13.7　在 PV-3 井回收来自 PV-5 井和 PV-6 井的示踪剂

注：包括零观测值以及 CL-4 井注水回收的示踪剂模拟结果。

§13.6 地表影响

地表显示按是否支持热储流体或蒸气/气体的相关特征来划分。液体补给的地表显示包括泉、间歇性泉和热塘。这些地表显示排放的是来自热储的热水,通常被认为是含氯的,常称为氯泉。有热蒸气的地表显示包括气洞、硫磺泉和泥泉、冷气孔以及酸性泉。气洞、硫磺泉和冷气孔的排放来自热储的蒸气和气体,其中冷气孔在传导过程中已经逐渐冷却,仅留下了气体组分,而泥泉和酸性泉是热储蒸气和气体发生浓缩后进入地表水形成的,由于溶解了 CO_2 或 H_2S 的氧化物而形成了酸性泉。

不同地表显示对于热储压力变化的响应不同。高氯的氯泉容易解译,因为它们通过静水压力与热储相联系,如果深部热储压力发生变化,地表流体也将随之变化,如果深部压力降低,泉压力也会降低。Ohaaki ngawha 即 Ohaaki 热塘是 Ohaaki 热田最重要的热泉,其对附近热井的排放有响应(Glover et al,1996,2000;Hunt et al,2000)。图 13.8 显示了当 Ohaaki 热田深部热储开始排放时 Ohaaki 热塘的历史曲线(Glover et al,1996)。当深部热井排放时,热泉的流量降低,而当排放停止时,流量恢复。随着进一步的排放,热塘的水位下降到溢出水位以下,随后,热塘的水位随着井排放水位下降而下降。对于蒸气为主的热储系统,与蒸气加热相关的地表显示变化与热储压力的变化相类似,图 13.9 为模拟的 Larderello 热田地表排放历史曲线,随着热储压力的降低,地表排放也减小(Barelli et al,2010b)。

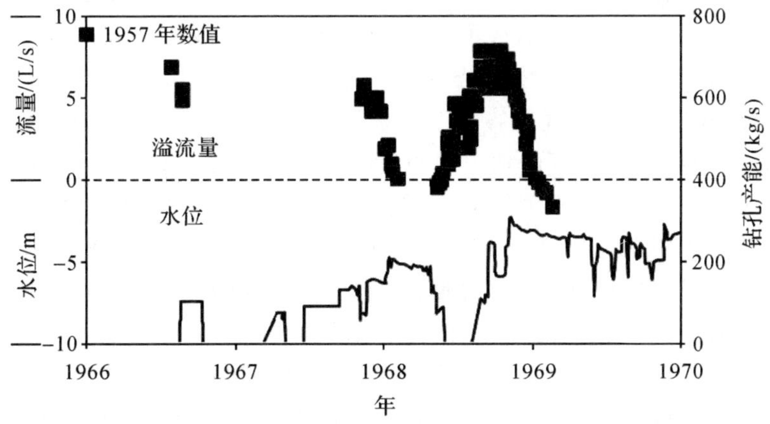

图 13.8 Ohaaki 热塘的变化

注:显示当泉流动时的流速和不流动时的水位。

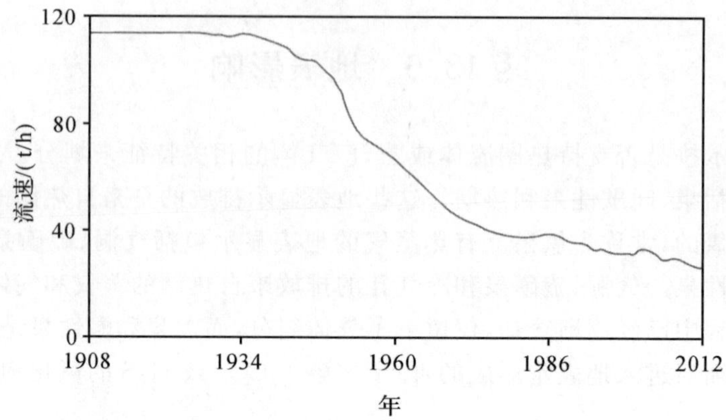

图 13.9 Lardefello 热田地表排放的模拟历史曲线

在液态为主的热田中,当上升流分离到一定程度时在地表会显示热蒸气。上升的蒸气形成了以蒸气为主带,来自该区域的蒸气形成了地表蒸气显示。来源于一定深度蒸气带而到达地表的蒸气流会随热储压力的变化而变化。如果蒸气流沿着一个简单的通道到达地表,其阻力可以看作定值,那么蒸气压力下降将导致到达地表的蒸气流量同比下降。也可能存在其他的影响,当蒸气流与浅层地下水含水层混合或者通过浅层地下水含水层时,蒸气压力下降将导致渠道被水充填,阻止蒸气上升。

在以液态为主的热储系统里,由于开采造成压力下降时,将产生一系列特征变化模式。深部热储压力下降将导致水体补给的地表显示干枯,这只是所讨论的对应于压力变化的一个简单响应。然而,更多的沸腾将增加上升到地表的蒸气流量。此外,浅层含水层排水可以为蒸气流提供更多的通道。排水是改变蒸气流量的最重要因素。自然状态下向上的裂隙通道几乎全部被水充填,如图 2.3(a)所示,排水使蒸气更容易穿过裂隙,如图 2.3(b)所示,且蒸气流量可以成倍的增加,开始没有蒸气的地方也可能产生蒸气排放,其结果就是随着深部热储压力的进一步下降,地表蒸气显示的流量会增加,在范围上也会进一步扩大,而原有的热泉也可能会转变成地表蒸气显示。第 12 章描述了 Wairakei-Tauhara 热田一些地表显示的变化,同样遵循该模式。在美国西部开发的一些以液态为主的热田也观测到了相似的变化,液体补给的地表显示下降,地表蒸气排放得以扩张(Sorey,2000)。图 11.5 显示了在 Wairakei 热田的一个蒸气区域,Karapiti 热量排放的历史曲线,上升到地表的热通量增加,这对于模拟模型的浅层结构有明显的限定性。

注水对于地表显示也有影响。已经发现浅层含水层的注水使 Tongonan 热泉得以恢复(Bolaños et al,2000)。在新西兰,浅层注水已形成了一个新的热泉,并且在 Rotokawa 出现了一个地表热区域，在 Mokai 出现了含氯热流并在一个蒸气显示区域出现水热喷发现象。

§13.7　地面沉降

在大多数热田中地热开采已经引起了地面沉降，地下压力和温度的变化会引起岩石的收缩(或膨胀)，这反过来会引起地表高程的变化。

液体压力的下降引起了热储岩石的压缩，这是因为空隙压力对岩石的支撑作用，当移除了这些支撑将引起岩石的收缩。相似的，温度下降引起岩石的热收缩。如果岩石的弹性性质在整个热储层及以上是相似的，那么岩石的收缩与压力(或温度)的变化是成比例的。因此，随着大范围热储压力的下降，也将有同样范围的沉降发生。图 13.10 显示了 Mak-Ban 热田在过去 20 年发生的沉降，可以看出在整个热田有一个大范围的沉降，大体上与一定深度的压力下降相类似(Protacio et al,2000)。在注水引起(局部)压力上升的地方，压力上升区附近可能会膨胀。

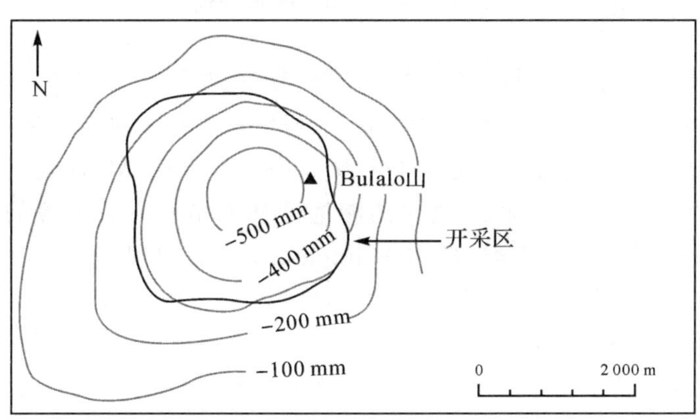

图 13.10　1979—1999 年 Mak-Ban 热田的高程变化

大部分热田沉降遵循这样的规律，意味着这并不是环境问题，除非存在一些依赖性的结构以维持现状，如灌溉渠。图 13.11 显示了在一些热田中最大沉降速率和平均压力下降的关系。有两个异常值，分别位于 Wairakei 和 Ohaaki，它们具有和其他地区非常相似的沉降模式，但是在局部地区叠加了更大的沉降，在这些局部区域开展的钻探发现，其浅层的岩性具有反常的的可压缩性(Bromley et al,2010)。

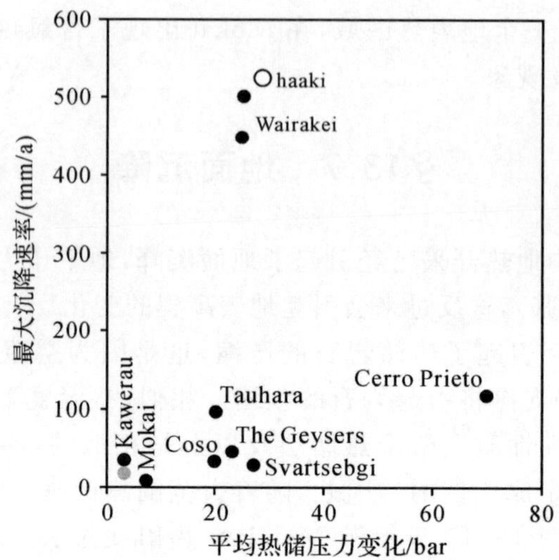

图 13.11 平均热储压力下降与最大沉降速率之间的关系

§13.8 注水管理

注水设计的基本原则是注水井离生产井“越远越好”，并且在热储范围内，越深越好。在某些情况下，现场为温度相对较低的液体，在接受将会导致的热降解的前提下，注水井位置应靠近生产井以提供压力支持。在 East Mesa 就是这样做的，与具有裂隙的火成岩相比，沉积岩热储的渗透性基本是各方位相等的（Bodvarsson & Stefansson，1988）。与此类似，在 Palinpinon，有限的现场注水用来维持压力（见 12.6 节）。而在高温热田，维持井的性能并不需要压力维持，因此主要问题是防止开采区的热降解。Stefánsson（1997）和 Sanyal 等（1995）对注水经验进行了总结，他们都注意到了在进行产出水回灌-生产布局设计时的共同难题，但是这些局限通常不会严重地影响开发计划。

13.8.1 注水井位置

下面是注水井选址的一些准则：

（1）在热田的边缘——低渗透性。

（2）比生产井更深一些——价格昂贵。

（3）布设更多的管线。

（4）偏离热田的结构轴线以使注入液体的回流量最小化。

（5）在热储系统外——低渗透性。

在大多数工程中，从开采之初就开始进行注水的，离开采区近的或沿结构中线的注水井已经重新选址，迁移到了热储系统内但远离开采区的位置，甚至是热储系统外与开采区完全隔离的位置。在 Palinpinon，产出水的再回灌液体是一个主要的问题，12.6 节对其进行了介绍。

对于高温两相流资源或者那些开采后逐渐转变为两相流的资源，由于压力作用注水几乎没有价值，因为其具有足够的热焓，不需要压力支撑。从补给点到地表井中的压力下降相对较低，尽管热储处于严重的抽空状态，但仍能获得很好的热井性能。在热储中存在大量沸腾的地方，平均生产热焓会大量增加，将温度低的液体注入到两相带，或者通过增加压力或热量回流来抑制两相带，可以降低沸腾过程中从岩石中获取额外热量的能力。例如，在 Salak，模拟显示将注水井迁移到热储系统外面是有益的(见 12.7 节)。

13.8.2 增加注水

在一些热田，为了持续开采或者通过维持压力减轻环境影响而注入了额外的水，这在大量开采的蒸气为主热田中是很有必要的，在那里输送的热量从岩石到地表的流体已经严重减少。在 Geysers，通过注入额外的水来保证生产率(12.3 节)。在 Larderello，1979 年在其超热区域进行了相似的注水试验，1984 年开始注入冷凝水，从 1994 年开始增加了注入量(Capetti et al，1995)。在 Dixie 谷，以液态为主的热储系统温度大约为 230℃，为了维持热储压力注入了一些额外的水(Benoit et al，2000)。在 Ngawha，为了维持热储压力也注入了少量的额外水。

第 14 章　井的激发和工程型地热系统

§14.1　概　述

"工程型地热系统"(EGS)这一术语常指一系列试验性的工程，它包括改变岩石的渗透性，创建一个热储层或增强已经存在的热储层。基于该思路的第一个试验在 Los Alamos 进行，称为干热岩(hot dry rock，HDR)。当时那些试验并不成功，后来被放弃了，但这种概念一直延续着。在多数情况下，这一概念指在井周围产生裂隙，达到增强局部的渗透性或在低渗透性的岩石中产生裂隙。本章仅是简明介绍一种全球研究非常广泛的工程。在进一步讨论这些试验之前，首先要讨论断裂作用的基本概念。

在这种方法最简单的形式中，首先要在低渗透性的岩石中钻一口井，然后在足够的压力下将液体泵入井中，使岩石产生裂隙，随着注入液体的增多，裂隙或裂隙网络不断扩展。水力压裂法是在石油储层学中用来激发井的一套标准技术手段，即在完井中由于渗透性较低不能提供足够的流量时，用水力压裂方法提高其流量。向井中泵入的不仅是水，也常使用其他特殊液体。这些液体应具有较高的黏度以提供更多的回压，这样使得液体在井壁很容易达到高压状态。井下充填工作常用来将感兴趣的区域隔离开来，尽管在高温热井中可用的方法受到一定的局限(例如可用来处理高温问题的井下充填法就不能用)，最简单的方法通常是泵入水。

裂隙如何发育取决于岩石的应力状态。井中水柱的压力随着深度变化按井水压力梯度增加。岩石的重量定义为岩层静压力梯度，其等同于上覆岩石的重量。如果在岩石孔隙中的流体压力增加到静岩的压力，那么流体将升举上覆岩石。尽管如此，裂隙一般在较低的压力下产生，称为"压裂梯度"。它们在较低的压力下发生破裂，是因为在水平方向上岩石应力通常小于岩层静压力梯度。液体在较容易的方向使岩石产生破裂；液体向各个方向产生压力，但在最小应力的方向岩石最容易裂开，一般破裂也垂直该方向发育。

图 14.1 为假想的一口井在压裂前及压裂时的压力变化。该井钻进 2 000 m，套管下到 1 000 m。图中实线为静水压力随深度的变化，长虚线为岩层静压力随深度的变化。短虚线为压裂梯度，即岩石破裂时的压力；点线为在井中加压到套管靴处的压裂梯度时，井中压力的变化。如果压力继续增加，岩层会发生破裂。将井中的压

力与压裂梯度相对比，可以看到破裂倾向于发生在处于压力条件下的未下套管的顶部。尽管如此，精确的破裂位置取决于当地的地质条件和当地岩石的脆弱性或之前存在的破裂。如果继续加压，破裂将持续扩展。破裂将趋向向上发展而不是向下扩展。由于在液体中的压力梯度和压裂梯度之间的差异，与底部相比，在破裂的顶部存在更多的与压裂梯度有关的过剩压力。

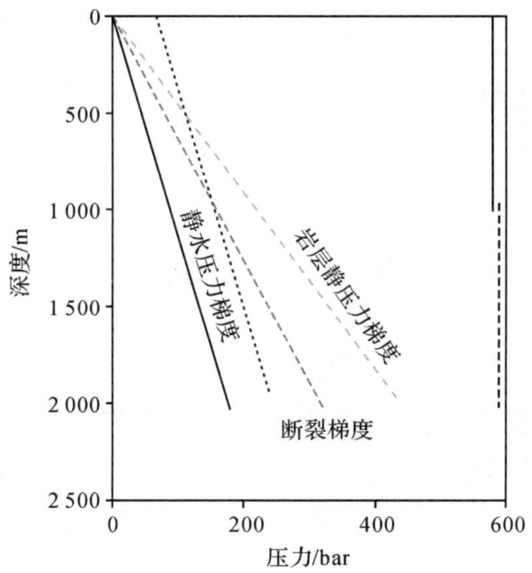

图 14.1 随深度变化的压裂梯度

概括来说，当井底的压力超过压裂梯度时将产生破裂，并且趋向于在未下套管部位的上部产生破裂，而且通常在垂直最小主应力的方向发生破裂。

在世界上多数地方，水平方向多为最小主应力方向，因此破裂的方向多为垂直或近垂直方向。有关石油工程中压裂方法的传统文献中，在井中一般显示有垂向的破裂展布。在澳大利亚的中部地区，该区域大陆处于压缩作用下，深处基岩的最小应力方向为垂直方向，在这种情形下，破裂将发生在水平方向。因为一个工程地热系统通常需要有大量的裂隙，因此破裂的方向很重要，所以钻进时井应与裂隙的方向成一定的角度。如果裂隙是垂直方向的，井钻进时需要一定的斜度。

压裂梯度一般在钻进过程中确定。安装完套管后，一般要开展“漏失试验”。超出套管的位置继续钻进一段短的距离后，开始慢慢将水注入井中，直到压力达到水开始“漏失”为止。图 14.2(a)为在 Bulalo 井中根据漏失试验得出的压裂梯度(Menzies et al,2007)。井在 1 000 m 深度时压裂压力为 135 bar，或者说梯度为0.135 bar/m。在 Soultz-sous-forêts 地区 GPK3 井的测量数据确定在 4 700 m

深度时的压裂压力为 520 bar,在 4 750～4 780 m 时为 540～570 bar,在 5 100 m 时为 600 bar(Mégel et al,2005)。图 14.2(b)表明产生地震事件的压力是深度的函数,在 5 000 m 处的压裂压力为 600 bar,或者说梯度为 0.12 bar/m(Mégel et al,2005)。Yoshioka 和 Stimac(2010)报道了在 Awibengkok 的压裂梯度为 0.12 bar/m,同时也对破裂过程的地质力学模型进行了详细的描述。

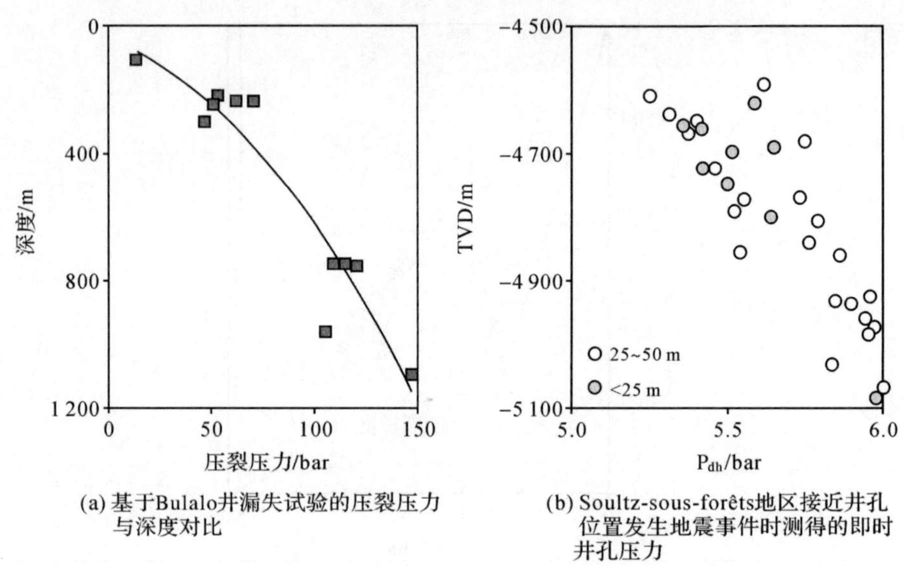

(a) 基于Bulalo井漏失试验的压裂压力与深度对比

(b) Soultz-sous-forêts地区接近井孔位置发生地震事件时测得的即时井孔压力

图 14.2 Bulalo 井漏失试验

如果在套管的底部存在任何渗透性,试验将测不出压裂梯度,因为液体会通过渗透通道而漏失。如果没有渗透性的话,试验将测得岩石破裂时的压力。压裂梯度的测量是一项重要工作,因为井正常运行下井孔压力不会超过套管靴处的压裂压力,除非是有意产生破裂。这个限度可以对注入压力施加限制。

破裂的开始或闭合可以通过压力趋势的变化来识别。图 14.3 为在 Awibengkok 对一个低渗透性地层周围的注水井进行激发而测量其注水能力(Yoshioka et al,2010;Pasikki et al,2010)。在较高的流速下伴随着注水率的递增,压力和注水流量间的初始关系呈现两个线性段的关系。图中箭头为递增的注水率的变化,解译为开始发生破裂。随后的测量数据显示,在进行激发后的不同时期,井的性能进一步改善。

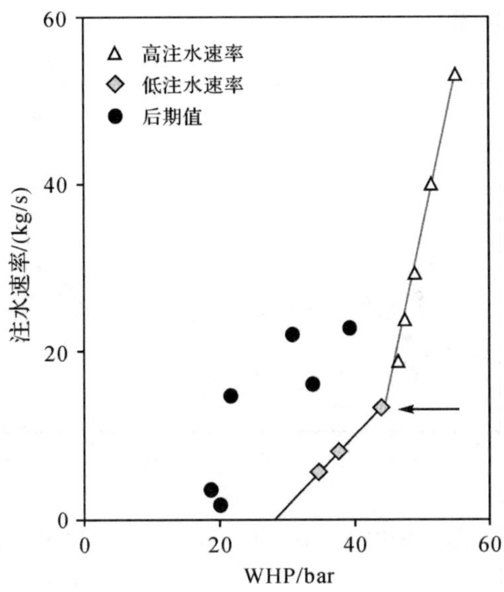

图 14.3　注水率随压力和时间的变化

§14.2　热激发

在高温地层中由于压力太低而不能导致水力压裂时，一般采用的最简单激发方式是向井中泵入冷水实现压裂，通常随着时间的增加注水率会不断的增加。这种激发在注水井中很常见，假设井中不会出现结垢现象，随着水的持续注入通常能显著提高井的性能。其机制是岩石的热收缩使得破裂张开(Stefansson et al, 1980;Benson et al,1987)。Nygren 等(2005)进行了理论研究，他们观察到在工程地热系统环境下，裂隙开度的变化主要受热弹性作用的控制。这种作用至少部分是可逆的，因为在井允许加热的情况下，注水速率不断减小，随后再次注水后又开始增加，Grant 等(1982b)对此已进行了详细的论述。这种可逆作用已被证实，当热水注入到较冷的岩石中时，随着时间的增加注水率不断地减少。由于在井温度恢复时这种作用是反向的，故通常适用于注水井。图 14.4 为在 Tongonan 的 4R1 注水井的历史曲线，注水率随着时间而增大，直到 1981 年沉淀作用的问题凸显(Sarmiento,1986)。用冷水进行激发的最大优点是廉价，这使其成为最经济的激发方式，即使人们对其知之甚少(Flores et al,2005;Axelsson et al,2009)。由于热力激发产生了新生裂隙，水力压裂试验后岩石渗透性增加的状况尚不清楚；一旦裂缝已经张开且进入冷水，就会发生一些热力激发过程。Yoshioka 和 Stimac(2010)提出了一个包括流体压力和温度影响的地质力学模拟器，并推断出了产生裂隙的体积同注入液体的体积、随注水压力增加而增加的注水速率以及注入液体与热储的温度差异成正比的关系。

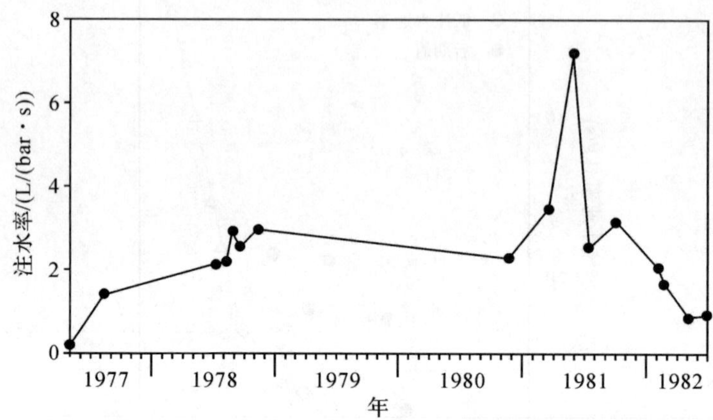

图 14.4 菲律宾 Tongonan 热田 4R1 井的注水率历史曲线

来自冷却作用的热应力在产生裂隙的过程中有可能产生一些脱落物，这些脱落物充当了裂隙面支撑物，从而当岩石再次加热时使裂隙保持张开的状态，这样就使渗透性能永久的增加。由于这些原因，使得提高生产井的性能成为可能。Bouillante 的一个生产井试验（Tulinius et al，2000）显示生产性能有明显的提高，注入的水体为加有抑制剂的海水，这样可以防止硬石膏的沉淀，试验中注水率从 0.9 kg/(s·bar)增加到 1.4 kg/(s·bar)，生产量从之前不稳定的 80 t/h 增加到稳定的140 t/h。同样，Kitao 等（1990）报道了在 Sumikawa 使用有支撑剂的冷水进行注水，三口生产井中有两口井的生产量得以提高；Zùñiga（2010）报道了在 Borinquen 一口井的注水率和生产流量得以提高的实例，方法就是，当岩石再次升温时，通过热力激发使破裂扩张并在破裂中放置支撑物阻止破裂的闭合。

在较低的井口压力情况下，当岩石中的应力条件表明破裂作用已经发生时，还曾经进行持续的冷水注入。在该例中认为，后来注入的水流溶解了来自岩层的 SiO_2（Rose et al，2005）。

在一个注水率很低的井中，有必要要求较高的初始泵入压力，这样做并不是为了使岩石发生破裂，而是向裂隙中注入水使岩石冷却下来。一旦岩石开始冷却，破裂就会张开，进一步的激发也就变得容易。从 Los Humeros 的实例中（Flores-Armenta et al，2008）记录了一口注水井从起初1.4 kg/s的注水量提高到了 30 kg/s。在这里描绘的热激发针对破裂岩石，然而，即使在砂岩中，在较低的温度状况下，其渗透性的增加也很显著（Weinbrandt et al，1972）。

§14.3　酸激发

地热井的激发同其他类型井的酸激发类似。首先将酸注入到岩层中,它就会溶解一些岩石或充填在裂隙中的物质。这些酸通过管材注入到具渗透性的深部,加以处理,以避免损坏套管。抑制剂常用来最大程度地减少对衬管的损坏,但发生一些金属的损失仍不可避免。有时可对井进行机械冲洗或洗井。

酸对井壁及其附近的影响最大,因此酸处理最适用于井孔附近渗透性受损的井,典型的例子是用泥浆钻井的井或带有沉淀物的注水井。酸激发同样也常用于具弱渗透性且没有受损的井中。在进行瞬态测试时,井壁附近的阻力可作为正极。在热储工程学中,运用详细的压力瞬态分析,对损害进行识别并监测激发后的变化是最重要的。

测井应该包括激发前后井的压力瞬态测试,通过瞬态分析对表面进行更好的评估十分重要,最好的方法就是利用计算机的瞬态分析程序。如果有若干井的话,进行瞬态测试时应选择合适的备选井;理想的备选井应具有较高的正极表面和合适的导水系数,从而保证即使表面被消除后仍有较大的流量。可能增加的流量可以通过假设正极的表面减小到零计算得到。酸不能在不透水的岩石中产生渗透性,它是用来移去障碍物以防止渗透的岩石通道被阻塞。

实际上,酸激发的结果是可变的,通常伴随着导水系数和正极表面的变化。如果某区被彻底堵塞后通过激发被打开,那么将会导致导水系数的增大。如果钻探时在一定深部存在漏失但完井后在该深度无水流补给,那么就可以认为被堵塞了,它就成为用酸或冷水激发的靶区。

作为最简单的评估,注水率由下式给定

$$\frac{1}{\Pi}=\frac{\mu}{2\pi\rho kh}\left(2.303\lg\frac{r_0}{r_w}+s\right) \tag{14.1}$$

式中,r_0 为远离井的外部半径,该处的压力未受干扰,通常假设其为井半径值的 10^3 或 10^4 倍。该式用来估计注水率的变化,也可从表面的变化进行估计。

Barrios 等(2007)和 Epperson(1983)描述了在 Berlin 和 Beowawe 热田典型注水井的激发。采取的酸激发方案如下:

(1)前置液为 HCl,用来溶解钙和碳酸盐矿物。

(2)主冲洗液 HCl/HF,用来溶解碳酸盐、含硅酸盐矿物和钻进泥浆。

(3)清水后冲洗液用来置换井孔中的酸和反应物质,防止对井的损害。

注水井用机械或化学清洗方法进行处理。由于沉淀作用和钻进过程中泥浆损害,井的性能随着时间的增加不断降低。所有案例结果都是注水率增加,kh 值增加,$\Delta P_{表皮}$ 降低和注水率指标增加。类似的结果在菲律宾和墨西哥都有报道,这些地区经常利用包括进行机械清洗或没有进行机械清洗的酸激发(Yglopaz et al,2000;Fajardo et al,2005;Flores-Armenta et al,2006,2008)。Flores-Armenta(2010)对墨西哥热田进行的17个酸处理进行了评价,发现其容量的增加相当于13个新的热井,并且在不到一年的时间内收回投资。

Pasikki和Gilmore(2006)描述了在Awibengkok的一口生产井中进行的酸激发。该井的生产能力较弱,可能是受到了泥浆的损害。PTS测试的模型运行给出了五个补给带注水率的变化值,结果显示当酸激发完成后,井的渗透性明显改善。PTS测试显示所有区域的注水率都得到了提高,如表14.1和表14.2所示,井的生产能力从4.2 MW增加到9.8 MW(Pasikki et al,2006)。

表 14.1 试验前后井场的注水量

钻井深度 /m(测量深度)	酸化处理前的Ⅱ /(kg/(s·bar))	酸化处理后的Ⅱ /(kg/(s·bar))	ΔⅡ/(kg/(s·bar))
1 340	1.50	5.20	3.70
1 610	1.10	3.17	2.07
1 770	0.48	0.64	0.16
1 905	0.97	1.54	0.57
1 925	0.62	1.45	0.83

表 14.2 激发前后AWI8-7井的渗透性

阶段	kh/dm	s	Ⅱ/(kg/(s·bar))
试验前	76	2.2	4.7
试验后	123	−1.2	12

注:kh利用了注入水的性质。

§14.4 对已有热储的激发

深层沉积岩含水层是非常规的或工程型热储中最简单的一种类型。在高地温梯度地区,处于相对较深的砂岩或其他含水层,有足够高的温度,能为供热或是发电提供经济的水源。这些区域目前没有对流型地热系统,其一定深度的含水层被正常传导的地热热通量加热。在欧洲和中国,上述含水层有时被用来进行区域供暖。最近,这些系统开始用来发电或同时进行供热及发电。由于对绿色能源补贴较高,这些项目在欧洲发展得尤其迅速,产业增长迅猛。

这些项目的热储工程同石油储层或传统的地下水含水层很相似,由于注水,在储层中常伴有额外的热量变化。为了供应足够的流量,必须对井进行激发,而热储的渗透性也要足够大使得水流可以通过巨厚的储层，但是这会在井壁附近产生较大的压力梯度。同“真正的工程地热系统(EGS)”相比，EGS 的压裂作用是创建热储，而在该情况下热储已经存在了，现在要做的只是改善井的性能。图 10.2 为德国 Landau 的工程简图，其中一口井通过水力压裂的方法进行了激发。

对这样的工程而言井的性能很重要。热储温度较低时，单位水流产生的电能相对较小，这样的系统需要用泵维持流量，需要在生产井中下一个泵，或者在注水井安装地面泵，或是同时安装。泵运行需要的电能通常也是所产生能量的重要部分，其取决于井的注水率和生产率。经济合理的工程运行可将对井的性能要求降到最低。

热储工程的问题以渗透性和井的性能为主。在钻进过程中和完井后开展相关试验所获取的压力瞬态数据可利用石油工程中的相关模型进行解译，因为含水层是均值介质。如果井的性能不能满足经济运行，这时就需要通过激发对其进行改善。

最佳水泵的选择，应考虑因抽水引起额外水位下降后导致的流量增加以及运行水泵所消耗的系统电能，并在两者之间寻找折衷方案。通常是水泵功率越大就越经济合理(Sanyal et al，2007)。Sanyal(2009)指出对水泵进行技术层面上的改进也有助于提高 EGS 的经济性。

§14.5　工程型地热系统

岩石的渗透性和热储均为人工创建的地热系统就是完整的工程型地热系统。这一概念起初称作干热岩，首次试验是在 Fenton 山进行的(Robertson-Tait et al，2000；Brown，2009)。麻省理工学院(MIT)(2007)对过去进行的 EGS 试验进行了总结。其原理是首先钻生产井和注水井，并在井附近的岩石中制造裂隙，建立注水井和生产井之间的水力通道。这个裂隙系统主要为创建热储层提供足够的空间，而并不仅仅为两井提供水力通道。水从注水井中注入，在岩石中进行循环后，再通过生产井进行抽取，需要在其中一口井或两口井中都安装水泵进行水流驱动。

产生的裂隙可能是新的破裂也可能是岩石中原有节理或裂缝的扩展。EGS 试验中常发现存在有一些裂隙和一些流体，因此岩石并不是绝对“干”的或完全致密的。激发过程中，裂隙的扩展一般通过场地的微震事件制图进行监测，这样可以获得裂隙区的空间分布。通过地球物理测井、注水和生产期间详细的 PTS 测井，可确定裂隙同钻孔的接合部位。

对热储工程师而言，有两个参数可概括 EGS 储层的性能：两井之间流动阻力和所生产水体的温度下降率。其中，流动阻力决定所需的泵的功率，流动阻力应尽可能的低。

较难预测的是温度随时间降低的幅度。在短期试验中温度的降低很小，但仅凭这些单独的数据不足以预测整个机组在运行寿命期间温度的降低。麻省理工学院(2007)提出:温度下降10℃工程就要废弃。降低井之间的阻力和使温度降低值最小化,这二者之间的目标是相冲突的,因为井之间直接通道的阻力最小时,水会很快冷却。理想的目标是创建一个有一定体积的破裂岩石,即热储,它具有足够多的裂隙,这样大面积的岩石表面会成为水的通道,但要保证在生产井和注水井之间没有明显的优先通道。

进行井的激发措施和测量结果的地质、地球物理意义解译需要花费大量的精力。热储工程师主要关注的是压力和温度的变化。井之间的阻力通常很容易进行测量,尽管它随压力以及激发引起的温度和时间的变化而变化,并会伴随沉淀的产生发生改变。到目前为止,预测温度变化的唯一手段就是借助刻画裂隙网络的精细模型,其中,要有数据对该模型进行校正。Sausse 等(2008)给出了精细裂隙制图的一个实例。

图 14.5 为在日本 Hijiori 进行的试验(Tenma et al,2001)。这里有三口深井加一口浅井,通过压裂的方法创建了两个热储层。HDR-2a 和 HDR-3 为生产井,HDR-1 和 SKG-2 为注水井。利用这些井进行了长期的循环试验。在第一阶段试验过程中,关闭了 SKG-2 井,图 14.6 为 HDR-2a 生产井的温度模型拟合曲线(Tenma et al,2002)。该模型包含多层的裂隙,并且每条裂隙都单独赋了参数。主要裂隙的渗透性在试验期间呈五倍的增长,且温度下降得很快,因此,这个试验没能创建一个有潜力的热储,但是这些井在空间上非常接近。由于创建热储失败,这个项目最终被终止了(Matsunaga et al,2005b)。

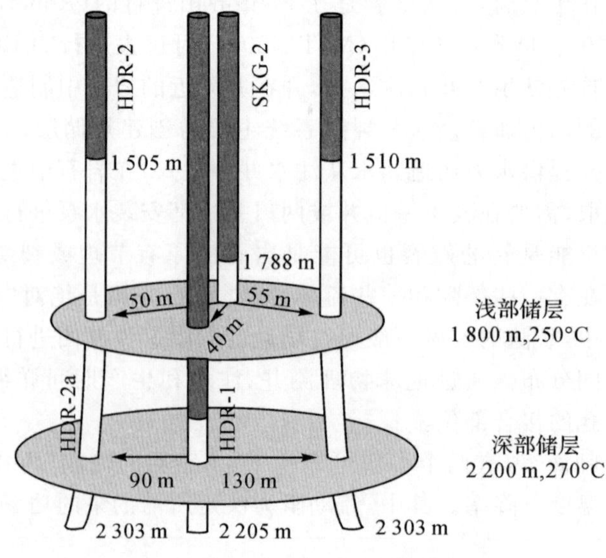

图 14.5　Hijiori 干热岩地热系统

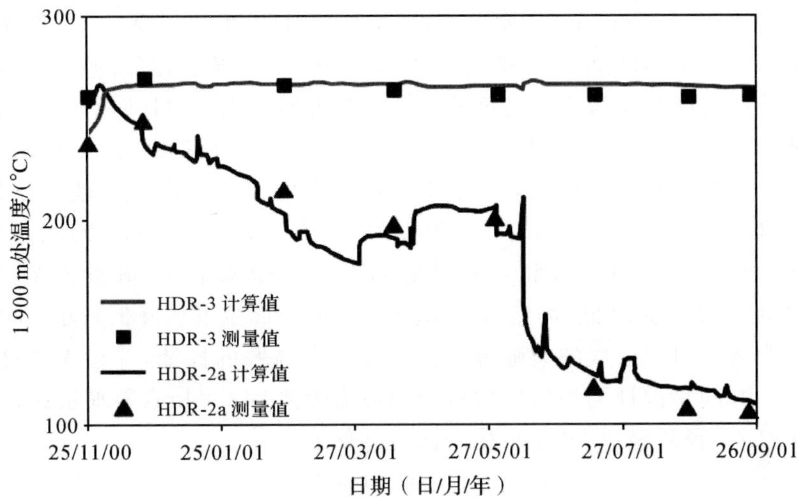

图 14.6　Hijiori 的 HDR-2a 井生产温度模拟曲线

注:经长期循环试验。

相反,在澳大利亚 Cooper 盆地的 EGS 工程中,基于 Habanero 井之间进行的试验建立了模型,模型显示当流量为 15～25 L/s 时,20 年后温度降低 20～40℃(Chen et al,2009)。图 14.7 为横切破裂的井场花岗部分的剖面(Chen et al,2009)。储层岩石具有原生的裂隙,其地压热储流体温度为 250℃,溶解性固体为 20 000 mg/L。在 4 km 深度上垂向(最小主应力方向)应力为 900 bar,中间和最大水平应力分别为 1 100 bar 和 1 400 bar,孔隙压力为 750 bar。Habanero2 井初始的生产率为 0.1 kg/(s·bar),希望通过激发提高其生产率(Wyborn et al,2005)。通过激发创建了"主裂隙",随着更多的激发,热储的容积也不断增加。示踪试验显示的结果同 Hijiori 的试验很相似(Yanagisawa et al,2009)。

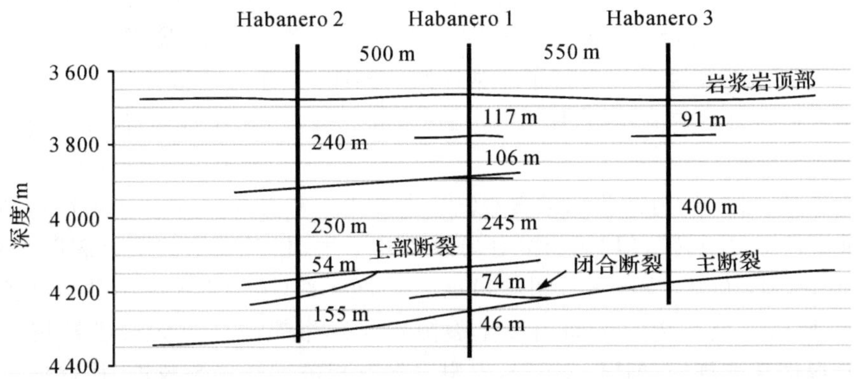

图 14.7　Habanero 井场

试验中大约回收到78%的示踪剂，平均滞留时间为23.7天，示踪剂流经的孔隙体积为18 500 m^3，同Soultz热储的体积16 000 m^3 很接近(Rose et al，2006)。Soultz示踪剂流经的体积比通过声发射技术测得的体积小(MIT，2007)，表明液体在裂隙体积中的分布并不均匀。假设存在一水平均一的主裂隙层的前提下，开发了Habanero热储的三维模型，并通过流量测试和示踪试验结果进行参数校正。裂隙被刻画为导水系数为2 dm，孔隙厚度为2.7～3.5 cm，纵向弥散度为20 m。图14.8为在Habanero的1号和3号井之间的水流模拟结果，流量为25 L/s时，25年后表面温度明显降低，而流量为12.5 L/s时表面温度的降低较小。可通过增加井间的距离和对多层次的裂隙带进行激发以提高井的性能，并最先通过模拟进行了研究。井间距设计为激发区内可能的最大距离为2.8 km，导水系数为20 dm，流量为70 L/s，预测经过20年后生产温度降低5℃。

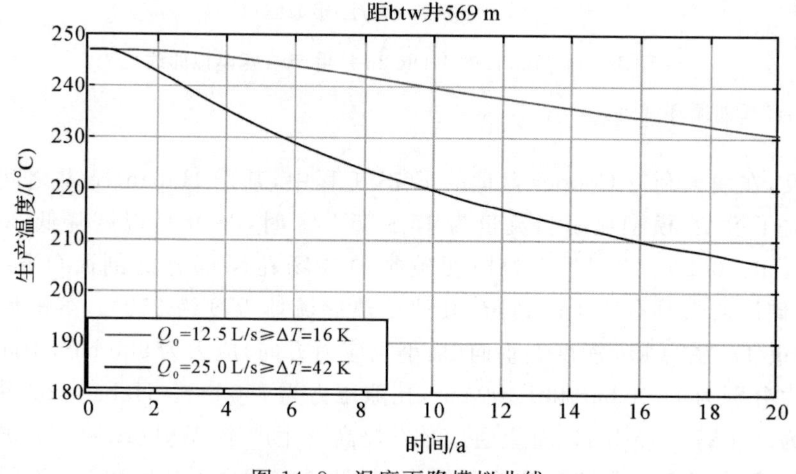

图14.8 温度下降模拟曲线

EGS系统的模拟包括一条或若干条裂隙的全部流体和进入裂隙中的热量传导运移，常使用与传统热储模拟不同的方程式和编码。在欧洲的Soultz-sous-forêts项目中，对裂隙系统进行了非常详细的制图，并建立了液体注入过程中液体流动和岩石的力学响应模型(Kohl et al，2005，2007)。只有拥有完美的数据，才能建立这样的模型。

针对Basel的压力试验和微震观测所做的进一步分析显示，“渗透性提高了两个数量级且不可逆转”，但“热储沿着局限于几十米、相对较窄的明显裂隙带发展”(Häring et al，2008；Ladner et al，2009)。一个经济型的EGS热储必须具备一定的厚度，而在一个宽阔的区间内产生裂隙仍是一个挑战。热储法已被用来计算EGS资源潜在的规模(MIT，2007)，但由于没有相关运行经验校准，该评估受到未知的回收率的制约。

附录1　压力瞬态分析

A1.1　概　述

本文回顾了压力瞬态分析理论及其在热井中的应用。早在1935年Theis就将该理论应用于地下水,至今已经相当成熟。19世纪50年代地下水技术逐渐开始应用于热田开发,并在60年代初期进行了首次系统的应用,对苏联北部堪察加半岛(Pauzhetsk,Kamchatka)的热田排放进行了分析研究(Sugrobov,1970)。本文讨论的理论只适用于由火成岩组成的地热“含水层”(储层),其渗透率受断层和裂隙控制。因此,诸如欧洲的低温热田、Imperial与Mexicali谷地等基质渗透性的水成岩热田等不适用于压力瞬态理论。

压力瞬态理论也起源于石油地质学,地下水技术只研究单一含水层中单相单一属性的流体,石油地质学研究多相多种属性的流体。本附录提出的瞬态分析同样适用于石油工业和地热工程。Matthews和Russell以及Earlougher分别于1967年、1977年对石油开采技术进行了综合阐述。

本书对技术仅作概要介绍,主要侧重于热井及生产中遇到的一些实际问题,对压力测量则没有进行详解。这种理论的应用主要基于热储层为均质裂隙且具三维结构的假设,流体只能通过有限的裂隙进入。经过几个周期的记录,发现实际应用中该理论的适用性很好。

A1.2　基本解决方案

压力瞬态的基础模型是一个穿透均质并具有统一渗透率含水层的井,流体具有统一的恒定压缩率,液体呈放射状水平流动。含水层中间位置的压力能够代表平均深度的压力。在任何深度,压力变化为一常数差,因此,压力在任意深度的变化与时间变化量相等。根据第3章可知,压力变化方程忽略了基质的压缩性。

如果热储岩石与流体相比具有明显的压缩性,那么表达式φc全部用$c_m+\varphi c$代替。这个表达式为岩石-流体系统的整体压缩率。通常岩石压缩率可以忽略,但是在储层流体被高度压缩时不能忽略。压缩率c经常被c_t替换,总压缩率c_t是整个含水层的物理压缩率。

A1.2.1 线性解

如果含水层最初是停滞的，那么时间 $t=0$，井开始以速率 q(l/s)或 $W=\rho q$(kg/s)排放，线性解公式为式(3.26)至式(3.29)。如果井半径已知，那么原则上可以得到两个参数：kh/μ(渗透率)和 φch(储水率)。需要注意的是这些参数需组合使用，而非单独的参数 k、h、φ、c、μ。这里出现了与热井试验明显不同的问题。地下水或石油储层会从地质学角度明确地界定：厚度已知，孔隙度和渗透率可以通过试验获取，流体黏度和压缩率与实验室测值相似或者可根据流体组成、温度、压力获得经验值。对于热储层，很难清楚地知道地热层的厚度，而且有很多案例表明渗透结构不依赖于地质边界。井孔通常钻到零点几米至几十米不等的裂隙里，通过这点，可以认为井钻到了巨厚的断裂岩石。生产井的深度可以测量，但是可渗透的断裂带可能会延伸得更深。因此，不能预知储层厚度但必须要知道。同样的，孔隙度也不清楚，所获得的可能是总的孔隙度或者在断裂附近及其内部的孔隙度。如果对井或者其周围存在的流体是单相还是两相还存在疑问，流体属性有时也是不清楚的。因为有这么多的未知数，通过特定的试验能够弄清楚哪些参数是比较重要的。通常最受关注的是导水系数，因为它是储层传送流体的控制因素。注意 kh(渗透率-厚度)常指导水系数。

在个人电脑出现前，瞬态分析利用图解法来完成的，常基于半对数和双对数坐标图。现在只有最简单地通过手工完成，大部分采用半对数分析。较多的完全分析通过计算机拟合程序包完成，程序包含有相关选项，能对井附近所有可能存在的渗透性进行分析，结果通常以人工分析的半对数和双对数方式表达。

A1.2.2 半对数分析

对于较小的 x(长时间)，指数积分 E_1 存在渐近线

$$E_1(x)\approx-\ln x-\gamma=2.303\lg x-\gamma \tag{A1.1}$$

式中，$\gamma=0.5772$，是欧拉常数。那么

$$-\Delta P=P_0-P=\frac{q\mu}{4\pi kh}\left(2.303\lg\frac{4kt}{\varphi\mu cr^2}-0.5772\right) \tag{A1.2}$$

$$=m\left(\lg t+\lg\frac{4kt}{\varphi\mu cr^2}-0.251\right) \tag{A1.3}$$

式中，

$$m=\frac{2.303\,q\mu}{4\pi kh} \tag{A1.4}$$

每次循环都测量一次压力变化，其单位写作 bar/～；r 是观测半径。

这样，考虑到压力随时间而变化，由于流量以半对数形式变化，那么可以获得一条渐近直线。这条线的特征主要由斜率 m 和特定时间 t 的值决定。当斜率确定

后，假定体积流量已知，可以识别出渗透率-厚度

$$kh=\frac{2.303\,q\mu}{4\pi m} \tag{A1.5}$$

在热井里质量流量 W 更容易确定，那么用 Wv 来代替 $q\mu$，式(A1.5)可写成

$$kh=\frac{2.303\,Wv}{4\pi m} \tag{A1.6}$$

那么在某时刻 ΔP 与 m 的比值可由式(A1.3)转化为

$$\frac{\Delta p}{m}=-\lg\left[\left(\frac{4kh}{\mu}\right)\left(\frac{4}{\varphi ch}\right)\frac{t}{r^2}\right]+0.251 \tag{A1.7}$$

或

$$\varphi ch=2.25\left(\frac{kh}{\mu}\right)\left(\frac{t}{r^2}\right)10^{\Delta P/m} \tag{A1.8}$$

A1.2.3　BR19—BR23 干扰试验分析

图 A1.1 给出了 Ohaaki 热田一个干扰试验的分析结果(井的位置见图 9.1)。1980 年在试验时，井 BR19 和 BR23 通过含有 270～280℃水的含水层相连通。在这种温度下 $\mu_w=99\ \mu\text{Pa}\cdot\text{s}$。BR19 井启用后，生产流量为 64 kg/s，即 0.084 m^3/s。体积流量在热储条件下测得，而不是在井口测得，井口是汽-水混合物。启用 BR19 井后 BR23 井中压力相应的变化通过对其水位变化进行测量获得。半对数直线斜率为 1.98 m/～。井口附近水温较低，因此 1.98 m 即相当于 0.195 bar。可得

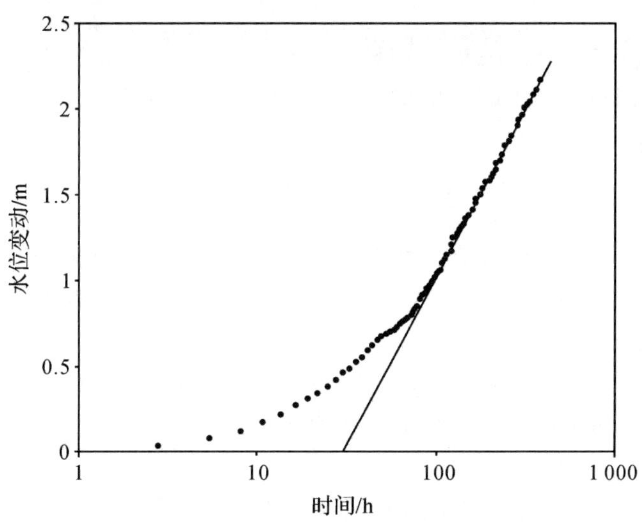

图 A1.1　井 BR23 干扰反应

引自：Contact Energy，个人通信。

$$\frac{kh}{\mu}=\frac{2.303\times0.094}{4\pi\times(0.195\times10^5)}=7.9\times10^{-7}[\mathrm{m^3/(Pa\cdot s)}]$$

$$kh=7.8\times10^{-11}(\mathrm{m^3})=80\ (\mathrm{dm})$$

同样，利用 64 kg/s 的质量流量进行计算，可得

$$\frac{kh}{v}=\frac{2.303\times64}{4\pi\times(0.195\times10^5)}=4\times10^{-4}(\mathrm{m\cdot s})$$

在直线图上可以根据任意一点计算出储水率。$t=1$ h 时，这种方法通常用于石油工业分析。该例中，直线上 $t=11$ 和 $h=39\ 600$ s 的交点处 $\Delta P=0$。本算例中井间距 $r=350$ m。或者

$$\varphi ch=2.25\times(7.9\times10^{-7})\times\left(\frac{39\ 600}{350^2}\right)=5.7\times10^{-7}(\mathrm{m/Pa})$$

用可压缩的液体水，取 $c_w=1.9\times10^{-9}\ \mathrm{Pa^{-1}}$，$\varphi h=300$ m，这在物理上可能实现，也有可能实现不了。

作为用来避免表面出现问题的干扰试验，式(A1.2)、式(A1.3)、式(A1.7)和式(A1.8)中的 r 是从 $r=0$ 到观测点的距离。在干扰试验中，这就是井间距。

A1.2.4 叠加效应

压力瞬态方程呈线性，因此结果可以叠加。最有意义的案例就是井在恒速生产一段时期后将其关闭，其结果是最初排放量增加所引起的压力变化与闭井后流量减少所引起的压力变化的累加

$$\Delta P=-\frac{q\mu}{4\pi kh}E_1\left(\frac{\varphi\mu cr^2}{4k(t+\Delta t)}\right)+\frac{q\mu}{4\pi kh}E_1\left(\frac{\varphi\mu cr^2}{4k\Delta t}\right) \tag{A1.9}$$

其中，t 为流动时间；Δt 为闭井时间。假设渐进的形式(式(A1.1))对于两个指数积分均有效，那么

$$\Delta P=\frac{2.303\ q\mu}{4\pi kh}\lg\frac{t+\Delta t}{\Delta t} \tag{A1.10}$$

用 ΔP 和 $(t+\Delta t)/\Delta t$ 作半对数图可得到“Horner 图”(Earlougher，1977)，$\Theta=(t+\Delta t)/\Delta t$，有时称作“Horner 时间”。当有更多的流量变化时，需为“叠加时间”定义更多的复杂表达式。

多个不同位置的井引起的水位下降也存在叠加效应。另外，一些类型的边界或其他的不连续储层可以用一些镜像井代表，将其引起的水位下降与真实存在的井进行叠加。

图 A1.2 为井与相邻的平面边界。可出现三种类型的边界：隔水边界、恒压边界和自由液面边界。隔水边界就是跨越处没有水流，这种边界就是把镜像井和真实井视为具有相同的水流，介质无限延伸，边界两边的井处于平衡状态，没有流动，因此视为隔水边界。恒压边界视为断层或相对于热储而言具有更大的渗透性，这

就等于镜像井具有相反的属性。在边界处,真实井与镜像井所引起的水位降正好相互抵消,因此,边界处水位恒定,压力恒定。最后,如果补给井流量补给来自下面具有自由液面的含水层,这就等同于两个镜像井:一个在镜像点,另一个具相反属性的镜像井以恒速离开(Zais et al,1980)。

A1.2.5 无量纲变量

试验中压力变化取决于特定的流体速率、渗透率和其他的参数。这些参数能够并入到时间的定义里以定义无量纲变量

$$P_D=\frac{2\pi kh}{q\mu}\Delta P \tag{A1.11}$$

$$t_D=\frac{kt}{\varphi\mu cr^2} \tag{A1.12}$$

那么水位降低方程为

$$P_D=P_D(t_D)=\frac{1}{2}E_1(4t_D) \tag{A1.13}$$

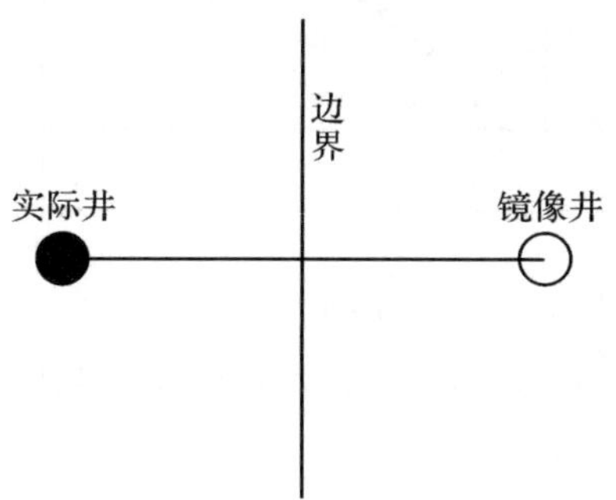

图 A1.2 热储中平面边界的镜像井

函数 P_D 定义为与流速、导水系数或储水率无关,其取决于储层几何形状。无量纲变量 P_D、t_D 主要用于更为复杂的情形,即相应的更为复杂的水位下降形式可用标准形式代替。

无限大的均质含水层无量纲压力渐近线型(长时间型)公式,即式(A1.3)

$$P_D=-1.151\lg t_D+0.351 \tag{A1.14}$$

每个周期无量纲形式的斜率为1.151。无量纲参数时间的定义基于井半径 r_w。也可以利用其他一些取决于不同相关长度的无量纲时间参数,但它们用其他适当的符号表示。

A1.2.6 标准曲线拟合

给定单一函数 $P_D(t_D)$,通过将式(A1.11)、式(A1.12)中的时间和压力变量等比缩放与实际环境中水位下降产生联系。这样,如果在双对数坐标上绘制 P_D 与

t_D 关系曲线，ΔP 采取真实的数据，t 绘制成双对数坐标，这两张图应该是互相联系的，且保持一恒定的偏离距离。计算机出现之前，这些图是用透明纸与预先画好的不同类型曲线相叠置，以获得最好的拟合。现在，利用计算机技术进行拟合。标准的双对数曲线 $P_D(t_D)$和压力导数 $t_D\ \dfrac{dP_D}{dt_D}$被用来表达不同环境下不同类型的曲线。不论是压力还是导数，其独特的半对数和双对数曲线都对应于不同的含水层结构模型，在选择瞬态拟合模型时很有帮助。

图 A1.3 为图 A1.1 中数据的拟合特征曲线。注意双对数曲线显示的额外信息在半对数曲线图上并不明显，后面的数据偏离小于 20 小时。由于不同的曲线表现的数据重点不同，应该用半对数和双对数形式将其瞬变现象及拟合情况表现出来。

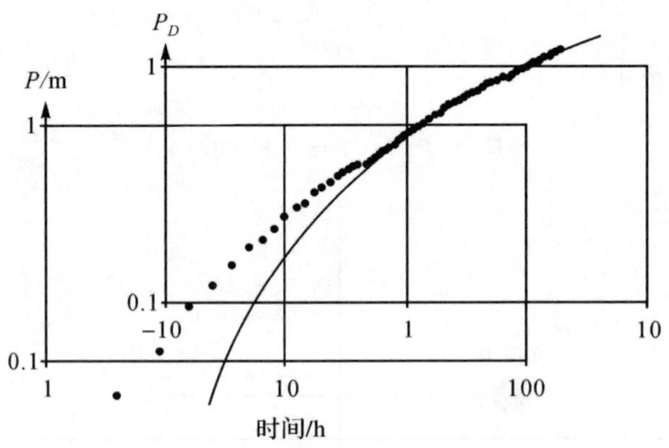

图 A1.3 BR19-BR13 干扰标准曲线拟合

引自：Contact Energy，个人通信。

A1.3 井孔存储效应和表皮效应

在井里或井附近会存在两种效应影响所测得的压力，即井孔存储效应和表皮效应。井孔存储效应就是井孔储存液体的能力。随着压力的增大，更多的流体被储存在井中。因此，如果井口被封闭，一些后续水流会继续进入井孔，来自储层的流体不会马上停止，而是逐渐停止。

表皮效应(或称包裹层)通常是由于钻进过程的副作用而在井的毗连区域形成了不同的渗透率分区，其典型特征是集中在井壁形成阻力区，并且可能起到消极作用。

A1.3.1 井孔存储效应

井孔存储效应通过下面系数定义

$$C=\frac{\Delta V}{\Delta P} \tag{A1.15}$$

其中，ΔV 为流体体积的变化量；ΔP 为井孔中压力的变化量。无量纲系数 C_D 被定义为实际储水系数除以井孔被热储流体充满后的存储容量，$C_D=C/(\pi r^2\varphi c_t L)$，其中 L 为井孔长度。大多地下水和石油井里由液体所填充，如果井孔体积为 V，井内液体的压缩率为 c，$C=Vc$。然而，热井井孔里由于存在闪蒸现象，会存在不同的井孔存储效应。闭井后，流体会继续流入井中。对于蒸气井，井孔在排放时是冷却器，因为井底压力比周围围岩低。当压力恢复后，井孔和围岩温度升高，蒸气需要提供聚集在井中的热量，获得了比简单压缩更多的存储量(Barelli et al,1976)。在这样的井里，典型的井孔存储系数值 $C_D\approx10^4$。井孔存储效应不能按字面意思理解成井孔的体积。一般来说，井孔存储效应具有负面作用，表现为影响压力瞬态形式，这些必须要准确识别，以便正确分析。例如，在受井孔存储效应影响结束一段时间后，在半对数图上直到 $1\frac{1}{2}$个对数周期后才能正确地显示为直线，即双对数曲线的单位斜率，在该时间之前经常在半对数图里表现为直线，但这是错误的。

A1.3.2　表皮效应

表皮效应定义为井壁处的额外压力降，由下式表示

$$\Delta P_{\text{表皮}}=\frac{q\mu}{2\pi kh}s \tag{A1.16}$$

其中，s 是无量纲。该式定义了在均质介质中离开井壁的单位压力下降值，因此，压力降的方程可写为

$$\Delta P=-\frac{q\mu}{4\pi kh}\left[E_1\left(\frac{\varphi\mu cr^2}{4t}\right)+2s\right] \tag{A1.17}$$

表皮效应的存在不会改变半对数分析中导水系数的结果，只影响储水率，因此，式(A1.8)必须改为

$$\varphi ch\mathrm{e}^{-2s}=2.25\left(\frac{kh}{\mu}\right)\left(\frac{t}{r^2}\right)10^{\Delta P/m} \tag{A1.18}$$

$$s=1.151\left\{\frac{\Delta P}{m}-\lg\left[\left(\frac{4kh}{\mu}\right)\left(\frac{1}{\varphi ch}\right)\frac{1}{r^2}\right]+0.251\right\} \tag{A1.19}$$

式中，ΔP 是时间 t 的压力与流速改变前瞬间的压力之差，如果瞬态压力下降，则为 P_0-P；如果压力上升，则 $\Delta P=P-P_{wf}$，P_{wf} 为闭井之前流体的压力。

在石油和地下水中，φ、c、h 能从地质结构、岩心和流体样品中获取。本书中，表皮效应能够根据式(A1.19)进行明确评估。在地热中，这些参数均不能被界定，这种不确定性意味着表皮效应只能根据双对数曲线或计算机拟合方法清楚地识别。图 A1.4 是一个拟合的例子。

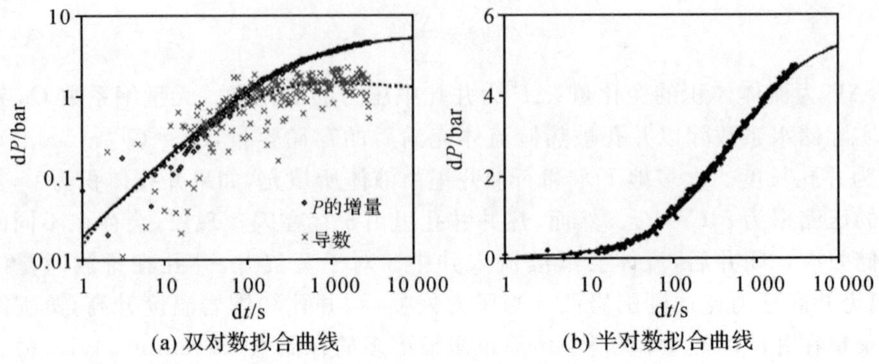

(a) 双对数拟合曲线　　(b) 半对数拟合曲线

图 A1.4　瞬态拟合图

引自：Mighty River Power，个人通信。

图 A1.4(a)是数据的双对数拟合曲线图。实心圆代表实测数据，实线代表拟合线，"＋"代表导数，虚线为导数的拟合曲线。图 A1.4(b)为半对数拟合曲线图。半对数图表现为近似直线，但双对数图里面的单位斜率到 100 s 时没有终止，因此，半对数直线直到后来的 3 000 s 时斜率基本不变。尽管在半对数图里面表现出一段直线，但从外推的拟合图可以看出这是一种假象。拟合给出的 $s=-6$。热井里通常具有负面的表皮效应，这通常被认定为钻进期间岩石与断裂带分离的结果。井孔常常在断裂带增大，但是，负的表皮效应尺度（前文例子中的-6）表明开展模拟时一定要考虑延伸到更深的地层。

瞬态拟合给出了两个有用的参数：渗透率 kh 和描述表皮效应 s。如果得到正的表皮效应，说明井中流体被堵塞了，可能是被钻进泥浆或碎屑堵住了。在生产井中，井口处或其附近矿物沉淀会改变井附近的渗透率和增大表皮效应值。如果这些包裹层被酸化或者被其他刺激溶解，流量应当会增加。减少潜在井损的方法主要包括，利用不同的钻进实践方案，例如只有水循环的或者保持平衡或非平衡的压力状态以便产生岩层流体，并且及时清除钻进废物。

在高速流下，表皮作用由于紊流会增大。除了正常压力降与流体成正比外，附加压力降与流速的平方也成正比。如果不同流速下的压力瞬态显示在流速增大时表皮效应相应增加，就可以检测到以上现象。

A1.3.3　生产率

按线源解，对于式(A1.2)至式(A1.4)，随时间增大，压力变化逐渐放缓，最后出现准稳定流。在这种准稳定状态下，压降通过生产率 PI 与流速相联系

$$W=PI\Delta P \tag{A1.20}$$

与式(A1.2)对照得出

$$\frac{1}{PI}=\frac{v}{4\pi kh}\left(2.303\lg\frac{4kt}{\varphi\mu cr^2}-0.5772+2s\right) \tag{A1.21}$$

如果在足够远的半径 r_0 处为恒压状态，那么可以获得另一种表达式，流体最终达到稳定状态

$$\frac{1}{PI}=\frac{v}{2\pi kh}\left(2.303\lg\frac{r_0}{r_w}+s\right) \tag{A1.22}$$

对于较大的 t 或 r_0/r_w 值，表达式 PI 与 r_0 关联不大。因此，式(A1.21)或式(A1.22)常用来估算渗透率-厚度。相似的表达式被用于注水试验，需定义注水率 II。

A1.4　注　水

到现在为止，所做的分析都是针对排放，即热储流入井孔中的流体。原则上，注水是一个相反的过程，方程式中仅需改变 ΔP 和 W 的符号。如果注入流体与生产的流体相同，注水就是生产过程的简单反转。但通常并非如此，尤其是在测井时将冷水注入高温的热储层中，注入的冷水与储层中的热水有不同的黏度和压缩率。

在短时间内(如压力控制测试)，图 A1.5 展示了冷水注入均质含水层后储层中流体分布：井的附近是注入的冷水，稍远处是被周围岩石加热的注入水，再远处是储层中的水。储层能“看见”具有热储温度水体体积的扩张。扰动压力区域的扩张会远远超出原有范围，使得控制压力瞬态的流体接近热储状态。因此，合适的参数应接近储层流体，而不是注入流体。由于冷水的注入，在靠近井孔处或许有一层类似表皮的东西。注入的流体作为储层流体的一部分来源，这部分水体在未扰动含水层中形成了新的导水系数 kh/μ 和储水率 φch，而不是在井口周围包含有注入水体的部分区域。

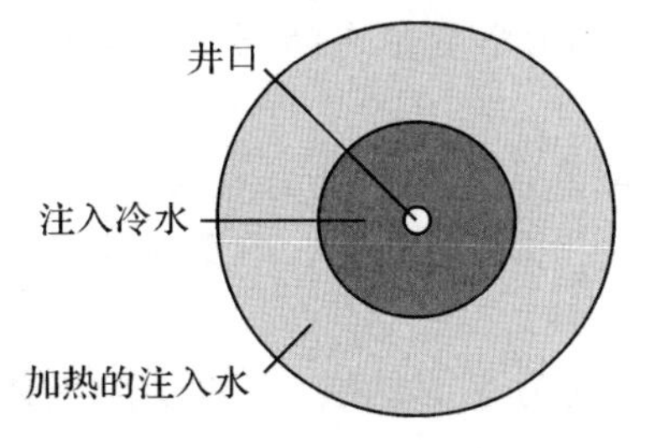

(a) 平面水体温度分布示意

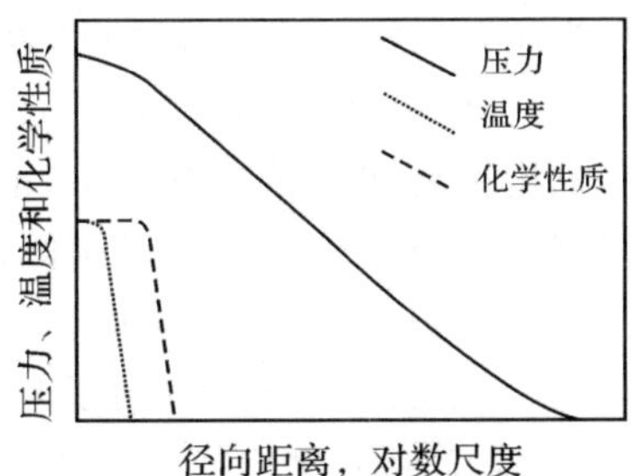

(b) 径向压力、温度、化学性质分布

图 A1.5　冷水注入热储层之后注水井周围流体、压力和温度分布

更长时间内，如果有充足的冷水累积下来，可以影响到压力梯度，或者注入的冷水与原来储层中的水混合在一起，当热效应可以影响压力的变化时，就可能产生其他的影响。显著的例子就是在冷水注入过程中测得的渗透率高于生产过程中测

得的渗透率(注水率大于生产率),这通常归因于岩石的压缩和裂隙的张开;将冷水注入到两相状态中可导致井周围压力的下降。渗透率随温度的变化可参考第 7 章和第 14 章的内容。值得注意的是,图 A1.5(b)中冷区的压力梯度更低,这反映了岩石的热激发效应。如果缺少这种激发,由于冷水的高黏度,梯度值将会更高。

A1.5 两相流

两相流(蒸气和水)是在热田中经常见到的现象,这种现象可能出现在液态为主的储层中,也可能出现在蒸气为主的储层中(无论哪种情况,液相稳定不变)。假设恰当地定义了流动流体的属性,那么压力瞬态技术依然有效。压缩率如下

$$\varphi c_t = \frac{\rho_t C_t}{H_{sw}} \frac{\mathrm{d}T_s}{\mathrm{d}P} \frac{\rho_w - \rho_s}{\rho_w \rho_s} \tag{A1.23}$$

$$\varphi c_t = 50P^{-1.66} \tag{A1.24}$$

式中,压力的单位是 bar,压缩率的单位为 bar^{-1},$\rho_t C_t$ 取 $2.5\times10^6\ \mathrm{J/(m^3 \cdot K)}$。流体的黏度为

$$\frac{1}{\beta_t} = \frac{k_{rw}}{\beta_w} + \frac{k_{rs}}{\beta_s}, \quad \beta = \mu, v \tag{A1.25}$$

密度为

$$\frac{H_{sw}}{\rho_t} = \frac{H_t - H_w}{\rho_s} + \frac{H_s - H_t}{\rho_w} \tag{A1.26}$$

其中

$$\frac{k_{rw}}{k_{rs}} = \frac{v_w}{v_{rs}} \frac{H_s - H_t}{H_t - H_w} \tag{A1.27}$$

式中,H_t 为流动的汽-水混合物的热焓,其他的热力学变量在储层未扰动状态下求取,式(A1.25)和式(A1.26)都满足 $\mu_t = \rho_t v_t$。

计算黏度需要知道相关渗透率,很遗憾,对于破裂的热储岩石对其所知甚少,通常假定岩石基质的性质与砂岩相似,如“Corey”相对渗透率。在裂隙中通常假定各相之间互不妨碍,可能到一定程度时,$k_{rw} + k_{rs} = 1$。

关于两相瞬变的一个普通例子是:在以蒸气为主的储层中,流动的流体是蒸气,只有压缩率需要从单相状态下调整。Grant(1980b)和 Grant 等(1982a)描述了两相瞬变分析的实例。

在两相分析中,最主要的应用问题是对排放过程中所利用的热焓的分析,因为其随着时间和流速的变化而变化。在未扰动储层状态下(也就是说远离井壁的状态)的标准评估技术需对所利用的非扰动储层的流动热焓进行评估,意味着流动热焓在非扰动储层被利用。这种情况通常是低流速下的热焓。两相分析中的正确性已经被模拟数据所证实,并能达成一致(Moench et al,1978;Garg et al,1981)。

A1.6 拟压力

当气体流向井中时,压力可能会相应改变,关于密度近似常数的假定也就不正确了。这个问题可以通过定义一个拟压力——一个修改过的压力函数(Al-Hussainy et al,1966)解决。干燥气体的等温流动方程如下

$$\varphi c\rho\frac{\partial P}{\partial t}=\nabla\left(\frac{k}{v}\nabla P\right)=k\frac{\partial}{\partial p}\left(\frac{1}{v}\right)(\nabla P)^2+\frac{k}{v}^2\nabla^2 P \tag{A1.28}$$

标准线性化删掉了右侧的第一项,但它可以通过定义的拟压力函数 $m(p)$ 替代

$$m(p)=\int\frac{\mathrm{d}P}{v} \tag{A1.29}$$

式(A1.28)就变成

$$\varphi\mu c\frac{\partial m}{\partial t}=k\nabla^2 m \tag{A1.30}$$

由于压力的存在,μ 和 c 仍然是非线性关系,在评估未扰动状态下的参数时一般都被忽略。在水位大幅降低的区域,其随时间的变化率非常小,式(A1.29)左侧近乎为零。无论在水位下降大还是小的区域,拟压力是统一的近似值。

通常假定动力黏度 μ 基本不变,那么

$$m(p)=\int\frac{\rho}{\mu}\mathrm{d}P=\frac{1}{\mu}\int\frac{M_sP}{R(T+274)Z}\mathrm{d}P=\frac{1}{2}\frac{M_s}{\mu R(T+274)Z}P^2 \tag{A1.31}$$

式中,M_s 为气体的分子量;Z 为气体的偏差系数,密度与压力成正比,这使得拟压力与压力的平方成正比。可以定义一个无量纲的拟压力 m_D,并用液体溶液的 P_0 取代 m_D

$$m_D=\frac{\pi khM_s}{W\mu ZR(T+274)}P^2 \tag{A1.32}$$

对于饱和蒸气,$ZR(T+274)/M_s=P/\rho$ 中,P 在饱和气体中为近似常数,即 $1.9\times10^5\ \mathrm{Pa\cdot m^3/kg}$。

以 P^2 的形式表达,线源解变为

$$\Delta P^2=P_0^2-P^2=\left(\frac{W\mu}{2\pi kh}\right)\left[\frac{R(T+274)Z}{M_s}\right]E_1\left(\frac{\varphi\mu cr^2}{4kt}\right) \tag{A1.33}$$

要指出的是,ΔP^2 是压力平方的变化量,而不是压力变化量的平方$(\Delta P)^2$。如果 M 及压力的平方相对时间存在一个斜率

$$kh=2.303\left(\frac{W\mu}{2\pi M}\right)\left[\frac{R(T+274)Z}{M_s}\right] \tag{A1.34}$$

$$\varphi ch\mathrm{e}^{-2s}=2.25\left(\frac{kh}{\mu}\right)\left(\frac{t}{r^2}\right)10^{-\Delta P^2/M} \tag{A1.35}$$

在地热"干"蒸气井中,流体通常不是等温的,但是符合饱和曲线,这表明水蒸

气与液态水是有联系的。但是,利用两相压缩率时,用于描述拥有不动水体的蒸气流方程即式(3.54)在形式上与式(A1.28)是完全一致的,拟压力仍被证实是正确的。拟压力现在只应用于蒸气为主热储的“干”蒸气井,即井中只有蒸气流动。

对比式(A1.22)和式(A1.33),根据拟压力可以定义生产率

$$W=PI'\Delta P^2 \quad \text{(A1.36)}$$

式中

$$PI'=PI/(2P_r) \quad \text{(A1.37)}$$

该式考虑了水流与 ΔP^2 成正比,在有较大压力变化时其结果要比普通的与压力呈线性关系的生产率更准确。

A1.7 变流量

通常在地热排放中很难保持一个恒定的流量。如果流量发生一系列的阶梯状变化,压力的变化就会叠加

$$\Delta P = \frac{v}{2\pi kh}\sum_{t>t_i}\Delta W_i P_D(t_D - t_{Di}) \quad \text{(A1.38)}$$

持续的变化量可以用积分替代

$$\Delta P = \frac{v}{2\pi kh}\int_0^t P_D(t_D - t'_D)\mathrm{d}W' \quad \text{(A1.39)}$$

根据实际观测的流量变化情况,函数 P_D 还需要在与标准溶液比对后进行重置,必须对以前所受压力进行卷积,这些都可以通过数学处理完成(Barelli et al,1981;Onur et al,2008)。否则,最通用的办法就是假定其不重要,忽视流量的变化。因此,如果流速慢下来,可以通过绘制 $\Delta P/W$ 的方法获得恒定流的水位下降形式。这种方法会去除一些非恒定流产生的变化。

变流量的一种重要情况是在恒压下流动,压力(在井壁)在流体变化的情况下保持恒定。如果井在定压下生产,其压力从井底到井口变化不大,就能产生这种情况。常见的例子是井在低渗透率或中渗透率的条件下流动较长一段时间后的流动情况。

如果压力突然变化,那么流量的变化会呈现与线源解相似的形式

$$\frac{1}{q}=\frac{\mu}{4\pi kh}\left(\frac{1}{\Delta P}\right)\left[2.303\lg\frac{4kt}{\varphi\mu c r^2}-0.5772\right] \quad \text{(A1.40)}$$

绘制一个 $1/q$ 或 $1/W$ 相对于时间的半对数图,如果 M_W 是 W^{-1} 的斜率

$$kh=\left(\frac{v}{4\pi M_W}\right)\left(\frac{2.303}{\Delta P}\right) \quad \text{(A1.41)}$$

式(A1.38)与线源解是完全相同的形式,但是直线会靠近得更慢。

A1.8 裂隙介质

两种类型的压力瞬态都是明确针对裂隙介质研究的。对于一个裂隙贯穿的介质，在一定时间尺度内其特性的变化取决于块体大小及其他因素。另一种情况是，如果钻井穿透一均质介质，但一断裂带正好通过井孔，井中就可能产生水力激发，其反映出的与众不同的历史数据最好用典型曲线表示(Gringarten et al，1975；Cinco-Ley et al，1981)。

图 A1.6(Ladner et al，2009)展示了一个实例，数据来自于 Basel 的 EGS 井。在双对数曲线图上有断裂的井在一特征时期内的斜率为 1/2，在这段之前的单位斜率可能为 1，这反映了钻孔的储能情况。也可以绘制一张压力与时间平方根的线性曲线，如图 A1.6 所示。时间的平方根($t^{0.5}$)是穿过主断裂带的钻孔的主要区别特征之一，可以反映出靠近断裂控制平面所产生流体效应的时间段。半对数分析中正确直线开始的时间对应于双对数图中 1/2 斜率结束处压力的两倍处，即双 ΔP 规则(Wattenbarger et al，1969)。规则中所指的是流动的液体，所以对蒸气井来说 ΔP^2 的值要翻倍。假设热储中存在断裂带，那么一般认为其压力瞬态是标准的，但在实际工作中也会有完全不同的情况。

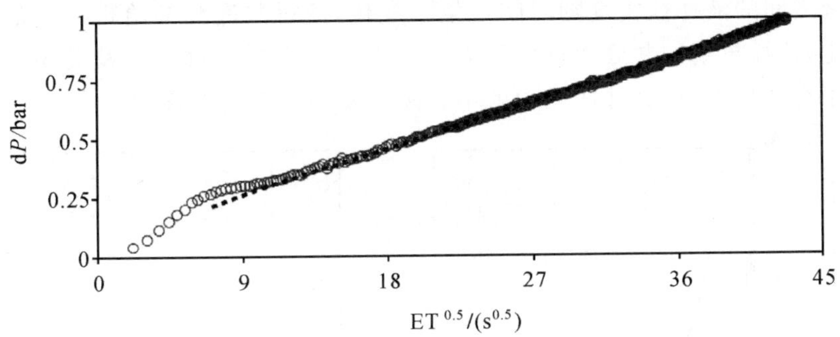

图 A1.6 压力恢复表明 $t^{0.5}$ 的相关关系

A1.9 井孔热量和流量影响

前面几节简单介绍了压力瞬态理论。热井中存在相当数量的特有物理过程，这些过程在热储垂向小尺度的范围内或二维空间流体处于单相等温状态时(如地下水和石油)并不发生。这些因素可以使压力瞬态理论不再适用或产生误导，为了获得更高质量、更加可信的数据分析，有必要认真识别这些因素。当这些因素影响较大时，可以很容易发现瞬态分析变得毫无意义。更加危险的是，较弱的影响引起了较大的解译偏离。

理论上，压力瞬态分析是对井壁均匀介质的压力史进行研究。因此，真正的瞬态是在井下一定深度测得的，在该深度井可以反映储层的压力，即井主要的补给点。对于拥有单一补给带的理想热井，压力计需放置于该深度，但这是特例，大多数井有多处补给点，在瞬态压力变化的测量点选择上需要做出妥协，这种选择也有弊端，压力记录结果可能受到温度变化和带间流的影响以至于数据不能利用。

A1.9.1 冷 凝

蒸气井在井口以下含有一定体积的蒸气，所以在井口测量压力非常方便。假定井孔中主要补给带以上都充满蒸气，那么可以通过井口压力恢复测量获得很好的井下压力恢复数据。可能会存在冷凝现象，使得水位上升到补给点以上，此后在井口获得的压力数据便失效了。

A1.9.2 闪蒸柱

在以液态为主的系统中，由于井中水柱的变化、温度的变化以及低密度两相混合作用，通常不选用井口压力进行瞬态研究。这些变化同样会影响非适宜深度（如井底）的瞬态测量。图 A1.7 展示了排放后的累积变化。压力剖面发生了变化，因此，当在井底与补给点之间存在恒温水体时，井底压力只随补给点平移。由于井底和补给带之间的液体柱密度随时间发生了变化，使得井底和补给带之间的压力差发生变化，这样早期的井底数据便失效了。如果井在排放过程中及关闭后的稳定状态下含有两相流，那么井底压力就不会随主要补给点而平移。

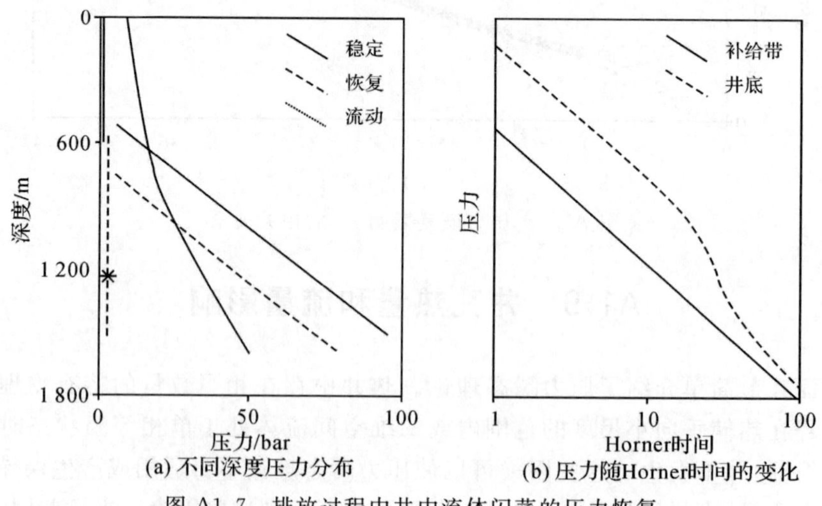

图 A1.7 排放过程中井中流体闪蒸的压力恢复

A1.9.3 注水试验

当在注水过程中进行压力瞬态测量时，错误分析主要来自于带间流。图 A1.8

为拥有带间流和压力变化的假想井中，当注水停止后的温度剖面，井中的静态水力梯度随着温度的变化而变化，不存在恒定的剖面。井中 550 m 处有热水流入，在 1 150 m处流出。PT1 剖面是在注水过程中获得的，随后在闭井后又进行了一段时间的测量。井中深处的压力正常下降，而由于井中水柱温度不断升高，上部的压力先下降而后开始上升。这种情况代表了瞬态回弹或振动情况。图 A1.9 展示了一个具有代表性的例子：注水停止时压力下降，压力在主要的补给点上方记录。正如预期，开始时压力下降，但随后随着上部热流的持续流入，水柱温度升高，使其密度降低，测量工具和补给带之间的压力差减小，使补给带之上的压力增加。

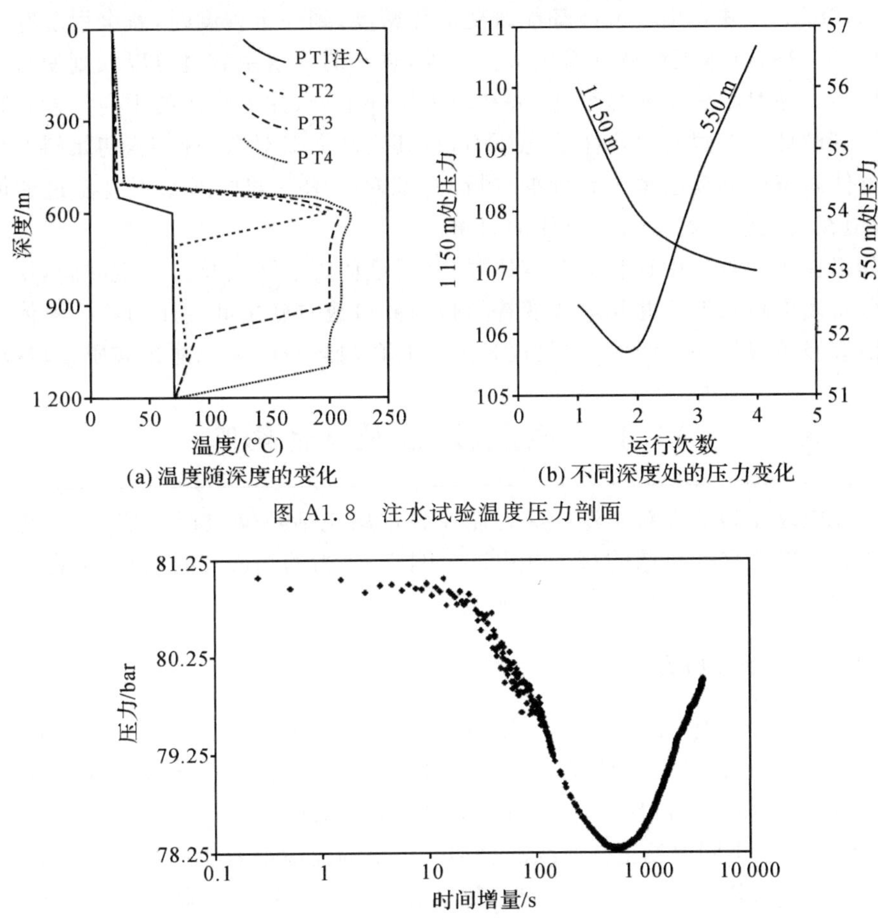

图 A1.8　注水试验温度压力剖面

图 A1.9　压力下降过程中回弹现象

引自：Rotokawa Joint Venture，个人通信。

A1.9.4　剖面应用

前面提到的所有例子中，压力瞬态数据的问题是井孔中不同密度的流体造成的。这种情况可以通过作为瞬态程序一部分的PTS剖面测量进行检测(尤其是在后期不需要对压力数据进行密集测量时)。如果在每个方向上都至少进行一次检测,那么进行涡轮测量对于明确识别井中的流体尤其有用。这将会验证带间流、两相流或液体条件的存在,有时也会发现井底是否存在蒸气。

A1.9.5 井孔热存储效应

前面提到井孔增温和蒸气冷凝会产生一个较大的虚假井孔存储效应。实际上,通过冷凝,井孔流体拥有了两相压缩率。也可能引起其他的效应(Miller,1980a,1980b)。井孔增温或冷却能改变流体密度,到一定程度时,就会引起存储效应,这比简单的液体压缩持续得更久。另外,热井的导水系数也可以大到使得热井的井底压力随时间发生明显变化,井孔压力脉冲上升,井中流体的垂向均衡在瞬间可能遭到破坏。该过程将产生瞬态压力,将其绘制在双对数坐标上,初始斜率会远大于整体斜率或振动斜率。在标准分析中,双对数图的初始斜率不能超过整体的斜率,但在实践中则经常大于整体的斜率。

如果在流动时井中存在闪蒸液体,闭井后液体闪蒸还会持续一定时间,使垂向压力分布发生瞬态变化并相应改变补给带与井口或井底之间的压力差。液体柱形成之前会经历很长一段时间,这仅仅是因为井孔内自身的瞬态能量和质量转换。

A1.10 气压、潮汐及其他影响

大气压改变和地壳对潮汐的应力能在含水层包括热储层产生信号,这些信号会在热储中以及穿透热储的每个井中产生响应,压力的响应相对较小,但在干扰试验中非常重要,有必要识别并移除这些影响。

A1.10.1 潮汐效应

潮汐使得岩石应力发生变化,热储层能提供这些变化的依据。Bödvarsson(1970)描述了含水层的潮汐效应理论。潮汐效应的量级小于10 mb。Hanson(1979)描述了Raft河和Salton海场观察到的潮汐效应。

潮汐应力是不同时期正弦曲线的叠加。主要的潮汐期有1/3天,1/2天,1天和16天。如果呈现周期性的信号,通过对数据的傅里叶函数计算,可以移除这些信号。

A1.10.2 大气压效应

地球表面大气压的变化通常是长时期内的压力变化,尽管中纬度地区压力可能在几个小时内变化0.03 bar。由于地表所承受的重量逐渐增加以及在含有孔隙流体的含水层中相应的压力变化,使得压力能在井自身和岩石中传播。储层中压

力的变化与大气压的变化量 ΔP_{atm} 以及气压效率 BE 相关

$$\Delta P=(1-BE)\Delta P_{atm} \quad (A1.42)$$

气压效率如下

$$BE=\varphi c_t/(c_m+\varphi c_t) \quad (A1.43)$$

在开放的井中，水位由大气压和储层压力之间的平衡决定。水位（向上进行测量，例如，当水位上升时其值增加）的变化量 $\Delta\eta$

$$\Delta\eta=-(BE/\rho_w g)\Delta P_{atm} \quad (A1.44)$$

气压效率介于 0 和 1 之间，对于具有高压缩率的流体其值接近 1。因此，气压效应对井供水效率的影响最大。由于大气压的影响，压力的变化可以达到大气压的变化尺度，即 0.1 bar，这已经足够影响干扰试验了。当存在大气压噪声时，将观测井压力响应与模拟的干扰信号以及大气压力进行拟合非常简单。更详细的模型（Kiryukhin et al，2009）显示，气压效率不仅依赖压缩率，还与井附近的渗透率有关。井孔本身是大气压力变化影响储层的主要纽带。在实际中确定气压效率的时候可能存在一些问题，因此目前进行气压效应干扰试验和分析的最好方式是进行干扰信号和大气压力的响应拟合。图 A1.10 展示了一个例子，利用水位监控干扰情况，水位向下递增，大气压力在流动的初始阶段快速变化，几天内产生了一个类似压力瞬变形态的信号。如果忽视大气压噪声，该相似性就会使得干扰结果出现偏差。通过回归分析，将数据与线源解及大气压信号进行拟合，能对储层导水系数、储水率以及气压效率值进行较好的评估。

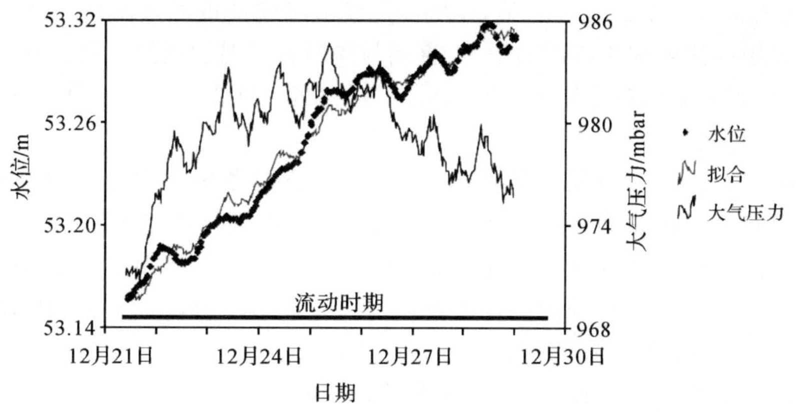

图 A1.10　带有大气压噪声的干扰试验曲线

引自：Rotokawa Joint Venture，个人通信。

A1.10.3　其他效应

其他外部信号也会影响热田中压力的变化。Reykjavik 热田显示了对海洋潮汐的反应(Thorsteinsson et al,1970),其解释为,假定含水层在海水之下延伸,并对上覆海水负载的变化产生响应。土耳其沿海地带的 Seferihisar 热田显示出了显著的潮汐响应(Palaktuna et al,2010),Nicaragua 的 Momotombo 热田显示对降雨有响应,表明储层是开放的(Dykstra et al,1978),后续研究证实了该热田的开放性并带有大量冷水补给(Porras et al,2010)。Matsukawa 热田的井在 400 m 深度以下温度达到了 240℃,同样说明温度的变化与降雨量相关(Mori,1970)。

对于正在运营的热田,井流的变化会向储层发出一个信号。举个例子,一天一变的信号是在蒸气田中每天控制的变化和随之而来的水流变化造成的,而不是因为潮汐效应。白天,仪器在阳光直射下产生的冷热温度效应也会反映在压力记录上。

在干扰试验中,由于附近进行生产或注水,又或由于之前所进行的测井操作的残余影响,通常会存在先前的压力趋势,理想情况是在试验之前有背景记录,至少应记录瞬态数据,当试验完成后显示类似记录时可用来消除其偏移影响。如果压力的变化是从井口观察到的或是通过水位的变化发现的,那么在上一次流动之后井口液体柱会有持续冷却的趋势。在源井产生流动之前进行观察很有必要,这可以估算压力的偏移值,从而在压力观测值中减去这一部分。

A1.11 温度瞬态

在钻进及后续冷水注入过程中,井孔会被水流或钻进泥浆冷却。这些过程结束之后,井中的流体或快或慢的增温,直到与周围岩层温度达到一致。有时不用等温度完全稳定就能确定流体停止增温后的最终温度,这在实际中十分有用,因为等待时间经常超过 30 天。

利用 Horner 图可对最终温度进行预测。钻进过程中井被冷却的时间是 t_{pc},因此,t_p 是在研究深度范围内地层暴露在循环液的时间。当钻头达到某一特定深度,两个时间相同,然后循环液停止,在短暂的 Δt 时间后测定温度。将这些数据标绘在 Horner 图上并进行外推,当 Δt 为无穷大时,通过公式 $\Delta t=\infty$,即 $\Theta=(t_{pc}+\Delta t)/\Delta t=1$ 就可以确定最终温度。

Horner 图的有效性基于热传导方程式的观测

$$\rho_t C_t\left(\frac{\partial T}{\partial t}\right)=k\,\nabla^2 T \tag{A1.45}$$

即扩散方程具有与压力瞬态方程一样的形式。假定径向传导是热传导的主要机制(例如,二维传导),那么井的冷却和加热受其支配。在流体的漏失带、流入带或渗透带,或者在观察深度范围外井孔存在内循环的地方,或者井底部热流为三维流的地方,这种方法是无效的。如果存在对流,作为热传递方式,其作用将掩盖传导作用。

还存在另外一个问题。在循环过程中，井口的条件大致是：T 近似为常数，而非热通量。这个问题与压力恢复是在流体达到恒定压力后，而非达到恒定流量后是一样的。温度恢复类似于流体达到恒定压力后的压力恢复。在这种情况下，Horner 图会给出最终温度的估计值。

Roux 等(1979)提出了一个改进的方法，绘制 Horner 图并外推至一显而易见的最终温度 T_{ws}^{*}，然后通过下式推算最终温度

$$T=T_{ws}^{*}+mT_{DB}(t_{PD}) \tag{A1.46}$$

式中，m 为 Horner 直线的斜率；T_{DB} 为修正的无量纲单位，其依赖于无量纲的累积时间 t_{PD} 和 Horner 时间 $\Theta=(t_{pc}+\Delta t)/\Delta t$。$t_{PD}$ 定义为

$$t_{PD}=\frac{K}{\rho_t C_t r_w^2}t_{p_c} \tag{A1.47}$$

由于岩石的导电性和散热能力差别并不大，井直径取为较合理的平均值0.1 m

$$\frac{K}{\rho_t C_t r_w^2}=0.4\ \mathrm{h}^{-1}$$

T_{DB} 函数式如下(Roux 等概括所得)

$$T_{DB}=0.03\Theta^{1.678}t_{PD}^{-0.373} \tag{A1.48}$$

图 A1.11 为根据 Menzies(1981)修编的实例。用外推法确定 $T_{ws}^{*}=238$℃，斜率 m 为每周期 194K。斜率被定义为 $\Theta=2\sim4$，取(几何)中点平均值为2.8，循环时间为 10 小时，给定 $t_{PD}=4$。然后利用式(A1.48)，计算得 $T_{DB}=0.10$及 $T_i=238+194\times0.10=258$(℃)。后来进行的测试显示井下温度为 265℃，但这可能是完井后开发过程中的内部流动影响所致。另一个完整的实例见第 6 章。

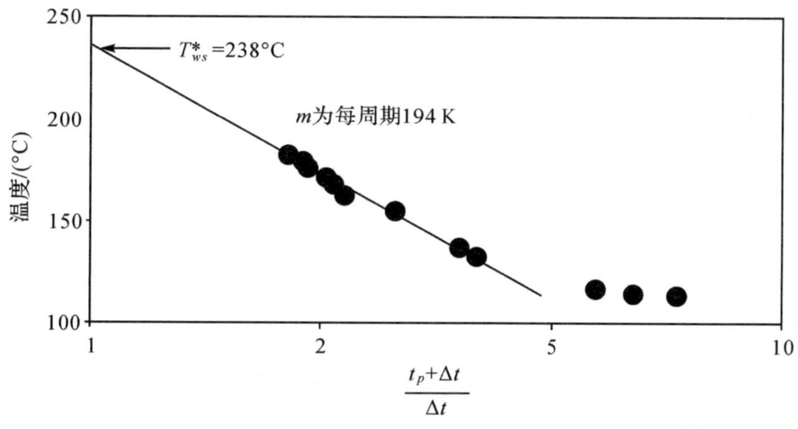

图 A1.11　MG-1 井的温度恢复

对大多数情况，外推温度并不十分精确，误差常高于5～10℃。当井开始升温并随后出现内部流时，温度外推法可能是确定热储温度的唯一方法。如果升温过程中没有流动产生，由于井底温度未受到内部流控制，外推的数据将会得到一个储层温度的较好估计值。

A1.12 地下水学科单位转换

在地下水中，压力瞬态分析尽管有相同的数学表达形式但单位却不同。下面为两种单位的不同之处：

(1)压力测量以水头表示。

(2)黏度被并入到渗透率中考虑。

在随后的讨论中，在地下水单位中，下标$_G$被赋予一个新的属性。

A1.12.1 压力和水头

$$\Delta P=\rho g\Delta h$$

以bar为压力单位

$$\Delta P=10^{-5}\rho g\Delta h$$

当对具有温度剖面的井进行水位测量时，存在有意义的温度的问题。当压力变化时，水在补给带进入或流出，在较短时间内(以天数计)，在热储温度下流失或获得的是水，但经过较长的时期，水在不断加热或冷却过程中同围岩重新达到平衡，随后在地表发生水的获取或流失，因此有意义的温度是在水面上。这适用于要进行长达数月的作为长期热储监测的井，在这期间最好利用管材对补给带压力直接进行测量。

A1.12.2 渗透性

达西定律

$$v=\frac{k}{\mu}\nabla P$$

在地下水中

$$v=K_G\ \nabla h$$

给定

$$K_G=\frac{k}{\mu}\rho g=\frac{k}{v}g$$

式中，v为动力黏度。

k的单位为达西($10^{-12}\,\mathrm{m}^2$)，$k=10^{12}vK_G/g$达西，则导水系数

$$T_G = K_G h ;\quad kh = 10^{12} v T_G / g\ \mathrm{dm}$$

A1.12.3　储水率

地下水储水率

$$S_G = \frac{\text{体积变化}}{\text{单位面积} \times \text{单位水头}}$$

绝对储水率

$$S = \varphi c h = \frac{\text{体积变化}}{\text{单位面积} \times \text{单位压力}}$$

即，不同之处在于压力比例

$$\varphi c h = S_G / \rho g$$

附录 2　流量测量气体校正

A2.1　非凝气体影响

所有排放的地热流体几乎都伴有非凝气体，如果其含量较大，那么要获得精确的质量流和热焓数据就必须考虑气体对流量测试的影响。Ellis 等(1977)阐述了在蒸气与气体混合物及两相管道流中确定非凝气体含量的方法。对蒸气与气体混合流体，样品可直接从管道中采集，而对两相流常用微型分离器分离出蒸气与气体混合物样品，然后对采集到的样品进行冷凝组分的分析。分离出的蒸气与气体混合流中的气体含量也可以通过直接对代表性管道流样品的冷凝气体和气体流速进行物理测量而获得(Blair et al,1980)。对于高温地热系统，非凝气体组分以 CO_2 为主(大于 90%)，对于多数开发利用工程，当进行热焓和流量校正时，常假设气体组分中仅有 CO_2 气体存在。

在常规压力-温度条件下开展测井，在计算井流特征参数时可以假设所有的非凝气体都以气态形式存在。当流体中闪蒸部分较少时(小于 2%)，要想获得精确的气体流量数据必须考虑溶解在液相中的气体含量。蒸气或两相管道流中的总压力(测量数据)由蒸气分压和非凝气体分压组成，其比值均遵循 Dalton 定律。当测定蒸气与气体混合流流量时，利用孔板计算获得精确测量总流量(见式(8.10))，必须考虑非凝气体对蒸气与气体混合物容度的影响。

假设条件如下：

(1)在蒸气分压下，蒸气与气体混合物的温度是饱和温度。

(2)测量的压力是蒸气分压和非凝气体分压之和

$$P=P_s+P_g \tag{A2.1}$$

(3)蒸气和非凝气体为理想气体，混合物中气体的分压与其摩尔分数成正比

$$P_g=Px, \quad P_s=P(1-x) \tag{A2.2}$$

(4)蒸气相混合物容度 v_v 根据下式计算

$$v_v=v_s(1-f_v) \tag{A2.3}$$

式中，v_s 为蒸气分压下蒸气的容度；f_v 为气体对于蒸气与气体之和的质量分数比值。

(5)目标井中混合物热焓的评价是将蒸气和水分开计算的。

(6)假定可以形成足够的蒸气并且所有气体都存在于蒸气相中，其余溶解于水的气体含量可以忽略不计。

A2.2　分离器法气体校正

取样压力为 P，给定非凝气体中气体对于蒸气与气体之和的摩尔质量比值 x（这里要注意气体分析通常以气体与蒸气摩尔质量比值表达，为应用于不同的气体，就需要将其转化成气体对于蒸气与气体之和的摩尔质量比值），计算过程如下：

(1)计算非凝气体混合物平均分子量，用于现在的分析

$$M_g = \frac{x\sum M_{gi}}{\sum x_i} \tag{A2.4}$$

其中，对存在的不同气体组分进行求和。通常非凝气体中 CO_2 含量大于 90%，气体的分子量常取 44，即二氧化碳的分子量。

(2)假定所有气体均为 CO_2，计算汽态（蒸气加气体）的平均分子量为

$$M_v = M_g nx + M_s(1-x) = 44x + 18(1-x) = 18 + 26x \tag{A2.5}$$

在汽态中气体的质量分数为

$$f_v = \frac{M_g x}{M_v} = \frac{44x}{18+26x} \tag{A2.6}$$

(3)计算在取样压力下的蒸气分压

$$P_s = P(1-x) \tag{A2.7}$$

(4)计算蒸气与气体混合物的容度（v_s 根据式(A2.7)计算的 P_s 查蒸气表所得）

$$v_v = v_s(1-f_s) \tag{A2.8}$$

(5)计算蒸气与气体混合物的流量

$$W_v = W_s + W_g = C\sqrt{\frac{\Delta P}{v_v}} \tag{A2.9}$$

(6)单独计算蒸气流量

$$W_s = W_v(1-f) \tag{A2.10}$$

(7)通过常规的方法（式(8.5)或式(8.10)）计算分离器分离出水的流量，然后重新计算分离器在蒸气分压下的热焓和质量流量，查蒸气表（假定包含流动蒸气和水的热焓和质量流量，忽略气体的值）获得水的显热和潜热值（H_w 和 H_{ws}）

$$H = H_w + H_{ws}\frac{W_s}{W_s + W_w} \tag{A2.11}$$

(8)计算分离出的蒸气中的非凝气体流量

$$W_g = W_v f_v \tag{A2.12}$$

忽略溶解于水中气体的量，该值即为总的气体流量。

例子：EX12 井为一个安装有汽-水分离器的生产井，其井口压力为 12.2 bar。

在分离出的蒸气和水管上安装有流量孔板，下面的读数为该孔板测量所得。汽-水分离器的压力为10.2 bar，在蒸气流量孔板处压力差ΔP为207 mbar，上游压力为10.1 bar；在水流量孔板处压差ΔP为298 mbar，温度为184℃。蒸气孔板处$W_s=10.525\sqrt{\frac{\Delta P}{v}}$，水孔板处$W_w=5.69\sqrt{\frac{\Delta P}{v}}$，流量单位为kg/s，$\Delta P$单位为mbar，容度单位为$cm^3/gm$。在绝对气压为10.2 bar（表压）的蒸气管道处收集到了气体样品，分析得出1 mol蒸气和气体中含有5 500 mmol气体，即$x=5\,500\times10^{-5}$。大气压力为1 bar。

计算过程如下：

(1)利用式(A2.6)计算气体对于蒸气和气体之和的质量分数f_v

$$f_v=\frac{44}{18+26x}x=\frac{44}{18+26\times0.055}\times0.055\,0=0.125$$

(2)计算取样压力下蒸气的分压

$$P_s=P(1-x)=(10.2+1.0)\times(1-0.055)=10.6\ (\mathrm{bar})$$

(3)计算蒸气与气体混合物的容度(v_s通过查询蒸气分压下P_s的蒸气表获得)

$$v_v=v_s(1-f_v)=185\times(1-0.125)=162\ (\mathrm{cm^3/gm})$$

(4)计算蒸气与气体混合物的流速(假定$\varepsilon=1$)

$$W_v=10.525\sqrt{\Delta p/v_v}=10.525\sqrt{207/162}=11.9\ (\mathrm{kg/s})$$

(5)蒸气和气体流量

$$W_s=W_v(1-f_v)=11.9\times(1-0.125)=10.4\ (\mathrm{kg/s})$$

$$W_g=11.9-10.4=1.5\ (\mathrm{kg/s})$$

(6)水的流量

$$W_w=5.69\sqrt{\Delta P/v_w}=5.69\sqrt{298/1.133}=92\ (\mathrm{kg/s})$$

(7)在第(2)步10.6 bar蒸气分压分离条件下计算热焓

$$H=XH_{ws}+H_w=[10.4/(10.4+92)\times2\,005+773]=977\ (\mathrm{kJ/kg})$$

(8)质量流量(在同样分离压力下蒸气和水的流量)

$$W=W_s+W_w=10.4+92=102\ (\mathrm{kg/s})$$

利用式(A3.26)和式(A3.27)，计算在184℃时CO_2的分配函数为563。因此，在液相中气体的含量为0.125/562=0.000 22，液相中气体流量为0.000 22×102=0.022 (kg/s)，同汽态中气体含量相比可以忽略不计。

A2.3 端压法气体校正

端压法基于经验基础发展而来，其对于非凝气体的影响校正没有一个简单的物理模型。Grant等(1982)建议使用Karamarakar等(1980)提出的基于临界流模型的方法,在同时装有分离器和端压测量装置的生产井中对这个校正方法进行了检验,气体含量在总的质量流量中占 2%。

这个方法要求进行预先计算,因为气体含量通常取决于一定的压力而不是端压。在分离器方法中,如果假设气体均为 CO_2,其压力校正就很简单。当使用端压法进行计算时,非凝气体的含量可在进行热焓计算校正前,通过小型分离器对两相流取样分析获得。在取样压力下,要根据初始的热焓将分离出的蒸气中气体含量换算成端压下的气体含量,校正后的热焓就可使用,并可对质量流量进行重新计算。

流体热焓(H_c)和质量流量(W_c)初步评价可假设没有气体存在的前提下通过式(8.15)进行计算,然后计算端压下汽态中气体的质量分量,利用式(A2.13)计算热焓校正参数,式(A2.14)进行热焓初步校正

$$\Delta H_c = f_{lip} \frac{H_c(2\,675 - H_c)}{3\,070 - 0.11H_c} \tag{A2.13}$$

$$H = H_c - \Delta H_c \tag{A2.14}$$

计算过程如下:

(1)假设没有气体存在,计算井热焓(H_c)和流量。

(2)将气体分析数据转换成标准格式:x 为取样压力 P(bar)下气体相对于蒸气和气体之和的摩尔分数。

(3)分别计算端压下的干度(X_{lip})和取样压力下的干度(X_{sep}),用第(1)步获得的热焓(H_c)及在取样和端压测量压力下蒸气表查得值,利用式(A2.16)计算 X_{lip}/X_{sep} 的值,由于没有使用真实的热焓并考虑到部分压力的抵消,计算结果将会产生小的误差,在重新进行 f_{lip} 时累计误差小于 5%。

(4)利用分离器气体校正的式(A2.4)至式(A2.6),计算取样压力下气体相对于蒸气和气体之和的质量分数。需要指出的是该公式进行了简化,假设绝大多数(大于 95%)气体为 CO_2

$$f_{sep} = \frac{44x}{18 + 26x} \tag{A2.15}$$

(5)计算端压下气体相对于蒸气与气体之和的质量分数

$$f_{lip} = f_{sep} \frac{X_{sep}}{X_{lip}} \tag{A2.16}$$

(6)计算总的井流中气体分数

$$f_t = f_{sep} X_{sep} \tag{A2.17}$$

(7)利用式(A2.13)计算热焓的校正值(ΔH_c)。

(8)利用式(A2.14)计算流量热焓的校正值。

(9)利用式(8.16)使用校正过的热焓 H 进行质量流量的校正,这里大气压力为 1 bar。

(10)计算气体流量

$$W_g = Wf_t \tag{A2.18}$$

例子：EX12 井用直径 153 mm 端压管进行流量测试。井口压力为 20.9 bar（表压），端压压力为 4.50 bar，用三角堰测量的水的流量为 48 kg/s。气体采样压力为10.2 bar（表压），给定气体相对于蒸气和气体之和的摩尔分数 $x_v = 0.055$。假设非凝气体均为 CO_2。

计算过程如下：

(1)利用式(8.16)计算 Y 值

$$Y = \frac{W'_w}{AP_{lip}^{0.96}} = \frac{48}{\pi(153/20)^2 \times 4.5^{0.96}} = 0.0617$$

(2)利用式(8.17)计算 H_c

$$H_c = \frac{2\,675 + 3\,329Y}{1 + 28.3Y} = \frac{2\,675 + 3\,329 \times 0.0617}{1 + 29.3 \times 0.0617} = 1\,049\ (\text{kJ/kg})$$

(3)利用式(8.18*)进行质量流量 W_c 的初步计算

$$W_c = \frac{2\,258W'_w}{2\,675 - H_c} = \frac{2\,258 \times 48}{2\,675 - 1\,049} = 67\ (\text{kg/s})$$

(4)计算端压为 4.5 bar(X_{lip})的干度和取样压力为 11.2 bar(X_{sep})的干度，利用第(1)步获得的初始热焓(H_c)进行计算

$$X_{lip} = \frac{H_c - H_{wlip}}{H_{wslip}} - \frac{1\,049 - 623}{2\,120} = 0.201$$

$$X_{sep} = \frac{H_c - H_{wsep}}{H_{wssep}} = \frac{1\,049 - 785}{1\,997} = 0.132$$

(5)计算在取样压力下，气体与总汽态(蒸气和气体量之和)比值的质量分数

$$f_{sep} = \frac{44x}{19 + 26x} = \frac{44 \times 0.055}{19 + 26 \times 0.055} = 0.124$$

(6)计算端压下气体与总汽态比值的质量分数

$$f_{lip} = f_{sep}\frac{X_{sep}}{X_{lip}} = 0.124 \times \frac{0.132}{0.201} = 0.0821$$

(7)计算总的井流中气体含量

$$f_t = f_{sep}X_{sep} = 0.124 \times 0.132 = 0.0165$$

(8)计算热焓的校正值(ΔH_c)

$$\Delta H_c = f_{lip}\frac{H_c(2\,675 - H_c)}{3\,070 - 0.11H_c} = 0.0821 \times \frac{1\,049 \times (2\,675 - 1\,049)}{3\,070 - 0.11 \times 1\,049}$$

$$= 47\ (\text{kJ/kg})$$

(9)计算校正后的流量热焓

$$H=H_c-\Delta H_c=1\,049-47=1\,002\ (\mathrm{kJ/kg})$$

(10)用校正后的热焓 H 进行质量流量校正

$$W=\frac{2\,258W'_w}{2\,675-H_c}=\frac{2\,258\times 48}{2\,675-1\,002}=65\ (\mathrm{kg/s})$$

(11)计算气体流量

$$W_g=Wf_t=65\times 0.016\,5=1.07\ (\mathrm{kg/s})$$

附录 3 动态运移方程

A3.1 概 述

在石油、地下水和土壤的文献中，多孔介质流动方程差不多都是独立发展起来的。它们应用到热储时，除了要求描述流体的运移以外，也必须描述热、化学组分和气体的运移。流动方程的整个演变过程在许多地方可以见到，本处采用 McNabb 方程的推导过程。

A3.2 守恒方程

对于非源汇地区介质 X，守恒定律如下

$$\text{增益率(某点)}+\text{净流出量}=0 \tag{A3.1}$$

如果 ρ_x 为数量 X 处的密度，$\boldsymbol{u}_x$ 为地下流体通过多孔介质的流量密度，守恒定律为

$$\frac{\partial}{\partial t}(\rho_x)+\nabla\cdot\boldsymbol{u}_x=0 \tag{A3.2}$$

该式适用于地热系统中质量、能量和化学物质三个相关的储量。守恒定律也适用于不同相之间热和化学物质的运移，这种运移(或反应)影响它在流体和固体之间量的分布，但并不影响在每个单元体中的守恒。因为流体可以以液体形式存在，也可以以蒸气形式存在，或者是两相混合物，依次延伸即可得到单相和两相状态下的守恒定律。

A3.2.1 单相流质量守恒

在这种情况下，单相流充满孔隙空间，单位热储体积的流体质量密度(即每单位体积的岩石和流体)是 $\varphi\rho$，其中，φ 是岩石构造孔隙度，ρ 是流体密度。如果 $\boldsymbol{u}$ 是流体质量通量密度(单位时间通过单位面积的流体质量)，质量守恒定律可以表示为

$$\frac{\partial\rho}{\partial t}+\nabla\cdot\boldsymbol{u}=0 \tag{A3.3}$$

在地下水水文学中，体积通量密度 v 较为通用，它与质量密度通量的关系为

$$\boldsymbol{u}=p\boldsymbol{v} \tag{A3.4}$$

A3.2.2　单相流能量守恒

能量像热量一样，储存在岩石及流体中。单位热储体积所含的总能量是两种组分的总和：岩石中的能量$(1-\varphi)\rho_m U_m$和流体中的能量$\varphi\rho U$。U_m和U分别为岩石和流体的内能。热储中能量通过两种途径运移：一是通过流体运移；二是通过岩石和流体热传导。被流体携带的能通量密度是$\boldsymbol{u}H$，H为流体的热焓。传导热流密度是$K\nabla T$，K为变湿的岩石热导率。能量守恒定律为

$$\frac{\partial}{\partial t}[(1-\varphi)\rho_m U_m+\varphi\rho U]+\nabla\cdot[\boldsymbol{u}H+K\nabla T]=0 \tag{A3.5}$$

注意，内能U已被用于式(A3.5)的存储项，而热焓H用作流动项。这一提法是准确的，因为由于流体流动的能量流是内部能流动产生的能量加上压力梯度所做的功，它等于$\boldsymbol{u}H$。为了其他目的，可以很方便地移除一个热力学函数U或H，得到只含其中一个的公式，同时产生以下一些附加的术语。

A3.2.3　两相流质量守恒

在充满汽-水混合物的岩石中，每一细小的孔隙均被各相所充填。液态水所充填的孔隙为S_w，剩余的被蒸气所充填的孔隙$S_s=1-S_w$。S_w和S_s分别被称为水和蒸气的饱和度。水的饱和程度通常被称为饱和度，简单地用S表示。单位热储体积孔隙中所含的水的质量为$\varphi\rho_w S_w$，蒸气的质量为$\varphi\rho_s S_s$，得出单位体积所含的总流体质量为$\varphi(\rho_w S_w+\rho_s S_s)$，液相和蒸气相水均可在介质中相对独立地运移。水和蒸气质量通量密度分别为$\boldsymbol{u}_w$、$\boldsymbol{u}_s$，质量守恒定律可以表示为较为复杂的形式

$$\varphi\frac{\partial}{\partial t}(\rho_w S_w+\rho_s S_s)+\nabla\cdot[\boldsymbol{u}_s+\boldsymbol{u}_w]=0 \tag{A3.6}$$

A3.2.4　两相流能量守恒

对比式(A3.5)与式(A3.3)和式(A3.6)，形式上比较相似。流体能量是液体和蒸气所含能量之和，并且对流热传导是液相和蒸气相热量传递的总和。能量方程为

$$\frac{\partial}{\partial t}[(1-\varphi)\rho_m U_m+\varphi S_w\rho_w U_w+\varphi S_s\rho_s U_s]+\nabla\cdot[\boldsymbol{u}_s H_s+\boldsymbol{u}_w H_w+K\nabla T]=0 \tag{A3.7}$$

A3.2.5　化学物质守恒

如果f是流体中一种化学物质的质量浓度，并且与热储基质没有发生化学反应，单相和两相状态下的守恒方程分别是

$$\frac{\partial}{\partial t}(\rho f)+\nabla\cdot(\boldsymbol{u}f)=0 \tag{A3.8}$$

$$\varphi\frac{\partial}{\partial t}[S_w\rho_w f_w+S_s\rho_s f_s]+\nabla\cdot[\boldsymbol{u}_s f_s+\boldsymbol{u}_w f_w]=0 \tag{A3.9}$$

每个数量(质量、能量、化学物质)的守恒方程均是数量密度的变化率和迁移速率之间的平衡。为达到这种平衡,必须引进达西定律,它给定流量密度作为压力场的函数,并且赋予占据孔隙空间流体的本质关系。

A3.3 达西定律

对于大多数贯穿均质多孔介质的流体,由达西首先建立的单线性流体方程现在已经用于几近全部的石油、地下水和地热研究中。

A3.3.1 单相流

对于单相流,达西定律的形式为

$$\boldsymbol{v}=-\boldsymbol{k}\cdot\frac{1}{\mu}(\nabla P-\rho\boldsymbol{g}) \tag{A3.10}$$

或

$$\boldsymbol{u}=-\boldsymbol{k}\cdot\frac{1}{v}(\nabla P-\rho\boldsymbol{g}) \tag{A3.11}$$

一般来说,渗透率 k 在这里代表一个张量,在未来假设这个张量的坐标轴可以分为垂直和水平方向,在垂直方向单相流方程为

$$u_z=\frac{k_z}{v}\left(\frac{\partial P}{\partial z}-\rho g\right) \tag{A3.12}$$

在水平方向,即 x 轴

$$u_x=\frac{k_x}{v}\frac{\partial P}{\partial x} \tag{A3.13}$$

相似地可以得到 y 轴上的单相流方程。如果断层导水或者阻水,那么横向各向异性的假设将不成立。

A3.3.2 两相流和相对渗透率

多孔介质中存在两相流,每相流体占据孔隙体积的一部分和部分介质渗流通道。因此,如果介质中某相流体完全饱和,就会削弱另一相的流体。对于两相、两种组分的流体,几十年来已经确定了达西定律经验演变形式。各相质量通量密度可以表示为

$$\boldsymbol{u}_w=-\boldsymbol{k}\cdot\frac{k_{rw}(S_w)}{v_w}(\nabla P-\rho_w\boldsymbol{g}) \tag{A3.14}$$

$$u_s = -k \cdot \frac{k_{rs}(S_s)}{v_s}(\nabla P - \rho_s g) \tag{A3.15}$$

上述方程与单相达西定律的不同之处在于其引入了相对渗透率 k_{rw} 和 k_{rs}，在此表达为液体饱和度的函数。这些函数经验上是由均匀多孔介质(如砂岩)的试验决定的。由于每一相的流动都会阻碍其他相的流动，如果两相均存在，相对渗透率通常较小，并且当另一个相的饱和度接近零时，它们接近于 1。在正常情况下两相共存且运移，不难得出 $k_{rw}+k_{rs}<1$。

即使某一相流体饱和度不为零时，其相对渗透率也可能接近于零。此时流体的组分是不活动的，其余一些组分达到饱和，这种饱和称为残余饱和度，其余的组分保持活动。最明显的例子是以蒸气为主的热储层基岩孔隙中的不动的水。

通常均质多孔介质的相对渗透率假设为 Corey 表达式(Corey，1972)

$$\left.\begin{aligned} &k_{rw}=(S^*)^4 \\ &k_{rs}=(1-S^*)^2(1-S^{*2}),(S^*<1) \\ &S^*=(S-S_{wr})/(S_{sr}-S_{wr}) \end{aligned}\right\} \tag{A3.16}$$

式中，S_{sr} 和 S_{wr} 分别是蒸气和水的残余饱和度。由于在裂隙介质中两种流体在裂隙中的相互影响比在孔隙介质中要小，上述相对渗透率的表达式在裂隙介质中的应用是值得怀疑的。通常假设裂隙流遵循“X 曲线”模型(Horne et al，2000)

$$\begin{aligned} &k_{rw}=S^* \\ &k_{rs}=1-S^* \end{aligned} \tag{A3.17}$$

图 3.4 显示了两条曲线，一条为有 30%残余液体的 Corey 曲线渗透率，另一条为无残余液体的 X 曲线渗透率。

A3.4　本构关系

热储在任意时刻包括压力和温度分布(针对单相)，或压力、温度和饱和度(针对两相)，溶质的变化必然存在(浓度或分压)。其他所有的热力学变量均可以表达为温度和压力这两个基本变量和一些化学元素的函数，水的特性可以绘制成蒸气表，方便计算机程序或插件的应用。

A3.4.1　单相液态

黏度、密度、热焓、内能规定必须为压力和温度的函数。热焓和内能是必需的，主要为温度的函数，决定热储和生产流体的能量。密度随压力的变化非常重要，虽然随着压力的变化其变化幅度很小，但这个很小的压缩率在压力瞬态中很重要，可以用来衡量密度 ρ_w(或比容 v_w)随压力的变化率

$$c_w=\frac{1}{\rho_w}\left(\frac{d\rho_w}{dP}\right)_T=\frac{1}{v_w}\left(\frac{dv_w}{dP}\right)_T \tag{A3.18}$$

A3.4.2 单相蒸气

除压力变化对蒸气的密度影响较大外，其他变化规律和液相基本相似。蒸气压力-温度-体积(PTV)的关系可以用理想气体定律近似地描述，但非理想气体定律可以更精确地描述这一关系

$$PV=\rho ZR(T+274)/M \tag{A3.19}$$

式中，Z 为气体定律的偏离系数。压缩率可以表示为

$$c_s=\frac{1}{P}-\frac{1}{Z}\left(\frac{\mathrm{d}Z}{\mathrm{d}P}\right)_T \tag{A3.20}$$

式中，第一项通常是唯一有效的。

A3.4.3 两相流体

蒸气和水接触面的存在意味着压力和温度与饱和(Clausius-Clapeyron)曲线相关

$$P=P_{sat}(T) \tag{A3.21}$$

或

$$T=T_{sat}(P) \tag{A3.22}$$

注意，这里所用的“饱和”与附录 2 里不同，附录 2 中它指孔隙中液体所占有的部分，两处均为专业术语。饱和关系曲线耦合压力和温度表明，质量和能量守恒方程关系密切。任何相态的热力学性质(密度、黏度、热焓和内能)均是一个单变量压力或温度的函数。

A3.4.4 非凝气体

在数学分析过程中，蒸气可溶组分的存在可以使问题变得复杂，如非凝气体。汽态压力是蒸气分压力和气体分压力总和

$$P=P_s+P_g \tag{A3.23}$$

对于单相蒸气(干蒸气)和两相热储，气体分压相比蒸气分压要更有意义。假设气体和蒸气为理想气体，汽态中的气体和汽态中的水的摩尔比 x_S 和分压强呈正比(假设没有其他气体出现)

$$\frac{x_v}{P_g}=\frac{1-x_v}{P_s} \tag{A3.24}$$

气体的质量浓度从摩尔浓度推导而来

$$f=\frac{M_g x}{M_g x+18(1-x)} \tag{A3.25}$$

式中，M_g 表示气体的分子量($M_s=18$)。气相分压和汽态温度用于评估每种气相的压力-体积-温度关系。

汽态中的 CO_2 和 H_2O 的摩尔比等于液相摩尔比乘以分布或分配函数 B

$$\frac{x_v}{1-x_v}=B\frac{x_L}{1-x_L} \tag{A3.26}$$

这个分配关系相当于 Henry 定律。在低浓度条件下，式(A3.26)给出了液相中的气体浓度

$$X_L=\frac{x_v}{B}=P_g/(BP_s) \tag{A3.27}$$

Giggenbach(1980)给出了适合的形式

$$\lg B=a+bT \tag{A3.28}$$

注意，式(A3.28)中温度是摄氏度，不是绝对温标。对于 CO_2

$$\lg B=4.759\,3a-0.019\,2T \tag{A3.29}$$

例如，227℃的水中含有 1.2%重量的 CO_2，问液体的饱和压力是多少？蒸气的气体浓度是多少？

$t=227$℃，$P_s=26.46$ bar，在液相中气体的摩尔浓度是

$$x_L=\frac{0.012/44}{0.012/44+0.988/18}\times 0.004\,9$$

从式(A3.28)可得，$B=191$。然后运用式(A3.26)

$$\frac{x_v}{1-x_v}=B\frac{x_L}{1-x_L}=191\times\frac{0.004\,9}{0.995\,1}=0.948$$

根据式(3.24)可得气体分压为

$$P_g=P_s\frac{x_v}{1-x_v}=24.46\times 0.948=25.08\ (\mathrm{bar})$$

在汽态中的气体质量分数

$$f_v=\frac{44x_v}{44x_v+18(1-x_v)}=0.698$$

液体总的饱和压力为 26.46+25.08=51.5(bar)，气体占汽态重量的 70%。

A3.5　沸点深度模型

根据第 2 章上升流模型的假设，在未被扰动的热储层中流体分布取决于流体自然的上升流。根据达西定律可以确定压力分布。假设一维垂向流，u 为自然流的质量通量密度

$$u_w=u=-\frac{k_v}{v_w}\left(\frac{\mathrm{d}P}{\mathrm{d}z}-\rho_w g\right) \tag{A3.30}$$

如果上升流全部为液体，相对于流体静水压力，压力缓慢增加，需要一定的水力梯度推动上升流穿过热储层。

在沸腾带，根据能量守恒可以推断出上升流中蒸气和水的比例。如果忽略稀释和热传导作用，由质量和能量守恒定律可得

$$u_w+u_s=u \tag{A3.31}$$

和

$$u_w H_w+u_s H_s=uH \tag{A3.32}$$

式中，u_w 和 u_s 分别为水和蒸气的质量通量密度；H_w 和 H_s 为在特定温度和深度条件下水和蒸气的热焓；H 为深处上升流的热焓。根据达西定律可计算压力和饱和状态分布

$$u_w=-k_v\frac{k_{rw}(S_w)}{v_w}\left(\frac{\mathrm{d}P}{\mathrm{d}z}-\rho_w g\right) \tag{A3.33}$$

$$u_s=-k_v\frac{k_{rs}(S_w)}{v_s}\left(\frac{\mathrm{d}P}{\mathrm{d}z}-\rho_s g\right) \tag{A3.34}$$

温度和压力通过饱和度相关联，$T=T_{sat}(P)$。

出于其他目的，可以对流体和压力的分布进行简化。通常有这样的情况，在未被扰动的以液态为主的热储层中压力分布接近静水压力分布，那么，蒸气相的驱动水头（$\mathrm{d}P/\mathrm{d}z-\rho_s g$）相对较大，所以 k_{rs} 一定很小，这就意味着热储层接近液态饱和，热储基质中的压力曲线接近静水压力曲线

$$\frac{\mathrm{d}P}{\mathrm{d}z}=\rho_w g \tag{A3.35}$$

和

$$T=T_{sat}(P) \tag{A3.36}$$

这个压力曲线是液相水柱的压力曲线，对于纯水而言，它是在整个深度上对应于压力的沸点，由于固体溶解物和气体的存在而有所改变。将沸点深度曲线画在井下压力温度图上做参考很有用，它能大体上得出给定深度上所期望的温度。测量的压力和温度高于或低于深度沸点曲线。例如，含有沸腾的上升流的井，沸点曲线与实际流体进入井时的压力有关。

图 A3.1 是新西兰 Ohaaki 地区一口井的沸点曲线，该井处于自流状态。根据 700 m 深度处的等温曲线确定进入井中水的温度为 261℃。温度曲线显示压力为 67 bar 时，水开始沸腾。这个值高于纯水的沸点 20 bar，这是由于上升流的气体含量高。在沸点以上是典型的圆滑平稳的曲线，具有沸点曲线的特征，这里由于含有气体使曲线有所变化。

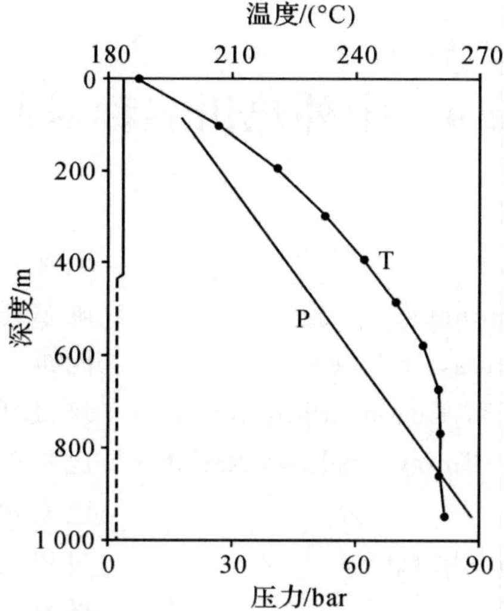

图 A3.1　瓦斯井沸点曲线

引自：Contact Energy，个人通信。

附录4　中外热田名称对照表

Ahuachapan, El Salvador	阿瓦查潘,萨尔瓦多
Alto Peak, Leyte, Philippines	阿尔托峰, 菲律宾
Awibengkok (Salak), Java, Indonesia	阿维本科(萨拉),印度尼西亚
Bacon-Manito (Bac-Man), Luzon, Philippines	培根-马尼托,菲律宾
Balcova-Narlidere, Izmir, Turkey (Balçova Narlidere)	巴尔乔瓦-纳尔勒代雷,土耳其
Basel, Switzerland	巴塞尔,瑞士
Beowawe, Nevada, United States	贝奥沃维,美国
Borinquen, Costa Rica	博林肯,哥斯达黎加
Broadlands (Ohaaki), New Zealand	布罗德兰兹,新西兰
Bulalo (Mak-Ban), Luzon, Philippines	布拉洛,菲律宾
Cerro Prieto, Baja California, Mexico	塞罗普列托,墨西哥
Cooper Basin, Australia	库珀流域,澳大利亚
Darajat, Java, Indonesia	达拉贾特,印度尼西亚
Dixie Valley, Nevada, United States	迪克西瓦利,美国
East Mesa, Imperial Valley, California, United States	东梅萨,因皮里尔河谷,美国
El Tatio, Chile	埃尔塔蒂奥,智利
Hamar, Iceland	哈马尔,冰岛
Hatchobaru, Kyushu, Japan	八丁原,九州,日本
Hijiori, Honshu, Japan	肘折, 本州,日本
Kamojang, Java, Indonesia	卡莫姜,印度尼西亚
Karaha-Bodas, Java, Indonesia	卡拉哈博达斯,印度尼西亚
Kawerau, New Zealand	卡韦劳,新西兰
Kizildere, Kirikkale, Turkey	克孜勒代雷,土耳其
Landau, Rhineland-Palatinate, Germany	兰道,德国
Larderello, Tuscany, Italy	拉尔代雷洛,意大利
Lihir, New Ireland, Papua New Guinea	利希尔,巴布亚新几内亚
Los Azufres, Michoacan, Mexico	洛斯阿苏弗雷斯,墨西哥
Mahanagdong, Leyte, Philippines	马哈纳格栋,菲律宾
Mak-Ban (Makiling-Banahaw, Bulalo), Luzon, Philippines	马克班,菲律宾

Mammoth, California, United States	马默斯,美国
Matsukawa, Honshu, Japan	松川,日本
Miravalles, Costa Rica	米拉瓦耶斯,哥斯达黎加
Mokai, New Zealand	莫凯,新西兰
Mt. Amiata, Tuscany, Italy	阿米亚塔山,意大利
Nesjavellir, Iceland	内斯亚维德利尔,冰岛
Ngatamariki, New Zealand	纳塔马里基,新西兰
Ngawha, New Zealand	纳瓦,新西兰
Oguni, Kyushu, Japan	小国, 九州,日本
Ohaaki (Broadlands), New Zealand	奥哈基,新西兰
Olkaria, Rift Valley, Kenya	奥尔卡里亚
Palinpinon, Negros, Philippines	帕林皮农,菲律宾
Patuha, Java, Indonesia	帕图哈,印度尼西亚
Puna, Hawaii, United States	普纳,美国
Ribeira Grande, Azores, Portugal	大里贝拉,葡萄牙
Rotokawa, New Zealand	罗托卡瓦,新西兰
Salak (Awibengkok), Java, Indonesia	萨拉,印度尼西亚
Salton Sea, California, United States	索尔顿湖,美国
Soultz-sous-fore^ts, Alsace, France	苏茨苏福雷,法国
Steamboat Springs, Nevada, United States	斯廷博特斯普林斯,美国
Sumikawa, Honshu, Japan	澄川, 本州,日本
Svartsengi, Iceland	斯瓦森吉,冰岛
Tauhara, New Zealand	陶哈拉,新西兰
The Geysers, California, United States	间歇泉群,美国
Tiwi, Luzon, Philippines	蒂维,菲律宾
Tongonan, Leyte, Philippines	通戈楠,菲律宾
Travale, Tuscany, Italy	特拉瓦莱,意大利
Uenotai, Kyushu, Japan	上之岱, 九州,日本
Waiotapu, New Zealand	怀奥塔普,新西兰
Wairakei, New Zealand	怀拉基,新西兰
Wayang Windu, Java, Indonesia	瓦扬温迪,印度尼西亚
Yangbajan, Tibet, China	羊八井,中国
Yellowstone, Wyoming, United States	黄石,美国

符号表

符号

仅一两个章节用到的符号均在此进行了定义。粗体符号为向量，如 **u** 为体积流量密度向量。

c	压缩率
C	比热，J/(kg・K)
d,D	直径，m
E_1	指数积分函数(式 3.27)
f	气体组分，质量比；频率
f_M	摩擦系数
g	重力加速度，m^2/s
h	厚度，m
H	热焓，J/kg
II	注水率，kg/(s・bar)
K	热导率，W/(m・K)
k	渗透率，m^2；$1d=10^{-12}m^2$
L	长度，m
m	半对数图斜率，Pa/周期
M	分子量
P	压力，Pa；$1\ bar=10^5 Pa$
PI	生产率，kg/(s・bar)
q	体积流量，m^3/s
Q	热流值，1 J/s=1 W；总热量，J
r	半径，m
S	饱和度
s	表皮
T	温度，1 K=1℃
t	时间，s
u	体积流量密度，$1\ m^3/(m^2 \cdot s)=1\ m/s$
v	比容，m^3/kg；质量流量密度，$kg/(m^2 \cdot s)$
W	质量流量，kg/s
x	气体组分，摩尔比
X	闪蒸分馏系数，干度

Y	端压变量
z	深度,m
α	补给系数,kg/(Pa·s)
β	直径比率 d/D
$\in$	膨胀率
ε	粗糙度
κ	扩散率,m^2/s
μ	动力黏度,Pa·s
v	运动黏度,m^2/s
φ	孔隙度
ρ	密度,kg/m^3

上标

$'$	大气压力

下标

b	基岩
D	无量纲的
f	裂隙或断裂;流体
g	气体
L	液体
lip	端压
m	矩阵,混合物
0	初始值
r	热储,相关物(相对渗透性)
s	蒸气,饱和状态
sep	分离器或取样压力
T	示踪剂
t	总流量
v	蒸气
WH	井口
w	水,井
ws	闭井,汽化潜热($H_{ws}=H_s-H_w$)

参考书目①

Abrigo, M. F. V., Molling, P. A., Acuña, J. A., 2004. Determination of recharge and cooling rates using geochemical constraints at the Mak-Ban (Bulalo) geothermal reservoir, Philippines. Geothermics v33 (1/2), 11-36.

Abramowitz, M., Stegun, I. A., 1965. Handbook of mathematical functions. Dover, New York.

Acuña, J., Pasaribu, F., 2010. Improved method for decline analysis of dry steam wells. World Geothermal Congress paper 2275.

Acuña, J. A., 2003. Integrating wellbore modeling and production history to understand well behavior. Proceedings, 29th Workshop on Geothermal Reservoir Engineering, Stanford University, pp. 16-20.

Acuña, J. A., 2008. A new understanding of deliverability of dry steam wells. Transactions, Geothermal Resources Council v32, 431-434.

Acuña, J. A., Parini, M., Urmeneta, N., 2002. Using a large reservoir model in the probabilistic assessment of field management strategies. Proceedings, 27th Workshop on Geothermal Reservoir Engineering, Stanford University, pp. 8-13.

Acuña, J. A., Stimac, J., Sirad-Azwar, L., Pasikki, R. G., 2008. Reservoir management at Awibengkok geothermal field, West Java, Indonesia. Geothermics 37, 332-346.

Acuña, J. A., Acerdera, B. A., 2005. Two-phase flow behaviour and spinner analysis in geothermal wells. Proceedings, 30th Workshop on Geothermal Reservoir Engineering, Stanford University, pp. 245-252.

Adams, M. C., Moore, J. N., Bjornstad, S., Norman, D. I., 2000. Geologic history of the Coso geothermal system. World Geothermal Congress paper 0105.

AGEG, 2008. Geothermal lexicon for resources and reserves definition and reporting.

Akin, S., Parlaktuna, M., Sayik, T., Sexer, H., Karahan, C., Bakraç, S. Interpretation of the tracer test of Balçova geothermal field. World Geothermal Congress paper 2309.

Aksoy, N., Serpen, U., 2005. Reinjection management in Balcova geothermal field. Proceedings, World Geothermal Congress paper 1206.

Al-Hussainy, R., Ramey Jr., J. J., Crawford, P. B., 1966. The flow of real gases through porous media. Soc. Pet. Eng. J. v6, 624-636.

Allis, R. G., James, C. R., 1980. A natural convection promoter for geothermal wells. Transactions, Geothermal Resources Council v4, 409-412.

Allis, R., Moore, J. N., McCulloch, J., Petty, S., DeRocher, T., 2000. Karaha-Telaga-Bodas, Indonesia: a partially vapor-dominated geothermal system. Transactions, Geothermal Resources Council v24, 217-222.

Allis, R. G., James, R., 1979. A natural convection promoter for geothermal wells. Geo-Heat

① 为便于读者使用，本书参考书目引用原文，不作改动。

Center, Klamath Falls Oregon.

Allis, R. G., 2000. Insights on the formation of vapor-dominated geothermal systems. Proceedings, World Geothermal Congress, pp. 2489-2496 [0610].

Amistoso, A. E., Orizonte, R. G., 1997. Reservoir response to full load operation Palinpinon production field, Valencia. Negros Oriental, Philippines. Proc, 17th PNCO-EDC conference, pp. 1-14.

ANSI B40. 1M. Gauges-pressure, Indicating dial type-Elastic element (metric).

Aqui, A. R., Aragones, J. A., Amistoso, A. E., 2005. Optimisation of Palinpinon-1 production field based on exergy analysis—the Southern Negros geothermal field, Philippines. World Geothermal Congress paper 1312.

Aragón, A., Izquierdo, G., Arellano, V., 2009. Analysis of well productivity as related to changes in well damage. Transactions, Geothermal Resource Council v33, 789-793.

Arellano, V. M., Torres, M. A., Barragan, R. M., 2005. Response to exploitation of the Los Azufres (Mexico) geothermal reservoir. Proceedings, World Geothermal Congress paper 1115.

ASME PTC 19.11 Part II, Water and steam in the power cycle (purity and quality, leak detection, and measurement) Instruments and apparatus. Supplement to Performance and Test Codes. The American Society of Mechanical Engineers.

Asturias, F., 2005. Reservoir assessment of Zunil I and II geothermal fields, Guatemala. Proceedings, World Geothermal Congress paper 1112.

Atkinson, P. G., Perdersen, J. R., 1988. Using precision gravity data in geothermal reservoir engineering modelling studies. Proceedings, 13th Workshop on geothermal reservoir engineering, Stanford University, pp. 35-40.

Aunzo, Z. P., Björnsson, G., Bödvarsson, G. S., 1991. Wellbore models GWELL, GWNACL, and HOLA. Lawrence Berkeley Laboratory report LBL-31428.

Axelsson, G., Thórhallsson, S., 2009. Review of well stimulation operations in Iceland. Transactions, Geothermal Resources Council v33, 794-800.

Axelsson, G., 1989. Simulation of pressure response data from geothermal reservoirs by lumped parameter models. Proceedings, 14th Workshop on Geothermal Reservoir Engineering, Stanford University, pp. 257-263.

Axelsson, G., 1991. Reservoir engineering of small low-temperature systems in Iceland. Proceedings, 16th Workshop on Geothermal Reservoir Engineering, Stanford University, pp. 143-149.

Axelsson, G., Björnsson, G., Montalvo, F., 2005a. Quantitative interpretation of tracer test data. Proceedings, World Geothermal Congress paper 1211.

Axelsson, G., Björnsson, G., Quijano, J. E., 2005b. Reliability of lumped parameter modelling of pressure changes in geothermal reservoirs. Proceedings, World Geothermal Congress paper 1179.

Axelsson, G., Stefansson, V., Björnsson, G., Liu, J., 2005c. Sustainable management of geothermal resources and utilisation for 100—300 years. Proceedings, World Geothermal Congress paper 0507.

Bangma, P., 1961. The development and performance of a steam-water separator for use on geothermal bores. Proc UN Conference on New Sources of Energy. v3.

Banwell, C. J., 1957. Borehole measurements. Bull NZ Dept. Sci. Ind. Res. 123, 39-72.

Barelli, A., Palama, A., 1981. A new method for evaluating formation equilibrium temperature in holes during drilling. Geothermics v10 (2), 95-102.

Barelli, A., Ceccarelli, A., Dini, I., Fiordelisi, A., Giorgi, N., Lovari, F., et al., 2010a. A review of the Mt. Amiata geothermal system (Italy). World Geothermal Congress paper 0613.

Barelli, A., Cei, M., Lovari, F., Romangoli, P., 2010b. Numerical modelling for the Larderello-Travale geothermal system (Italy). World Geothermal Congress paper 2225.

Barelli, A., Celati, R., Manetti, G., 1977. Gas-water interface rise during early exploitation test in Alfina geothermal field (Northern Latium, Italy). Geothermics v6, 199-208.

Barenblatt, G. E., Zheltov, I. P., Kochina, I. N., 1960. Basic concepts in the theory of seepage of homogeneous liquids in fissured rocks. J. Appl. Math. Mech. v24, 1286-1303.

Barker, B. J., Gulati, M. S., Bryan, M. A., Riedel, K. L., 1991. Geysers reservoir performance. Transactions, Geothermal Resources Council Special Report no 17, 167-177.

Barrios, L. A., Quijano, J., Guerra, E., Mayorga, H., Rodriguez, A., Romero, R., 2007. Injection improvements in low permeability and negative skin wells using mechanical cleanout and chemical stimulation, Berlin geothermal field, El Salvador. Transactions, Geothermal Resources Council v31, 141-146.

Beall, J. J., Adams, M. C., Smith, J. L. B., 2001. Geysers reservoir dry out and partial resaturation evidencedby twenty-five years of tracer tests. Transactions, Geothermal Resources Council v25, 725-729.

Bear, J., 1972. The dynamics of fluids in porous media. Am. Elsevier, New York.

Behrens, H., Ghergut, I., Sauter, M., 2010. Tracer properties, and tracer test results—Part 3: Modification to Shook's flow-storage method. Proceedings, 35th Workshop on Geothermal Reservoir Engineering, Stanford University.

Belen, R. Jr., Aunzo, Z., Strobel, C., Mogen, P., 1999. Reservoir pressure estimation using PTS data. Proceedings, Workshop on Geothermal Reservoir Engineering, 24th University 24.

Benavidez, P. J., Mosby, M. D., Leong, J. K., Navarro, V. C., 1988. Development and performance of the Bulalo geothermal field. Proceedings, 10th New Zealand geothermal workshop, Auckland University, pp. 55-60.

Benoit, D., 1978. The use of shallow and deep temperature gradients in geothermal exploration in northwest Nevada using the Desert Peak thermal anomaly as a model. Transactions, Geothermal Resources Council v2, 45-46.

Benoit, D., 1992. A case history of injection through 1991 at Dixie Valley, Nevada. Transactions, Geothermal Resources Council v16, 611-620.

Benoit, D., Johnson, S., Kumataka, M., 2000. Development of an injection augmentation program at the Dixie Valley, Nevada geothermal field. Proceedings, World Geothermal Congress, 819-824.

Benson, S. M., Dagget, J. S., Iglesias, E., Arellano, V., Ortiz-Ramirez, J., 1987. Analyses of thermally induced permeability enhancement in geothermal wells. Proceedings, 12th Workshop on Geothermal Reservoir Engineering, Stanford University, pp. 57-65.

Bertani, R., Bertini, G., Cappetti, G., Fiordelisi, A., Marocco, B. M., 2005. An update of the Larderello/Radiocondoli deep geothermal system. Proceedings, World Geothermal Congress paper 0936.

Bignall, G., Milicich, S., Ramirez, E., Rosenberg, M., Kilgour, G., Rae, A., 2010. Geology of the Wairakei-Tauhara geothermal system, New Zealand. Proceedings, World Geothermal Congress.

Bixley P. F., Grant M. A., 1981. Evaluation of pressure-temperature profiles in wells with multiple feed points. New Zealand Geothermal Workshop 3, 1981.

Bixley, P. F., Clotworthy, A. W., Mannington, W. O., 2009. Evolution of the Wairakei geothermal reservoir during 50 years of production. Geothermics v38, 145-154.

Bixley, P. F., Dench, N., Wilson, D., 1998. Development of well testing methods at Wairakei 1950—1980. Porceedings, 20th New Zealand Geothermal Workshop, pp. 7-12.

Bixley, P. F., Glover, R. B., McCabe, W. J., Barry, B. J., Jordan, J. T., 1995. Tracer calibration tests at Wairakei geothermal field. World Geothermal Congress, 1887-1891.

Björnsson, A., 2005. Development of thought on the nature of geothermal fields in Iceland from medieval times to the present. Proceedings, World Geothermal Congress paper 0005.

Björnsson, G., Steingímsson, B., 1992. Fifteen years of temperature and pressure monitoring in the Svartsengi high-temperature geothermal field in SW-Iceland. Trans Transactions, Geothermal Resources Council v16, 627-632.

Björnsson, G., 1999. Predicting the future performance of a shallow steam zone in the Svartsengi geothermal field, Iceland. Proceedings, 24th Workshop on Geothermal Reservoir Engineering, Stanford University.

Björnsson, G., 2008. Review of generating capacity estimates for the Momotombo geothermal reservoir in Nicaragua. Transactions, Geothermal Resources Council v32, 341-345.

Blackwell, D. D., Golan, B., Benoit, D., 2000. Temperatures in the Dixie Valley, Nevada geothermal system. Transactions, Geothermal Resources Council v24, 223-228.

Blackwell, D. D., Leidig, M., Smith, R. P., Johnson, S. D., Wisian, K. W., 2002. Exploration and development techniques for Basin and Range geothermal systems: examples from Dixie Valley, Nevada. Transactions, Geothermal Resources Council v26, 513-518.

Blair, C. K., Harrison, R. F., 1980. Development of an instrument to measure the non-condensable gases in geothermal discharges. Lawrence Berkeley Laboratory, LBL-11499 (GREMP-13).

Bödvarsson, G., 1951. Report on the Hengill thermal area. J. Eng. Ass. Iceland 36, 1.

Bödvarsson, G., 1964. Physical characteristics of natural heat sources in Iceland. Proc. UN Conf. New Sources of Energy, Sol. Energy, Wind Power Geotherm. Energy 1961, v2, Pap G/6, 82-90.

Bödvarsson, G., 1970. Confined fluids as strain meters. J. Geoph. Res. v75 (14), 2711-2718.

Böovarsson, G., 1972. Thermal problems in siting of reinjection wells. Geothermics 2.

Bodvarsson, G. S., 1988. Model predictions of the Svartsengi reservoir, Iceland. Water Resources Research v24, 1740-1746.

Bodvarsson, G. S., Stefansson, V., 1988. Reinjection into geothermal reservoirs. in Okandan 1988, pp. 103-120.

Bodvarsson, G. S., Bjornsson, S., Gunnarsson, A., Gunnlaugsson, E., Sigurdsson, O., Stefansson, V. et al., 1988. A summary of modeling studies of the Nesjavellir. Geothermal Field, Iceland, 13th Workshop on Geothermal Reservoir Engineering, Stanford University, pp. 83-91.

Bodvarsson, G. S., Bjornsson, S., Gunnarsson, A., Gunnlaugsson, E., Sigurdsson, O., Stefansson, V., et al., 1990a. The Nesjavellir geothermal field, Iceland, Part 1. Field characteristics and development of a three-dimensional numerical model. Geothermal Science and Technology 2 (3), 189-228.

Bodvarsson, G. S., Bjornsson, S., Gunnarsson, A., Gunnlaugsson, E., Sigurdsson, O., Stefansson, V., et al., 1991. The Nesjavellir geothermal field, Iceland, 2. Evaluation of the generating capacity of the system. Geothermal Science and Technology 2 (4), 229-261.

Bodvarsson, G. S., Gislason, G., Gunnlaugsson, E., Sigurdsson, O., Stefansson, V., Steingrimsson, B., 1993. Accuracy of reservoir predictions for the Nesjavellir geothermal field, Iceland, 18th Workshop on Geothermal Reservoir Engineering. Stanford University, pp. 273-278.

Bodvarsson, G. S., Pruess, K., Haukwa, C., Ojiambo, S. B., 1990b. Evaluation of reservoir model predictions for Olkaria East geothermal gield, Kenya. Geothermics 19 (5), 399-414.

Bodvarsson, G. S., Pruess, K., Stefansson, V., Bjornsson, S., Ojiambo, S. B., 1987a. East Olkaria geothermal field, Kenya, 1 History match with production and pressure decline data. Journal of Geophysical Research 92 (B1), 521-539.

Bodvarsson, G. S., Pruess, K., Stefansson, V., Bjornsson, S., Ojiambo, S. B., 1987b. East Olkaria geothermal field, Kenya, 2. Predictions of well performance and reservoir depletion. Journal of Geophysical Research 92 (B1), 541-554.

Bogie, I., Kusumah, Y. I., Wisnandary, M. C., 2008. Overview of the Wayang Windu geothermal field West Java. Geothermics v37 (3), 347-365.

Bolaños, G. T., Parrilla, E. V., 2000. Response of Bao-Banati thermal area to development of the Tongonan geothermal field, Philippines. Geothermics v29 (4-5), 499-508.

Bolton, R. S., 1970. The behaviour of the Wairakei geothermal field during exploitation. UN symposium on the development and use of geothermal resources, Special Issue. Geothermics v2, 1426-1439.

Boseley, C., Cumming, W., Urzúa-Monsalve, L., Powell, T., Grant, M., 2010. A resource conceptual model for the Ngatamariki geothermal field based on recent exploration well drilling and 3D MT resistivity imaging. World Geothermal Congress.

Boyd, T., 2009. Design of a convection cell for a downhole heat exchanger system in Klamath

Falls, Oregon. Proceedings, 34th Workshop on geothermal reservoir engineering, Stanford University.

Brigham, W. E., Morrow, C. B., 1977. P/Z behavior for geothermal steam reservoirs. Soc. Pet. Eng. J. v17 (no5), 407-412.

Bromley, C., Currie, S., Ramsay, G., Rosenberg, M., Pender, M., O' Sullivan, M., et al., 2010. Tauhara stage II geothermal project: Subsidence Report. GNS Science Consultancy Report 2010/151. p. 154.

Bromley, C. J., 2009. Groundwater changes in the Wairakei-Tauhara geothermal system. Geothermics v38 (1), 134-144.

Brown, D. W., 2009. Hot dry rock geothermal energy: important lessons from Fenton Hill. Proceedings, 34th Workshop on Geothermal Reservoir Engineering, Stanford University.

Browne, P. R. L., 1979. Minimum age of the Kawerau geothermal field, North Island, New Zealand. J. Volcanol. Geotherm. Res. 6, 213-215.

BS 1042: Section 1. 1: 1981., Methods of measurement of fluid flow in closed conduits.

BS1041: Section 2. 1: 1985., Temperature Measurement.

Butler, S. J., Sanyal, S. K., Klein, C. W., Iwata, S., Itoh, M., 2005. Numerical simulation and performance evaluation of the Uenotai geothermal field, Akita prefecture. Proceedings, World Geothermal Congress paper 0939.

Butler, S. J., Sanyal, S. K., Robertson-Tait, A., Lovekin, J. W., Benoit, D., 2001. A case history of numerical modelling of a fault-controlled geothermal system at Beowawe, Nevada. Proceedings, 26th Workshop on Geothermal Reservoir Engineering, Stanford University.

Capetti, G., Parisi, L., Ridolfi, A., Stefani, G., 1995. Fifteen years of reinjection in the Larderello-Valle Secolo area: analysis of the production data. Proceedings, World Geothermal Congress, pp. 1997-2000.

Capuno, V. T., Sta. Maria, R., Stark, M. A., Minguez, E. B., 2010. Mak-Ban geothermal field, Philippines: 30 years of commercial operation. World Geothermal Congress paper 0649.

Carey, B., 2000. Wairakei 40 plus years of generation. Proceedings, World Geothermal Congress, pp. 3145-3149.

Cataldi et al., 1999: Cataldi, R., Hodgson, S. F., Lund, J. W. (1999). Stories from a Heated Earth. Geothermal Resources Council and International Geothermal Association, pp. 569.

Cathles, L. M., 1977. An analysis of the cooling of intrusive by groundwater convection which includes boiling. Econ. Geol. v72, 804-825.

Celati, R., Squarci, P., Stefani, G. C., Taffi, L., 1977. Analysis of water levels in Larderello region geothermal wells for reconstruction of reservoir pressure trend. Geothermics v6, 183-198.

Chen, D., Wyborn, D., 2009. Habanero field tests in the Cooper Basin, Australia: a proof-of-concept for EGS. Transactions, Geothermal Resources Council v33, 157-164.

Cinco-Ley, H., Samaniego, V. F., 1981. Transient pressure analysis for fractured wells. J. Pet. Tch. v33 (9), 1749-1766.

Clemente, W. C., Villadolid-Abrigo, F. E. L., 1993. The Bulalo geothermal field, Philippines: reservoir characteristics and response to production. Geothermics v22 (5/6),381-394.

Clotworthy, A. W., 2000. Reinjection into low temperature loss zones. Proceedings, World Geothermal Congress paper 0090.

Clotworthy,A. W.,Carey,B. S.,Bacon,L. G.,1989. Initial response to production and reinjection at the Ohaaki geothermal field,New Zealand. Transactions,Geothermal Resources Council v13, 505-509.

Clotworthy, A. W., Lawless, J., Ussher, G., 2010. What is the end point for geothermal developments: modelling depletion of geothermal fields. World Geothermal Congress paper 2239.

Clotworthy,A. W., Lovelock, B., Carey, B., 1995. Operational history of the Ohaaki geothermal field,New Zealand. Proceedings,World Geothermal Congress,1797-1802.

Colebrook,C. F. (February 1939.). Turbulent flow in pipes, with particular reference to the transition region between smooth and rough pipe laws. Journal of the Institution of Civil Engineers (London).

Combs,J.,Garg,S. K.,2000. Discharge capability and geothermal reservoir assessment using data from slim holes. Proceedings,World Geothermal Congress,1065-1070.

Cooper,G. T., Beardsmmore, G. R., 2010. Engineered geothermal systems in the Australian context—resource definition in conductive systems. World Geothermal Congress paper 3114.

Corey,A. T., 1972. Mechanics of heterogeneous fluids in porous media. Wat. Resour. Pub, Ft Collins,Colorado.

Craft,B. C., Hawkins, M. F., 1959. Applied reservoir engineering. Prentice-Hall Inc,Englewood Cliffs NJ. 1959.

Cumming, W., 2009. Geothermal resource conceptual models using surface exploration data. Proceedings,34th Workshop on Geothermal Reservoir Engineering,Stanford University.

D'Amore,F.,Truesdell,A. H.,1979. Models for steam chemistry at Larderello and The Gesyers. Proceedings,4th Workshop on Geothermal Reservoir Engineering, Stanford University, pp. 283-297.

de Anda,L. F.,Septien,J. I.,Elizondo,J. R.,1964. Geothermal energy in Mexico. Proc. UN Conf. New Sources of Energy, Sol. Energy, Wind Power Geotherm. Energy 1961 v3, Pap G/77, 149-164.

Dench,N. D.,1980 "Interpretation of fluid pressure measurements in geothermal wells" Proc.,2nd NZ Geothermal Workshop,Auckland University.

Dezhi,B.,Jiurong,L.,Keyan,Z.,2005. The new national standard for geological exploration of geothermal resources in China. Proceedings,World Geothermal Congress paper 2605.

DiPippo,R.,1997. High-efficiency geothermal plant designs. Transactions,Geothermal esources Council v21,393-398.

Donaldson,I. G., 1962. Temperature gradients in the upper layer of the Earth's crust due to convective water flows. J. Geoph. Res. 67,3449-3459.

Donaldson, I. G., Grant M. A., Bixley P. F., 1981. Non-static reservoirs, the natural state of the geothermal reservoir. SPE10314,1981.

Dowdle, W. L., Cobb, W. M., 1975. Static formation temperature from logs—an empirical method. J. Pet. Tech. 1975,1326-1330.

Dwikorianto, T., Abidin, Z., Kamah, Y., Sunaryo, D., Hasibuan, A., Prayoto, 2005. Tracer injection evaluation in Kamojang geothermal field, West Java, Indonesia. Proceedings, World Geothermal Congress paper 1927.

Dykstra, H., Adams, R. H., 1978. Momotombo geothermal reservoir. Proceedings, 3rd Workshop on geothermal reservoir engineering, Stanford University, pp. 96-106.

Earlougher, R. C., 1977. Advances in well test analysis. Soc. Pet. Eng. Dallas.

Economides, M. J., Fehlberg, E. L., 1979. Two short-time buildup test analyses for Shell's Geysers well D-6, a year apart. Proceedings 4th Workshop on Geothermal Reservoir Engineering, Stanford University, pp. 91-97.

Einarsson, T., 1942. Ueber das Wesen der heissen Quellen Islands. Soc. Sci. Isl., Reykjavik.

Elders, W. A., Fridleifsson, G. O., 2005. The Iceland deep drilling project—scientific opportunities. Proceedings, World Geothermal Congress paper 0626.

Ellis, A. J., Mahon, W. A. J., 1977. Chemistry and Geothermal Systems. Academic Press.

Elmi, D., Axelsson, G., 2009. Application of a transient wellbore simulator to wells HE-06 and HE-20 in the Hellisheide geothermal system, SW-Iceland. Proceedings, 34th Workshop on geothermal reservoir engineering, Stanford University.

Enedy, K., 1991. The role of decline curve analysis at The Geysers. Transactions, Geothermal Resources Council Special Report 17,197-203.

Enedy, S., 1987. Applying flowrate type curves to Geysers steam wells. Proceedings, 12th Workshop on Geothermal Reservoir Engineering, Stanford University, pp. 29-36.

Epperson, I. J., 1983. Beowawe acid stimulation. Transactions, Geothermal Resources Council v7, 409-411.

Fajardo, V. R., Malate, R. C. M., 2005. Estimating the improvement of Tanawon Production wells for acid treatment, Tanawon sector, BacMan geothermal production field, Philippines. Proceedings, World Geothermal Congress paper 1144.

Flores-Armenta, M., Tovar-Aguado, R., 2008. Thermal fracturing of well H-40, Los Humeros geothermal field. Transactions, Geothermal Resources Council v32,445e448.

Flores-Armenta, M., 2010. Evaluation of acid treatments in Mexican geothermal fields. World Geothermal Congress paper 2420.

Flores-Armenta, M., Barajas, E. N. M., Torres-Rodriguez, M. A., 2006. Productivity analysis and acid treatment of well AZ-9AD at the Los Azufres geothermal field, Mexico. Transactions, Geothermal Resources Council v30,791e795.

Flores-Armenta, M., Davies, D., Couples, G., Palsson, B., 2005. Stimulation of geothermal wells, can we afford it? Proceedings, World Geothermal Congress paper 1028.

Fukuda, D., Asanuma, M., Hishi, Y., Kotanaka, K., 2005. The first two-phase tracer tests at the Matsukawa vapor-dominated geothermal field, Northeast Japan. Proceedings, World Geothermal Congress paper 1204.

Ganefianto, N., Stimac, J., Azwar, L. S., Pasikki, R., Parini, M., Shidartha, E., et al., 2010. Optimizing production at Salak geothermal field, Indonesia, through injection management. World Geothermal Congress paper 2415.

Garg, S. K., Combs, J., 2010. Appropriate use of USGS volumetric "heat in place" method and Monte Carlo calculations Proc., 34th Workshop on Geothermal Reservoir Engineering, Stanford University.

Garg, S. K., Nakanishi, S., 2000a. Pressure interference tests at the Oguni geothermal field, Northern Kyushu, Japan. Proceedings, World Geothermal Congress paper 0315.

Garg, S. K., Nakanishi, S., 2000b. Pressure interference tests in a fractured geothermal reservoir. In Dynamics of fluids in fractured rock. Geophysical Monograph 122, American Geophysical Union.

Garg, S. K., Pritchett, J. W., 1981. Buildup analysis for two-phase geothermal reservoirs. Transactions, Geothermal Resources Council v5, 287-290.

Garg, S. K., Combs, J., Kodama, M., Gokou, K., 1998. Analysis of production injection data from slim holes and large-diameter wells at the Kirishima geothermal field, Japan. Proceedings, 23rd Workshop on geothermal reservoir Engineering, Stanford University, pp. 64-76.

Garg, S. K., Pritchett, J. W., Combs, J., 2010. Exploring for hidden geothermal systems. World Geothermal Congress paper 1132.

Garg, S. K., Pritchett, J. W., Wannamaker, P. E., Combs, J., 2007. Use of electrical surveys for geothermal reservoir characterisation: Beowawe geothermal field. Transactions, Geothermal Resources Council v31, 341-352.

Genter, A., Evans, K., Cuenot, N., Baticci, F., Dorbath, L., Graff, J., et al., 2009. The EGS Soultz project (France) From reservoir development to electricity production. Transactions, Geothermal Resources Council v33, 389-394.

Geophysical Research Corporation, 6540 East Apache, PO Box 15968, Tulsa, Oklahoma 74112, USA. Amerada RPG-3 Gauge Operator's Manual.

Georgsson, L. S., 1981. A resistivity survey on the plate boundaries in western Reykjanes peninsula, Iceland. Transactions, Geothermal Resources Council v5, 75-78.

Giggenbach, W., 1980. Geothermal gas equilibria. Geochim Cosmochim Acta v44, 2021-2032.

Glanz, J., 2010. Basel project ended. GRC Bulletin v39 (1), 20.

Glover, R. B., Hunt, T., Severne, C. M., 2000. Impacts of development on a natural thermal feature and their mitigation—Ohaaki Pool, New Zealand. Geothermics v29 (4-5), 509-523.

Glover, R. B., Hunt, T. M. Severne, C. M., 1996. Ohaaki Ngawha, Ohaaki Pool. Proc., 18th New Zealand Geothermal Workshop, pp. 77-84.

Gok, I. M., Sarak, H., Onur, M., Serpen, U., Satman, A., 2005. Numerical modelling of the Balcova-Narlidere geothermal field. Proceedings, World Geothermal Congress paper 1132.

Gonzalez, R. C., Alcober, E. H., Siega, F. L., Saw, V. S., Maxino, D. A., Ogena, M. S., et al., 2005. Field management strategies for the 700MW greater Tongonan geothermal field, Leyte, Philippines. Proceedings, World Geothermal Congress paper 241.

Goyal, K. P., Pingol, A. S., 2007. Geysers performance update through 2006. Transactions, Geothermal Resources Council v31, 435-439.

Granados, E., Henneberger, R., Klein, C., Sanyal, S., de Pone, C. B., Forjaz, V., 2000. Development of injection capacity for the expansion of the Ribeira Grande geothermal project, São Miguel, Açores, Portugal. Proceedings, World Geothermal Congress, 3065-3070 [0798].

Grant, M. A., 1979. Fluid state at Wairakei. Proc. 1st NZ geothermal workshop, Auckland University, pp. 79-84.

Grant, M. A., 1981. Ngawha geothermal hydrology. in The Ngawha geothermal area. DSIR geothermal report no. 7.

Grant, M. A., 1982. The measurement of permeability by injection tests. Proceedings, 8th workshop on geothermal reservoir engineering, Stanford University, pp. 111-114.

Grant, M. A., 2000. Geothermal resource proving criteria. Proceedings, World Geothermal Congress, 2581-2584.

Grant, M. A., 2009a. Mathematical modelling of Wairakei geothermal field. ANZIAM J. 50 (2009), pp. 426-434.

Grant, M. A., 2009b. Optimisation of drilling acceptance criteria. Geothermics 39, 247-253.

Grant, M. A., Bixley, P. F., 1995. An improved algorithm for spinner profile analysis. Proc., NZ Geothermal Workshop, Auckland University.

Grant, M. A., Sorey, M. L., 1979. The compressibility and hydraulic diffusivity of a water-steam flow. Water Resour. Res. v15 (3), 684-686.

Grant, M. A., Wilson, D., 2007. Interference testing at Kawerau 2006—2007. Proc. 29th NZ Geothermal Workshop.

Grant, M. A., Bixley, P. F., Donaldson, I. G., 1983. Internal flows in geothermal wells: their identification and effect on the wellbore temperature and pressure profiles. Soc. Pet. Eng. J. v23 (1), 168-176.

Grant, M. A., Bixley, P. F., Wilson, D. W., 2006. Spinner data analysis to estimate wellbore size and fluid velocity. Proc 28th NZ Geothermal Workshop.

Grant, M. A., Donaldson, I. G., Bixley, P. F., 1982a. Geothermal reservoir engineering. Academic Press, New York.

Grant, M. A., James, R., Bixley, P. F., 1982b. A modified gas correction for the lip-pressure method, Proc 8th Workshop Geothermal Reservoir Engineering, Stanford University, pp. 133-136.

Griggs, J., 2005. A reevaluation of geopressured-geothermal aquifers as an energy source.

Proceedings, 30th Workshop on Geothermal Reservoir Engineering, Stanford University, pp. 501-509.

Grindley, G. W., 1966. Geological structure of hydrothermal fields in the Taupo Volcanic Zone, New Zealand. Bull. Volc. v29 (1).

Gringarten, A. C., Ramey, H. J. Jr., 1976. Effect of high-volume vertical fractures on geothermal steam well behavior. 2nd UN Symposium on the development and use of geothermal resources, US Government Printing Office, v2, 1759-1771.

Gudmundsson, J. S., Hauksson, T., 1985. Tracer survey in Svartsengi field 1984. Transactions, Geothermal Resources Council v9, 307-315.

Gudmundsson, J. S., Thorhallson, S., 1986. The Svartsengi reservoir in Iceland. Geothermics v15, 3-15.

Gudmundsson, J. S., 1983. Injection testing in 1982 at the Svartsengi high-temperature field in Iceland. Transactions, Geothermal Resources Council v6, 423-428.

Gudmundsson, J. S., Olsen, G., Thorhallson, S., 1985. Svartsengi field production data and depletion analysis. Proceedings, 10th Workshop on Geothermal Reservoir Engineering, Stanford University, pp. 45-51.

Gunn, C., Freeston, D., 1991. An integrated steady-state wellbore simulation and analysis package. Proc. 13th New Zealand Geothermal Workshop, 161-166.

Hanano, M., Matsuo, G., 1990a. A summary of recent study on the initial state of the Matsukawa geothermal reservoir. Proceedings, 15th Workshop on Geothermal Reservoir Engineering, Stanford University, pp. 39-46.

Hanano, M., Matsuo, G., 1990b. Initial state of the Matsukawa geothermal reservoir: reconstruction of a reservoir pressure profile and its implications. Geothermics v19 (6), 541-560.

Hanano, M., 2004. Contribution of fractures to formation and production of geothermal resources. Renewable & Sustainable Energy Reviews v8, 223-236.

Hanson, J. M., 1979. Tidal pressure response well testing at the Salton Sea geothermal field, California, and Raft River, Idaho. Proceedings, 5th Workshop on geothermal reservoir engineering, Stanford University, pp. 131-137.

Häring, M. O., Schanz, U., Ladner, F., Dyer, B. C., 2008. Characterisation of the Basel 1 enhanced geothermal system. Geothermics 37, 469-495.

Hasan, A. R., Kabir, C. S., 2002. Fluid flow and heat transfer in wellbores. SPE, Richardson, Texas.

Heizler, M. T., Harrison, T. M., 1991. The heating duration and provenance age of rocks in the Salton Sea geothermal field, southern California. J. Volcan. Geoth. Res. v46 (1e2), 73-97.

Hendrickson, R. R., 1975. Preliminary report. Tests on cores from the Wairakei geothermal project, Wairakei, New Zealand. Terra Tek.

Hirtz, P., Lovekin, J., 1995. Tracer Dilution Measurements for Two-Phase Production:

Comparative Testing and Operating Experience. World Geothermal Conference.

Hirtz, P., Lovekin, J., Copp, J., Buck, C., Adams, M., 1993. Enthalpy and Mass Flowrate Measurements for Two-phase Geothermal Production by Tracer Dilution Techniques. Proceedings 18th Workshop on Geothermal Reservoir Engineering, Proceedings, Workshop on Geothermal Reservoir Engineering, Stanford University, 1993 SGP-TR-145.

Hitchcock, G. W., Bixley, P. F., 1975. Observations of the Effect of a three-year shutdown at Broadlands geothermal field, New Zealand. Second United Nations conference on the development and use of geothermal resources. US Government Printing Office, 1657-1661.

Hjartarson, A., Axelsson, G., Xu, Y., Production potential assessment of the low-temperature sedimentary geothermal reservoir in Lishuiqiao, Beijing, P. R., of China, based on a 3D numerical simulation study. Proceedings, World Geothermal Congress paper 1142.

Hoang, V., Alamsyah, O., Roberts, J., 2005. Darajat geothermal field expansion performance—a probabilistic forecast. Proceedings, World Geothermal Congress 1153.

Horne, R. N., Szucs, P., 2007. Inferring well-to-well connectivity using nonparametric regression on well histories. Proceedings, 32nd Workshop on Geothermal Reservoir Engineering, Stanford University, pp. 36-43.

Horne, R. N., Satik, C., Mahiya, G., Li, K., Ambusso, W., Tovar, R., et al., 2000. Steam-water relative permeability. Proceedings, World Geothermal Congress, pp. 2609-2615.

Hunt, T. M., Bromley, C. J., 2000. Some environmental changes resulting from development of Ohaaki geothermal field, New Zealand. Proceedings, World Geothermal Congress paper 0045.

Hunt, T. M., 1995. Microgravity measurements at Wairakei geothermal field, New Zealand; a review of 30 years data (1961—1991). Proceedings, World Geothermal Congress, 863-868.

Hutchings, P. G., Wyborn, D., 2006. Hot fractured rock (HFR) geothermal development, Cooper Basin, Australia. 28th NZ Geothermal Workshop, Auckland University.

Ingersoll, L. R., Zobel, O. J., 1913. Mathematical theory of heat conduction. Ginn, Waltham, Massachusetts.

Ishido, T., Pritchett, J. W., 2001. Prediction of magnetic field changes induced by geothermal fluid production and reinjection. Transactions, Geothermal Resources Council v25, 645-649.

ISO 1438/1 (E), Water flow measurement in open channels using weirs and venturi flumes—Part 1: Thin-plate weirs.

ISO 5167-2, Measurement of fluid flow by means of pressure differential devices inserted in circular cross-section conduits running full—Part 2: Orifice plates.

Itoi, R., Matsuzaki, R., Tanaka, T., Kamei, J., 2003. Lumped parameter model analysis for estimating fractions of reinjected water return to produced fluid at Sumikawa, Japan. Transactions, Geothermal Resources Council v27, 387-391.

Iwata, S., Nakano, Y., Granados, E., Butler, S., Robertson-Tait, A., 2002. Mitigation of cyclic production behavior in a geothermal well at the Uenotai geothermal field, Japan. Transactions, Geothermal Resources Council v26, 193-196.

James,C. R.,1966. Measurement of steam-water mixtures discharging at the speed of sound to the atmosphere. New Zealand Engineering 21 (10).

James,C. R.,1965. Powr life of a hydrothermal system. Proc. 2nd Australas. Conf. Hydraul. Fl. Mech. Eng. pp. B211-B234.

Kaplan,U., Nathan, A., da Ponte, C. A. B., 2007. Pico Vermelho geothermal project, Azores, Portugal. Transactions,Geothermal Resources Council v31,521-524.

Karamarakar, M. and Cheng, P., 1980. A theoretical assessment of James' method for the determination of geothermal bore characteristics. Rep LBL-11498 (GREMP-12), Lawrence Berkeley Laboratory,California.

Kasameyer, P. W., Schroeder, R. C., 1975. Thermal depletion of liquid-dominated geothermal reservoirs with fracture and pore permeability. Proceedings, 1st Workshop on Geothermal Reservoir Engineering,Stanford University,pp. 249-257.

Kasameyer, P. W., Younker, L. W., Hanson, J. M., 1984. Development and application of a hydrothermal model for the Salton Sea geothermal field,California. Geol. Soc. Am. Bull. v95 (10),1242-1252.

Ketilsson,J., Axelsson, G., Passon, H., Jonsson, M. T., 2008. Production capacity assessment: numerical modelling of geothermal resources, Proceedings, 33rd Workshop on Geothermal Reservoir Engineering,Stanford University,pp. 47-55.

Khan,M. A.,Estabrook,R.,2005. New data reduction tools and their application to The Geysers geothermal field. Transactions,Geothermal Resources Council v29,637-642.

Khan,M. A.,Estabrook,R.,2006. New data reduction tools and their application to The Geysers geothermal field. Proceedings, 31stWorkshop on Geothermal Reservoir Engineering, Stanford University.

Kiryukhin,A. V.,Kopylova,G. N.,2009. iTOUGH2 analysis of the ground water level response to the barometric pressure change (well YZ-5, Kamchatka). Proceedings, 34th workshop on geothermal reservoir engineering,Stanford Univerisity.

Kiryukhin,A. V.,2005. Modeling of the Dachny site Mutnovsky geothermal field (Kamchatka, Russia) in connection with the problem of steam supply for 50MWe power plant. Proceedings, World Geothermal Congress 2005 paper 1126.

Kissling,W. M.,Weir,G. J.,2005. The distribution of the geothermal fields in the Taupo Volcanic Zone,New Zealand. Proceedings,World Geothermal Congress 2005 paper 1919.

Kitao,K.,Ariki,K.,Hatakeyama,K.,Wakita,K.,1990. Well stimulation using cold-water injection experiments in the Sumikawa geothermal field, Akita prefecture, Japan. Transactions, Geothermal Resources Council Trans 14,1219-1224.

Kjaran,S. P., Halldorsson, G. K., Torhallson, S., Eliasson, J., 1979. Reservoir engineering aspects of Svartsengi geothermal area. Transactions,Geothermal Resources Council v3,337-339.

Kneafsey,T. J., Pruess, K., O' Sullivan, M. J., Bodvarsson, G. S., 2002. Geothermal reservoir simulation to enhance confidence in predictions for nuclear waste disposal. Report LBNL-

48124, Lawrence Berkeley National Laboratory, http://www. escholarship. org/uc/item/8hf6q620.

Koenig, J. B., 1991. History of development at The Geysers geothermal field, California. Transactions, Geothermal Resources Council Special Report no 17, 7-18.

Kohl, T., Mégel, T., 2005. Coupled hydro-mechanical modelling of the GPK3 reservoir stimulation at the European EGS site Soultz-sous-Forêts. Proceedings, 30th Workshop on Geothermal Reservoir Engineering, Stanford University.

Kohl, T., Mégel, T., 2007. Predictive modeling of reservoir response to hydraulic stimulations at the European EGS site Soultz-Sous-Forêt. International journal of rock mechanics and mining sciences 2007, vol. 44, no 8, 1118-1131.

Kumamoto, Y., Itoi, R., Tanaka, T., Hazama, Y., 2009. Modeling and numerical analysis of the two-phase geothermal reservoir at Ogiri, Kyushu, Japan. Proceedings, 34th Workshop on geothermal reservoir engineering, Stanford University.

Kuster Subsurface Instruments, PO Box 90909, Long Beach California. KPG Service Manual.

Lachenbruch, A. H., Sass, J. H., Munroe, R. J., Moses Jr., T. H., 1976. Geothermal setting and simple heat conduction models for the Long Valley Caldera. J. Geoph. Res. v81, 769-784.

Ladner, F., Häring, M. O., 2009. Hydraulic characteristics of the Basel 1 enhanced geothermal system. Transactions, Geothermal Resources Council v33, 199-203.

Layman, E., Soemarinda, S., 2003. The Patuha vapor-dominated resource West Java Indonesia. Proceedings, 28th Workshop on geothermal reservoir engineering, Stanford University.

Libert, F., Pasikki, R. G., 2010. Identifying important reservoir characteristics using calibrated wellbore hydraulic models in the Salak geothermal field, Indonesia. World Geothermal Congress paper 2285.

Libert, F., Peter, Pasikki, R., Yoshioka, K., Looner, M., 2009. Real-time acid treatment performance analysis of geothermal wells. Proceedings, 34th Workshop on Geothermal Reservoir Engineering, Stanford University.

Lopez, D. L., Matus, A., Castro, M., Magana, M. I., Sullivan, M., 2008. Implications of Temporal Changes in Solute Concentrations for the Mass Balance of the Berlin Geothermal Reservoir. Transactions, Geothermal Resources Council v32, 459-465.

Lopez, S., Bouchot, V., Lakhssassi, M., Calcagno, P., Grappe, B., 2010. Modeling of Bouillante geothermal field (Guadeloupe, French Lesser Antilles). Proceedings, 35th Workshop on Geothermal Reservoir Engineering, Stanford University.

Malate, R. C. M., Acqui, A. A., 2010. Steam production from the expanded two-phase region in the Southern Negros geothermal field, Philippines. World Geothermal Congress paper 2411.

Mannington, W., O' Sullivan, M. J., Bullivant, D., 2004. Computer modelling of the Wairakei-Tauhara geothermal system, New Zealand. Geothermics 33, 401-419.

Marini, L., Cioni, R., 1985. A chloride method for the determination of the enthalpy of steam/water mixtures discharged from geothermal wells. Geothermics V14 (1), 29-34.

Mathews, C. S., Russell, D. G., 1967. Pressure buildup and flow tests in wells. Monogr. no 1, Soc. Pet. Eng., Dallas.

Matsunaga, I., Niitsuma, H., Oikawa, Y., 2005b. Review of the HDR development at Hijiori site, Japan. Proceedings, World Geothermal Congress paper 1635.

Matsunaga, I., Yanagisawa, N., Sugita, H., Tao, H., 2005a. Tracer tests for evaluation of flow in a multi-well and dual fracture system at the Hijiori HDR test site. Proceedings, World Geothermal Congress 2005 paper 1619.

Maturgo, O. O., Sanchez, D. R., Barroca, G. B., 2010. Tracer test using naphthalene disulfonates in Southern Negros geothermal production field, Philippines. Proceedings, World Geothermal Congress 2010 paper 2406.

Mégel, T., Kohl, T., Gérard, A., Rybach, L., Hopkirk, R., Downhole pressures derived from wellhead measurements during hydraulic experiments. Proceedings, World Geothermal Congress 2005 paper 1636.

Menzies, A. J. Pham, M., 1995. A Fieldwide Numerical Simulation Model of The Geysers Geothermal Field, California, USA, Proceedings, World Geothermal Congress, pp. 1697-1702.

Menzies, A. J., Pham, M., 1993. Results from a field-wide numerical model of The Geysers geothermal field, California. Transactions, Geothermal Resources Council v17, 259-265.

Menzies, A. J., 1981. Static formation temperature tests an evaluation. EDC-PNOC Geothermal Conference.

Menzies, A. J., Granados, E. E., Puente, H. G., Pierres, L. O., 1995. Modeling discharge requirements for deep geothermal wells at the Cerro Prieto geothermal field, Mexico. Proceedings, 20th Workshop on geothermal reservoir engineering, Stanford University, pp. 63-69.

Menzies, A. J., Swanson, R. J., Stimac, J. A., 2007. Design issues for deep geothermal wells in the Bulalo geothermal field, Philippines. Transactions, Geothermal Resources Council v31, 251-256.

MIT, 2007. The future of geothermal energy.

Moench, A. F., Atkinson, P. G., 1978. Transient-pressure analysis in geothermal steam reservoirs with an immobile vaporising phase. Geothermics v7 (2-4), 253-264.

Moore, J. N., Allis, R., Renner, J. L., Mildenhall, D., McCulloch, J., 2002. Petrological evidence for boiling to dryness in the Karaha-Telega Bodas geothermal system, Indonesia. Proceedings 27th Workshop on geothermal reservoir engineering, Stanford University, pp. 223-232.

Mori, Y., 1970. Exploitation of Matsukawa geothermal area. UN Symposium on the development and use of geothermal resources. Special Issue, Geothermics v2 pt2 pp. 1150-1156.

Mroczek, E. K., Stewart, M. K., Scott, B. J., 2004. Chemistry of the Rotorua geothermal field Part 3: Hydrology. IGNS Client Report, 2004/178 to Environment Bay of Plenty.

Muffler, L. P. J. 1977. 1978 USGS geothermal resource assessment. Proceedings, 1st Workshop on Geothermal Reservoir Engineering, Stanford University, pp. 3-8.

Muffler, L. P. J., Cataldi, R., 1978. Methods for the regional assessment of geothermal resources. Geothermics v7, 53-89.

Muffler, L. P. J., 1978. Assessment of geothermal resources of the United States—1978. U. S. Geological Survey, Circular 790, p. 163.

Murray, L. E., Rohrs, D. T., Rossknecht, T. G., 1995. Resource evaluation and development strategy, Awibengkok field. Proceedings, World Geothermal Congress, pp. 1525-1539.

Muskat, M., 1937. The flow of homogeneous fluids through porous media. McGraw-Hill, New York.

Najurieta, H. L., 1980. A theory for pressure transient analysis in naturally fractured reservoirs. J. Pet. Tch. v32 (7), 1241-1250.

Nakanishi, S., Kawano, Y., Tokada, N., Akasaka, C., Yoshida, M., Iwai, N., 1995. A reservoir simulation of the Oguni field, Japan, using MINC type fracture model. Proceedings, World Geothermal Congress, pp. 1721-1726.

Nakanishi, S., Pritchett, J. W., Tosha, T., 2001. Changes in ground surface geophysical signals induced by geothermal exploitation—computational studies based on a numerical reservoir model for the Oguni geothermal field, Japan. Transactions, Geothermal Resources Council v25, 657-664.

Nakao, S., Ishido, T., Takahashi, Y., 2007. Numerical simulation of tracer testing data at the Uenotai geothermal field, Japan. Proceedings, 32nd Workshop on Geothermal Reservoir Engineering, Stanford University, pp. 207-212.

Nathenson, M., 1975. Physical factors determining the fraction of stored energy recoverable from hydrothermal convection systems and conduction-dominated areas. U. S. Geological Survey, Open-file report 75-525, p 50.

Newsom, J., O'Sullivan, M. J., 2001. Modelling of the Ohaaki geothermal system. Proceedings, 26th Stanford Workshop on geothermal reservoir engineering.

Nordquist, G. A., Acuña, J., Stimac, J., 2010. Precision gravity modelling and interpretation at the Salak geothermal field, Indonesia. World Geothermal Congress paper 1378.

Nordquist, G. A., Protacio, J. A., Acuña, J., 2004. Precision gravity monitoring of the Bulalo geothermal field, Philippines: independent checks and constraints on numerical simulation. Geothermics v33, 37-56.

Norton, D., Knight, J., 1977. Transport phenomena in hydrological systems: Cooling plutons. Am. J. Sci. v277, 937-981.

Nygren, A., Ghassemi, A., Cheng, A., 2005. Effects of cold-water injection on fracture aperture and injection pressure. Transactions, Geothermal Resources Council v29, 183-187.

Okandan, E., 1988. Geothermal reservoir engineering. Kluwer Academic, Dordrecht.

Onur, M., 2010. Analysis of well tests in Afyon Ö mer-Gecek geothermal field Turkey. World Geothermal Congress paper 2220.

Onur, M., Aksoy, N., Serpen, U., Satman, A., 2005. Analysis of well-tests in Balcova-Narlidere geothermal field, Turkey. Proceedings, World Geothermal Congress 2005 paper 1131.

Onur, M., Cinar, M., Ilk, D., Valko, P. P., Blasingame, T., Hegeman, P. S., 2008. An investigation of recent deconvolution methods for well-test data analysis. Proc., Soc. Pet. Eng. J., (June 2008), 226.

Onur, M., Sarak, H., Türeyen, Ö. I, 2010. Probabilistic resource estimation of stored and recoverable thermal energy for geothermal systems by volumetric methods. World Geothermal Congress paper 2219.

Orizonte, R. G., Amistoso, A. E., Aqui, A. R., 2000. Reservoir management during 15 years of exploitation: Southern Negros geothermal production field. Proceedings, World Geothermal Congress 2000, 2773-2778.

Orizonte, R. G., Amistoso, A. E., Malate, R. C. M., 2003. Projecting the performance of Nasuji-Sogongon production wells with the additional 20 MWE power plant in the Palinpinon-2 area, Southern Negros geothermal production field, Philippines. Transactions, Geothermal Resources Council v27, 765-770.

Orizonte, R. G., Amistoso, A. E., Malate, R. C. M., 2005. Optimising the Palinpinon-2 geothermal reservoir, Southern Negros geothermal production field, Philippines. Proceedings, World Geothermal Congress 2005 paper 1155.

O'Sullivan, M. J., Pruess, K., Lippmann, M. J., 2001. State of the art of geothermal reservoir simulation. Geothermics 30, 395-429.

O'Sullivan, M. J., Yeh, A., Mannington, W. I., 2009. A history of numerical modelling of Wairakei geothermal field. Geothermics 38, 155-168.

Palaktuna, M., Akin, S., Sayik, t., Karahan, Ç., Bakraç, S., 2010. Interpretation of the short term production test of Seferihisar geothermal field. World Geothermal Congress paper 2234.

Pasikki, R. G., Gilmore, T. G., 2006. Coiled tubing acid stimulation; the case of AWI 8-7 production well in Salak geothermal field, Indonesia. Proceedings, 31st Workshop on Geothermal Reservoir Engineering, Stanford University.

Pasikki, R. G., Libert, F., Yoshioka, K., Leonard, R., 2010. Well stimulation techniques applied at the Salak geothermal field. World Geothermal Congress paper 2274.

Pastor, M. S., Fronda, A. D., Lazaro, V. S., Velasquez, N. B., 2010. Resource assessment of Philippine geothermal areas. World Geothermal Congress paper 1616.

Peter, P., Acuña, J., 2010. Implementing mechanistic pressure drop correlations in geothermal wellbore simulators. World Geothermal Congress paper 3234.

Pham, M., Klein, C., Ponte, C., Cabeçs, R., Martins, R., Rangel, G., 2010. Production/injection optimization using numerical modelling at Ribeira Grande, São Miguel, Azores, Portugal. World Geothermal Congress paper 2261.

Ponte, C., Cabeças, R., Martins, R., Rangel, G., Pham, M., Klein, C., 2009a. Numerical modeling for resource management at Ribiera Grande, São Miguel, Azores, Portugal. Transactions, Geothermal Resources Council v33, 847-853.

Ponte,C.,Cabeças,R.,Rangel,G.,Martins,R.,Kelin,C.,et al.,2010. Conceptual modelling and tracer testing at Ribeira Grande,São Miguel,Azores,Portugal. World Geothermal Congress paper 2260.

Ponte,C.,Cabeças,R.,Rangel,G.,Martins,R.,Klein,C.,Pham,M.,2009b. Conceptual modeling and tracer testing at Ribeira Grande,São Miguel,Azores,Portugal. Transactions,Geothermal Resources Council v33,839-846.

Porras,E. A.,Bjornsson,G.,2010. The Momotombo reservoir performance on 27 years of exploitation. World Geothermal Congress paper 0638.

Pritchett,J. W.,1985. WELBOR: a computer program for calculating flow in a producing geothermal well. S-Cubed report SSS-R-85-7283,La Jolla,California.

Pritchett,J. W.,2007. Geothermal reservoir engineering in the United States since the 1980s. Transactions,Geothermal Resources Council v31,31-38.

Protacio,J. A. P.,Golla,G. U.,Nordquist,G. A.,Acuña,J.,SanAndres,R. B.,2000. Gravity and elevation changes at the Bulalo geothermal field,Philippines: independent checks and constraints on numerical simulation. Proceedings,21st New Zealand geothermal workshop,pp. 115-119.

Pruess,K.,Bodvarsson,G.,Schroeder,R. C.,Witherspoon,P. A.,Marconini,R.,Neri,G.,et al.,(1979). Simulation of the depletion of two-phase geothermal reservoirs paper SPE7699,presented 54th Annual TechnnicalConference,SPE-AIME.

Pruess,K.,Narasimham,T. N.,1985. A practical method for modelling fluid and heat flow in fractured porous media. Soc. Pet. Eng. J.,Feb,14-26.

Pruess,K.,Oldenburg,C.,Moridiis,G.,1999. TOUGH2 user's guide,version 2. 0. Report LBNL-43134,Lawrence Berkeley Laboratory.

Quijano,J.,2000. Exergy analysis for the Ahuachapan and Berlin geothermal fields,El Salvador. Proceedings,World Geothermal Congress,pp. 861-866.

Ramey,H. J.,Jr. A reservoir engineering study of the Geysers geothermal field. Submitted as evidence,Reich & Reich,petitioners v Commissioner of Internal Revenue,1969 Tax Court of the United States,52,T. C. No. 74.

Ramos-Candelaria,M. N.,Garcia,S. E.,Hermoso,D. Z.,Bayrante,L. F.,Mejorada,A. V.,Application of geochemical techniques to deduce the reservoir performance of the Palinpinon geothermal field,Philippines—an update. Transactions,Geothermal Resources Council v21,pp. 231-239.

Reed,M. J.,2007. An investigation of the Dixie Valley geothermal field,Nevada,using temporal moment analysis of tracer tests. Proceedings,32nd Workshop on Geothermal Reservoir Engineering,Stanford University.

Reyes,A. G.,Giggenbach,W. F.,Saleras,J. R. M.,Salonga,N. D.,Vergara,M. C.,1993. Petrology and geochemistry of Alto Peak,a vapor-cored hydrothermal system,Leyte Province,Philippines. Geothermics 22,479-519.

Reyes, J. L., Li, K., Horne, R. N., 2003. Estimating water saturation at The Geysers based on historical pressure and temperature production data and by direct measurement. Transactions, Geothermal Resources Council v27, 715-726.

RJV (Rotokawa Joint Venture), 2010. Ngatamariki geothermal power station Resource consent applications and Assessment of environmental effects.

Robertson-Tait, A., Klein, C. W., McLarty, L., 2000. Utility of the data gathered from the Fenton Hill project for development of enhanced geothermal systems. Transactions, Geothermal Resources Council v24, 161-167.

Robinson, R., Iyer, H. M., 1979. Evidence from teleseismic P-wave observations for a low velocity body under the Roosevelt Hot Springs geothermal area, Utah. Transactions, Geothermal Resources Council v3, 585-586.

Rodgriguez, R., Aunzo, A., Kote, J., Gumo, S., 2008. Depressurization as a strategy for mining ore bodies within an active geothermal system. Proceedings, 33rd Workshop on geothermal reservoir engineering, Stanford University.

Rose, P., McCulloch, J., Adams, M., Mella, M., 2005. An EGS experiment under low wellhead pressures. Proceedings, 30th Workshop on Geothermal Reservoir Engineering, Stanford University.

Rose, P., Mella, M., Kasteler, C., Johnson, S. D., The estimation of reservoir pore volume from tracer data. Proceedings, 29th Workshop on Geothermal Reservoir Engineering, Stanford University, pp. 330-338.

Rose, P. E., Mella, M., McCullough, J., 2006. A comparison of hydraulic stimulation attempts at the Soultz, France, and Coso, California Engineered geothermal systems. Proceedings, 31st Workshop on Geothermal Reservoir Engineering, Stanford University.

Rosenberg, M., Wallin, E., Bannister, S., Bourguinon, S., Sherburn, S., Jolly, G., et al., Tauhara stage II geothermal project: Geoscience report. GNS Science consultancy report 2010/38.

Roux, B., Sanyal, S. K., Brown, S., 1979. An improved approach to estimating true reservoir temperature from transient temperature data. Proceedings, 5th Workshop on geothermal reservoir engineering, Stanford University, pp. 373-384.

Salveson, J. O., Cooper, A. M., 1979. Exploration and development of the Heber geothermal field, Imperial Valley, California. Transactions, Geothermal Resource Council v3, 605-608.

Sambrano, B. G., Aragon, G. M., Nogara, J. B., 2010. Quantification of injection fluids effects to Mindanao geothermal production field productivity through a series of tracer tests, Philippines. World Geothermal Congress paper 2418.

Sammis, C. G., An, L., Ershaghi, I., 1992. Determining the 3-D fracture structure in The Geysers geothermal reservoir. Proceedings, 17th Workshop on Geothermal Reservoir Engineering, Stanford University, pp. 79-85.

Sanyal, S. K., Butler, S. J., 2005. An analysis of power generation prospects from enhanced geothermal systems. Transactions, Geothermal Resources Council, Vol. 29, 131-137.

Sanyal, S. K., Sarmiento, Z., 2005. Booking geothermal energy reserves. Transactions, Geothermal Resources Council v29, 467-474.

Sanyal, S. K., 2000. Forty Years of Production History from The Geysers Geothermal Field, California. Trans. Geothermal Resources Council, Vol. 24, 2000.

Sanyal, S. K., 2009. Optimization of the economics of electric power from enhanced geothermal systems. Proceedings, 34th Workshop on Geothermal Reservoir Engineering, Stanford University.

Sanyal, S. K., Butler, S. J., Brown, P. J., Goyal, K., Box, T., 2000. An Investigation of Productivity and Pressure Decline Trends in Geothermal Steam Reservoirs. Proc. World Geothermal Congress, 873-877.

Sanyal, S. K., Granados, E. F., Menzies, A. J., 1995. Injection-related problems encountered in geothermal projects and their mitigation: the United States experience. Proceedings, World Geothermal Congress, 2019-2022.

Sanyal, S. K., Henneberger, R. C., Klein, C. W., Decker, R. W., 2002. A methodology for the assessment of geothermal energy reserves associated with volcanic systems. Transactions, Geothermal Resources Council v26, 59-64.

Sanyal, S. K., Klein, C. W., Lovekin, J. W., Henneberger, R. C., 2004. National assessment of U. S. geothermal resources—a perspective. Transactions, Geothermal Resources Council v28, 355-362.

Sanyal, S. K., Klein, C. W., McNitt, J. R., Henneberger, R. C., MacLeod, K., 2008. Assessment of power generation capacity at The Geysers geothermal field, California. Proceedings, 33rd Workshop on Geothermal Reservoir Engineering, Stanford University.

Sanyal, S. K., Klein, C. W., McNitt, J. R., Henneberger, R. C., MacLeod, K., 2007. Assessment of the power generation capacity of the Western Geopower leasehold at The Geysers geothermal field, California. Transactions, Geothermal Resources Council v31, 447-455.

Sanyal, S. K., Menzies, A. J., Brown, P. J., Enedy, K. L., Enedy, S., 1989. A Systematic Approach to Decline Curve Analysis for The Geysers Steam Field, California. Trans. Geothermal Resources Council, v13, October, 1989.

Sanyal, S. K., Menzies, A. J., Brown, P. J., Enedy, K. L., Enedy, S., 1989. A systematic approach to decline curve analysis for The Geysers steam field, California. Transactions, Geothermal Resources Council v13, 415-421.

Sanyal, S. K., Morrow, J. W., Butler, S. J., 2007. Net power capacity of geothermal wells versus reservoir temperature—a practical perspective. Proceedings, 32nd Workshop on Geothermal Reservoir Engineering, Stanford University.

Sarak, H., Korkmaz, D., Onur, M., Satman, A., 2005. Problems in the use of lumped-parameter models for low-temperature geothermal fields. Proceedings, World Geothermal Congress paper 1134.

Sarak, H., Türeyen, Ö. İ., Onur, M., 2009. Assessment of uncertainty in estimation of stored and recoverable heat energy in geothermal reservoirs by volumetric methods. Proceedings, 34th Workshop on geothermal reservoir engineering, Stanford University.

Sarmiento, Z. F., Björnsson, G., 2007. Reliability of early modelling studies for high-temperature reservoirs in Iceland and The Philippines. Proceedings, 32nd Workshop on Geothermal Reservoir Engineering, Stanford University.

Sarmiento, Z. F., 1986. Waste water injection at Tongonan geothermal field: results and implications. Geothermics 15, 295-308.

Satman, A., Serpen, U., Onur, M., Aksoy, N., 2005. A study on the production and reservoir performance of Balcova-Narlidere geothermal field. Proceedings, World Geothermal paper 1133.

Sausse, J., Dezayes, C., Genter, A., Bisset, A., 2008. Characterization of fracture connectivity and fluid flow pathways derived from geological interpretation and 3D modelling of the deep seated EGS reservoir of Soultz (France). 33rd Workshop on Geothermal Reservoir Engineering, Proceedings, Workshop on Geothermal Reservoir Engineering, Stanford University.

Seastres, J. S., Salonga, N. D., Saw, V. S., Clotworthy, A. W., 1996. Hydrology of the greater Tongonan geothermal system, Philippines and its implications to field exploitation. Transactions, Geothermal Resources Council v20, 713-720 [has p-z].

Seibt, P., Kabus, F., Hoth, P., 2005. The Neustadt-Glewe geothermal power plant—practical experience in the reinjection of cooled thermal waters into sandstone aquifers. Proceedings, World Geothermal Congress paper 1209.

Shook, G. M., 1998. Prediction of reservoir pore volume from conservative tracer tests. Transactions, Geothermal Resources Council v22, 477-480.

Shook, G. M., 2003. A simple fast method of estimating reservoir geometry from tracer tests. Transactions, Geothermal Resources Council v27, 407-411.

Shook, G. M., 2005. A systematic method for tracer test analysis: an example using Beowawe tracer data. Proceedings, 30th Workshop on Geothermal Reservoir Engineering, Stanford University, pp. 166-171.

Siega, C. H., Saw, V. S., Andrino Jr., R. P., Cañete, G. F., 2005. Well-to-well two-phase injection using a 10in diameter line to initiate well discharge in Mahanagdong geothermal field, Leyte, Philippines. Proceedings, World Geothermal Congress paper 1024.

Silberman, M. L., White, D. E., Keith, T. E. C., Dockter, R. D., 1979. Duration of hydrothermal activity at Steamboat Springs, Nevada, from ages of spatially associated volcanic rocks. Geol. Surv. Prof. Pap. (US) 458-D.

Sore, M. L., 2000. Geothermal development and changes in surficial features: examples from the western United States. Proceedings, World Geothermal Congress paper 0149.

Sorey, M. L., Fradkin, L. Ju., 1979. Validation and comparison of different models of the Wairakei geothermal reservoir. Proc., 5th Workshop on geothermal reservoir engineering, Stanford University, pp. 215-220.

Sorey, M. L., 1980. Numerical code comparison project—a necessary step towards confidence in geothermal reservoir simulators. Proceedings, 5th Workshop on Geothermal Reservoir Engineering, Stanford University, pp. 253-257.

Sta. Maria, R. B., Villadolid-Abrigo, M. F., Sussman, D., Mogen, P. G., 1995. Development strategy for the Bulalo geothermal field, Philippines. World Geothermal Congress, 1803-1805.

Stark, M. A., Box Jr., W. T., Beall, J. J., Goyal, K. P., Pingol, A. S., 2005. The Santa-Rosa—Geysers recharge project, Geysers geothermal field, California, USA. Transactions, Geothermal Resources Council v29, 145-150.

Stefansson, V., Steingrimsson, B., 1980a. Geothermal logging. National Energy Authority, Iceland.

Stefansson, V., Steingrimsson, B., 1980b. Production characteristics of wells tapping two-phase reservoirs at Krafla & Namafjall. Proceedings, 6th Workshop on Geothermal Reservoir Engineering, Stanford University, pp. 49-59.

Stefansson, V., 1997. Geothermal reinjection experience. Geothermics 26, 99-139.

Stefansson, V., 2005. World geothermal assessment. Proceedings, World Geothermal Congress paper 0001.

Steingrimsson, B., Bodvarsson, G. S., Gunnlaugsson, E., Gislason, G., Sigurdsson, O., 2000. Modelling studies of the Nesjavellir geothermal field, Iceland. Proceedings, World Geothermal Congress, pp. 2899-2904.

Stimac, J., Nordquist, G., Suminar, A., Sirad-Azwar, L., 2008. An overview of the Awibengkok geothermal system, Indonesia. Geothermics 37, 300-331.

Straus, J. M., Schubert, G., 1977. Thermal convection of water in a porous medium: effects of temperature- and pressure-dependent thermodynamic and transport properties. J. Geoph. Res. v82 (2), 325-333.

Strobel, C. J., 1976. Field case studies of pressure buildup behavior in Geysers steam wells. Proceedings, 2nd Workshop on Geothermal Reservoir Engineering, Stanford University, pp. 143-149.

Strobel, C. J., 1993. Bulalo field, Philippines: reservoir modelling for prediction of limits to sustainable generation. Proceedings, 18th Workshop on geothermal reservoir engineering, Stanford University, pp. 5-10.

Sugrobov, V. M., 1970. Evaluation of operational reserves of high-temperature waters. United Nations Symposium on the Development and use of Geothermal Resources. Spec. Issue, Geothermics v2, 1256-1260.

Tenma, N., Yamaguchi, T., Tezuka, K., Karasawa, H., 2000. A study of the pressure-flow response of the Hijiori reservoir at the Hijiori HDR test site. Proceedings, World Geothermal Congress paper 0828.

Tenma, N., Yamaguchi, T., Tezuka, K., Oikawa, Y., 2001. Estimation of productivity from the shallow reservoir using pressure monitoring data in SKG-2 at the Hijiori HDR test site. Transactions, Geothermal Resources Council v25, 199-202.

Tenma, N., Yamaguchi, T., Tezuka, K., Kawasaki, K., Zyvoloski, G., 2002. Prductivity changes in the multi-reservoir system at the Hijiori HDR test site during the long-term circulation test. Transactions, Geothermal Resources Council v26, 261-266.

Tezuka, K., Ohsaki, Y., Miyairi, M., Takahashi, Y., 2003. High temperature (400℃) fluid-density logging tool and application in resolving an unstable production mechanism of the well in Uenotai geothermal field in Japan. Transactions, Geothermal Resources Council v27, 737-741.

Thorhallson, S., 1979. Combined generation of heat and electricity from a geothermal brine at Svartsengi in S. W. Iceland. Transactions, Geothermal Resources Council v3, 733-736.

Thorkellson, T., 1910. The hot springs of Iceland. K. Dan. Vidensk. Selsk. Skr.

Thorsteinsson, T., Eliasson, J., 1970. Geohydrology of the the Laugarnes hydrothermal system in Reykjavik, Iceland. United Nations Symposium on the Development and use of Geothermal Resources. Spec. Issue, Geothermics v2, 1191-1204.

Todaka, N., Akasaka, C., Xu, T., Pruess, K., 2005. Reactive geothermal transport simulations to study incomplete neutralization of acid fluid using Multiple Interacting Continua method in Onikobe geothermal field, Japan. Proceedings, World Geothermal Congress paper 0806.

Tokita, H., Haruguchi, K., Kamenosono, H., 2000. Maintaining the rated power output of the Hatchobaru geothermal field through an integrated reservoir management. Proceedings, World Geothermal Congress paper 0381.

Torres, A. C., Lim, W. Q., 2010. Bulalo 99 workover: complex zonal isolation. World Geothermal Congress paper 2141.

Torres-Rodriguez, M. A., Mendoza-Covarrubias, A., Medina-Martinez, M., 2005. An update of the Los Azufres geothermal field, after 21 years of exploitation. Proceedings, World Geothermal Congress paper 0916.

Truesdell, A., Walters, M., Kennedy, M., Lippmann, M., 1993. An integrated model for the origin of The Geysers geothermal field. Transactions, Geothermal Resources Council v17, 273-280.

Truesdell, A. A., Nathenson, M., Frye, G. A., Downhole measurements and fluid chemistry of a Castle Rock steam well, The Geysers, Lake County, California. Geothermics v10 (2), 103-114.

Truesdell, A. H., White, D. E., 1973. Production of superheated steam from vapor-dominated geothermal reservoirs. Geothermics v2 (3-4), 154-173.

Tulinius, H., Correia, H., Sigurdsson, O., 2000. Stimulating a high-enthalpy well by thermal cracking. Proceedings, World Geothermal Congress, 1883-1888.

Türeyen, Ö. İ., Onur, M., Sarak, H., 2009. A generalized nonisothermal lumped-parameter model for liquid-dominated geothermal reservoirs. Proceedings, 34th Workshop on geothermal reservoir engineering, Stanford University.

Türeyen, Ö. İ., Sarak, H., Onur, M., 2007. Assessing uncertainty in future pressure changes predicted by lumped-parameter models: a field application. Proceedings, 32nd Workshop on Geothermal Reservoir Engineering, Stanford University, pp. 253-262.

Upton, P. S., The wellbore simulator SIMU000. Proceedings, World Geothermal Congress, pp.

2851-2856.

Urbino, M. E. G., Zaide, M. C., Malate, R. C. M., Bueza, E. L., 1986. Structural flowpaths of reinjected returns based on tracer tests—Palinpinon 1, Philippines. 7th NZ Geothermal Workshop, pp. 53-58.

Vallejos-Ruiz, O., 2005. Lumped parameter model of the Miravalles geothermal field, Costa Rica. Proceedings, World Geothermal Congress paper 1120.

Verma, M. P., 2008. Moodychart: an ActiveX component to calculate frictional factor for fluid flow in pipelines. Proceedings, 33rd Workshop on Geothermal Reservoir Engineering, Stanford University.

Villa, I. M., Puxeddu, M., 1994. Geochonology of the Larderello geothermal field: new data and the closure temperature. issue. Contr. Mineral. Petrol., v115 (4) 415-426.

Villacorte, J. D., Malate, R. C. M., Horne, R. N., 2010. Application of nonparametric regression on well histories at Mahiao and Mahanagdong sector of Leyte geothermal production field, Philippines. Proceedings, 34th Workshop on Geothermal Reservoir Engineering, Stanford University.

Villadolid, F. L., 1991. The application of natural tracers in geothermal development: the Bulalo, Philippines experience. Proceedings, 13th New Zealand geothermal workshop, Auckland University, pp. 69-74.

von Knebel, W., 1906. Studien in den Thermengebieten Islands. Naturwiss. Rundsch. Walters, M. A., Sternfeld, J. N., Haizlip, J. R., Drenick, A. F., Combs, J., 1991. A vapor-dominated high-temperature reservoir at The Geysers California. Transactions, Geothermal Resources Council Special Report no 17, 77-87.

Warren, J. E., Root, P. J., 1963. The behaviour of naturally fractured reservoirs. Soc. Pet. Eng. J., Sept 1963, 245-255.

Wattenbarger, R. A., Ramey Jr., H. J., 1969. Well test interpretation of vertically fractured gas wells. J. Pet. Tech. v21 (5), 625-632.

Weinbrandt, R. M., Ramey, H. J. Jr., Cassé, F. J., 1972. The effect of temperature on relative and absolute permeability of sandstones. paper SPE4142, presented SPE-AIME 47th Annual Fall Meeting, Texas.

White, D. E., 1957. Thermal waters of volcanic origin. Geol. Soc. Am. Bull. 68, 1637-1658.

White, D. E., 1967. Some principles of geyser activity, mainly from Steamboat Springs, Nevada. Am. J. Sci. 265, 641-684.

White, D. E., 1968. Hydrology, activity and heat flow of the Steamboat Springs thermal system, Washoe County, Nevada. Geol. Surv. Prof. Pap. (US) 548-C.

White, D. E., Fournier, R. O., Muffler, L. J. P., Truesdell, A. H., 1975. Physical results of research drilling in thermal areas of Yellowstone National Park, Wyoming US Geol. Surv. Prof. Pap. 982.

White, D. E., Muffler, L. J. P., Truesdell, A. H., 1971. Vapor-dominated hydrothermal systems compared with hot-water systems. Econ. Geol. v66 (1),75-97.

Whiting, R. L., Ramey Jr., J. J., 1969. Application of material and energy balances to geothermal steam production. J. Pet. Tech. v21,893-900.

Williams, C. F., 2004. Development of revised techniques for assessing geothermal resources. Proceedings, 29th Workshop on Geothermal Reservoir Engineering, Stanford University, pp. 276-280.

Williams, C. F., 2007. Updated methods for estimating recovery factors for geothermal resources. Proceedings, 32nd Workshop on Geothermal Reservoir Engineering, Stanford University.

Williamson, K. H., 1992. Development of a Reservoir Model for The Geysers Geothermal Field. Monograph on The Geysers Geothermal Field, Geothermal Resources Council, Special Report, no. 17, pp. 179-187.

Wilson D. M., Gould J., 1989. A simultaneous temperature and pressure tool. 11th New Zealand Geothermal Workshop, 1989.

Wooding, R. A., 1957. Steady state free convection of liquid in a saturated permeable medium. J. Fl. Mech. 2,273-285.

Wooding, R. A., 1963. Convection in a saturated porous medium at large Rayleigh number or Peclet number. J. Fl. Mech. 15, Pt 4,527-544.

Wooding, R. A., 1981. Aquifer models of pressure drawdown in the Wairakei-Tauhara geothermal region. Wat. Resour. Res. v17 (1),83-92.

Wright, M. C., Beall, J. J., 2007. Deep cooling response to injection in the Southeast Geysers. Transactions, Geothermal Resources Council v32,457-461.

Wyborn, D., de Graaf, L., Hann, S., 2005. Enhanced geothermal development in the Cooper Basin area, South Australia. Transactions, Geothermal Resources Council v29,151-156.

Yanagisawa, N., Rose, P., Wyborn, D., 2009. First tracer test at Cooper Basin, Australia HDR reservoir. Transactions, Geothermal Resources Council v33,281-284.

Yglopaz, D., Austria, J. J., Malate, R. C., Bunñing, B., Sta. Ana, F. X., Salera, J. R., et al., 2000. A large-scale well stimulation campaign at Mahanagdong geothermal field (Tongonan), Philippines. Proceedings, World Geothermal Congress, 2303-2307.

Yoshioka, K., Stimac, J., 2010. Geologic and geomechanical reservoir simulation modelling of high pressure injection, West Salak, Indonesia. World Geothermal Congress paper 2286.

Zais, E. J., Bodvarsson, G., 1980. Analysis of production decline in geothermal reservoirs. Rep LBL-11215 (GREMP-10), Lawrence Berkeley Laboratory, Berkeley, California.

Zúñiga, S. C., 2010. Design and results of an increasing permeability test carried out in the first deep well drilled in the Borinquen geothermal field, Costa Rica. World Geothermal Congress paper 2211.